工程预算编制快速入门与技巧丛书

市政工程预算快速入门与技巧

王云江　主　编

中国建筑工业出版社

图书在版编目(CIP)数据

市政工程预算快速入门与技巧/王云江主编. —北京：中国建筑工业出版社，2014.10 (2021.8重印)
(工程预算编制快速入门与技巧丛书)
ISBN 978-7-112-16643-5

Ⅰ.①市… Ⅱ.①王… Ⅲ.①市政工程-建筑预算定额-基本知识 Ⅳ.①TU723.3

中国版本图书馆 CIP 数据核字(2014)第 059001 号

本书共 10 章，主要内容包括：市政工程识图基本知识、市政工程计量与计价的基本知识、市政工程定额与预算的基本知识、预算定额计量与计价（工料单价法）、工程量清单计量与计价（综合单价法）、通用项目计量与计价、道路工程计量与计价、桥涵工程计量与计价、排水工程计量与计价、利用软件编制市政工程造价。本书重点介绍了市政工程的工程量计算及费用计算的基本方法，并辅以大量实例。

本书可供市政工程造价工作人员使用，也可供工程造价专业学生学习参考。

责任编辑：范业庶　王砾瑶
责任设计：董建平
责任校对：陈晶晶　刘梦然

工程预算编制快速入门与技巧丛书
市政工程预算快速入门与技巧
王云江　主　编
*
中国建筑工业出版社出版、发行（北京西郊百万庄）
各地新华书店、建筑书店经销
北京科地亚盟排版公司制版
北京建筑工业印刷厂印刷
*
开本：787×1092毫米　1/16　印张：19¼　字数：480千字
2014 年 9 月第一版　2021 年 8 月第二次印刷
定价：**49.00** 元
ISBN 978-7-112-16643-5
(25460)

前　言

　　《市政工程预算快速入门与技巧》这本书，是依据 2013 年 7 月 1 日颁发的《建设工程工程量清单计价规范》（GB 50500—2013）及《市政工程工程量计算规范》（GB 50857—2013），《浙江省市政工程预算定额》（2010 版）、《浙江省建设工程施工取费定额》（2010 版）等最新规范、定额进行编写。

　　目前工程造价仍为定额计价模式和工程量清单计价模式并存。清单计价模式经过十年的工程实践，已总结了一些经验，操作上更成熟，定额计价和清单计价模式有着密不可分的联系，本书清晰地介绍了两种模式下工程计量与计价的方法。

　　本书图文并茂、通俗易懂、内容翔实、实例丰富、实用性强。本书较全面地阐述了市政工程预算的编制原理和方法，在通用项目、道路工程、桥梁工程和排水工程各章中通过大量完整的实例翔尽介绍了工程量计算方法和市政工程预算的编制程序。造价员在学习后能清楚地理解计量与计价方法的编制知识。此外，为了给市政工程预算的初学者提供方便，还编写了编制市政工程预算所需的市政工程识图基本知识。

　　本书还编写了利用软件编制市政工程造价，为帮助工程造价员提高工作效率，实现招标投标业务一体化提供了方便。

　　本书由王云江担任主编，由张新标、张炎良、李江琴任副主编，郑海霞、郑青波、吕欣启、王望飞、张海东、秦进华、孔程吉、沈晓敏、周红英参编。

　　由于编者水平有限，加之编写时间仓促，书中疏漏之处在所难免，敬请广大读者批评指正。

目　　录

目 录

第 1 章　市政工程识图基本知识

1.1　市政工程识图方法与要求

　　一套市政工程施工图通常由图纸目录、施工图设计说明、平面图、纵断面图、立面图、横断面图、构造图、结构图、配筋图等图纸组成。"图纸是工程师的语言"，设计人员通过绘制施工图，来表达设计构思和设计意图，而施工人员通过正确地识读施工图，理解设计意图，并按图施工，使工程图变为工程实物。

1.1.1　识读方法

　　首先应掌握投影原理和熟悉市政道路、桥涵、管道等构造及常用图例，其次是正确掌握识读图纸的方法和步骤，并且要耐心细致，并结合实践反复练习，不断提高识读图纸的能力。

　　1. 由下往上、从左往右的看图顺序是施工图识图的一般顺序。

　　2. 由先到后看，指根据施工先后顺序，比如看桥梁施工图，以基础墩台下部结构到梁桥桥面的上部结构依次看，此顺序基本上也是桥梁施工图编排的先后顺序。

　　3. 由粗到细，由大到小，先粗看一遍，了解工程概况，总体要求等，然后细看每张图，熟悉图的尺寸、构件的详图配筋等。

　　4. 将整套施工图纸结合起来看，从整体到局部，从局部到整体，系统看读。

1.1.2　识读要求

　　识读施工图必须按部就班，认真细致，系统阅读，相互参照，反复熟悉。

1.1.2.1　道路工程图识读

　　1. 看目录表，了解图纸的组成。

　　2. 看设计说明，了解道路施工图的主要文字部分。设计说明主要是对市政施工图上未能详细表达或不易用图纸表示的内容用文字或图表加以描述。

　　3. 识读平面图，了解平面图上新建工程的位置、平面形状，能进行主点坐标计算、桩号推算，平曲线计算，是施工过程中定位放线的主要依据。

　　4. 识读纵断面图，了解构筑物的外形和外观、横纵坐标的关系，识读构筑物的标高，能进行竖曲线要素计算。

　　5. 识读横断面图，能进行土石方量的计算。

　　6. 识读沥青路面结构图，了解结构的组合、组成的材料，能进行工程量的计算。

　　7. 识读水泥路面的结构图，了解水泥混凝土路面接缝分类名称、对接缝的基本要求，常用钢筋级别与作用，能进行工程量的计算。

1.1.2.2　桥梁工程图识读

1. 看目录表，了解图纸的组成。

2. 看设计说明，了解桥梁施工图的主要文字部分。

3. 识读桥梁总体布置图，各个工程结构图的名称、结构尺寸等。

4. 识读桥梁下部结构的桩基础、桥台、桥墩施工图。

5. 识读钢筋混凝土简支梁桥施工图。

6. 识读桥面系施工图，桥面铺装、桥面排水、人行道、栏杆、灯柱及桥面伸缩缝构造。

7. 识读钢筋布置图，各类钢筋代号、根数、位置、作用、钢筋工程量的计算。

在读懂施工图的基础上，对施工图进行校核，找出图纸中"漏"、"错"等问题，并提出有关建议。

1.1.2.3　排水工程图识读

1. 看目录表，了解图纸的组成。

2. 看设计说明，了解排水施工图的主要文字部分。

3. 识读平面图，了解平面图上面污水管道的布置、管径、排向、坡度、标高等。

4. 识读纵断面图，了解排水管道的管径、坡度、标高等，并与平面图相对应。

5. 识读排水结构图，了解排水检查井、雨水口等结构构造。

1.2　道路工程图识读

城市道路主要由机动车道、非机动车道、人行道、绿化带、分隔带、交叉口及其他各种交通设施所组成。城市道路工程图主要包括道路平面图、纵断面图、横断面图、路面结构图等。

1.2.1　道路工程平面图

道路平面图表示道路的走向、平面线型、两侧地形地物情况、路幅布置、路线定位等内容，如图 1-1 所示。道路平面设计部分内容包括道路红线、道路中心线、里程桩号、道路坐标定位、道路平曲线的几何要素、道路路幅分幅线等内容。道路红线规定道路的用地界限，用双点长画线表示；里程桩号反映道路各段长度和总长度，一般在道路中心线上，也可向垂直道路中心线上引一细直线，再在同样边上注写里程桩号。如 $1+580$，即距路线起点为 1580m；如里程桩号直接注写在道路中心线上，则"$+$"号位置即为桩的位置。道路定位一般采用坐标定位；在图样中绘出坐标图，并注明坐标，例如其 x 轴向为南北方向（上为北），y 轴向为东西方向；道路分幅线分别表示机动车道、非机动车道、人行道、绿化隔离带等内容。

道路平曲线的几何要素的表示及控制点位置的图示，如图 1-2 所示，JD 点表示路线转点。α 角为路线转向的折角，它是沿路线前进方向向左或向右偏转的角度。R 为圆曲线半径，T 为切线长，L 为曲线长，E 为外矢距。图中曲线控制点：ZH"直缓"为曲线起点，HY 为缓圆交点，QZ 表示曲线中点，YH 为圆缓交点，HZ 为缓直交点。当只设圆曲

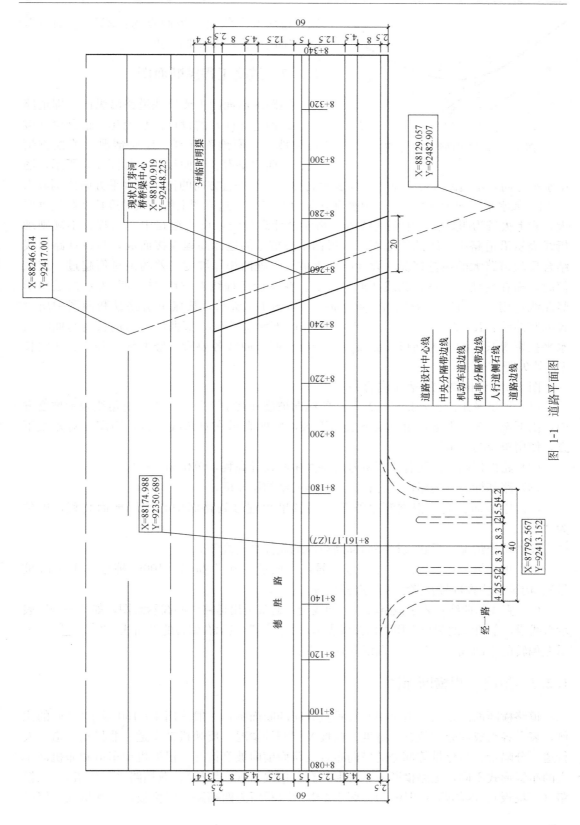

图 1-1　道路平面图

德　胜　路

经　一　路

现状月芽河
桥桥梁中心
X=88190.919
Y=9248.225

X=88246.614
Y=92417.001

X=88174.988
Y=92350.689

X=88129.057
Y=92482.907

X=87792.567
Y=92413.152

3#临时明渠

道路设计中心线
中央分隔带道边线
机动车道边线
机非分隔带道边线
人行道侧石线
道路边线

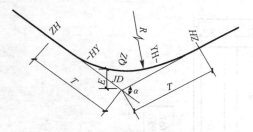

图 1-2　道路平曲线要素示意图

线不设缓和曲线时，控制点为：ZY "直圆点"，QZ "曲中点"，YZ "圆直点"。

1.2.2　道路工程纵断面图

道路纵断面图主要反映道路沿纵向（即道路中心线前进方向）的设计高程变化、道路设计坡长和坡度、原地面标高、地质情况、填挖方情况、平曲线要素、竖曲线等。如图 1-3 所示，图中水平方向表示道路长度，垂直方向表示高程，一般垂直方向的比例按水平方向比例放大10 倍，如水平方向为 1∶1000，则垂直方向为 1∶100，这样图上的图线坡度比实际坡度要大，看上去较为明显。图中粗实线表示路面设计高程线，反映道路中心高程；不规则细折线表示沿道路中心线的原地面线，根据中心桩号的地面高程连接而成，与设计路面线结合反映道路大的填挖情况。设计路面纵坡变化处两相邻坡度之差的绝对值超过一定数值时，需在变坡点处设置凸或凹形竖曲线。在设计高程线上方用 "└┬┘" 表示的是凹形竖曲线，用 "┌┬┐" 表示的为凸形竖曲线，如图 1-3 所示，某城市道路纵断面图中所设置的竖曲线：$R = 6960.412\mathrm{m}$，$T = 35.000\mathrm{m}$，$E = 0.088\mathrm{m}$，竖曲线符号的长度与曲线的水平投影等长。图中为凸形竖曲线，符号处注明竖曲线各要素（竖曲线半径 R、切线长 T、外矢距 E）。

图 1-3 中纵断图主要表示内容如下：

（1）坡度及距离：是指设计高程线的纵向坡度和其水平距离。表中对角线表示坡度方向，由下至上表示上坡，由上至下表示下坡，坡度表示在对角线上方，距离在对角线下方，使用单位为 "m"。

（2）路面标高：注明各里程桩号的路面中心设计高程，单位为 "m"。

（3）路基标高：为路面设计标高减去路面结构层厚度。

（4）原地面标高：根据测量结果填写各里程桩号处路面中心的原地面高程，单位为 "m"。

（5）填挖情况：反映设计路面标高与原地面标高的高差。

（6）里程桩号：按比例标注里程桩号，一般设 "km" 桩号、100m 桩号（或 50m 桩号）、构筑物位置桩号及路线控制点桩号等。

（7）直线与曲线：表示该路段的平面线型，通常画出道路中心线示意图，如 "——" 表示直线段，平曲线的起止点用直角折线表示，"┘▔└" 表示右偏转的平曲线，"┐▁┌" 表示左偏转的平曲线，并注明平曲线几何要素。

1.2.3　道路工程横断面图

道路横断面图是指沿道路中心线垂直方向的断面图，一般采用 1∶100 或 1∶200 的比例，表示各组成部分的位置、宽度、横坡及照明等情况，反映机动车道、非机动车道、人行道、分隔带、绿化带等部分的横向布置及路面横向坡度情况。根据机动车道和非机动车道的布置形式不同，道路横断面布置形式有：单幅路（一块板）、双幅路（二块板）、三幅路（三块板）、四幅路（四块板）。图 1-4 中所示断面为四幅路（四块板）布置形式。用机

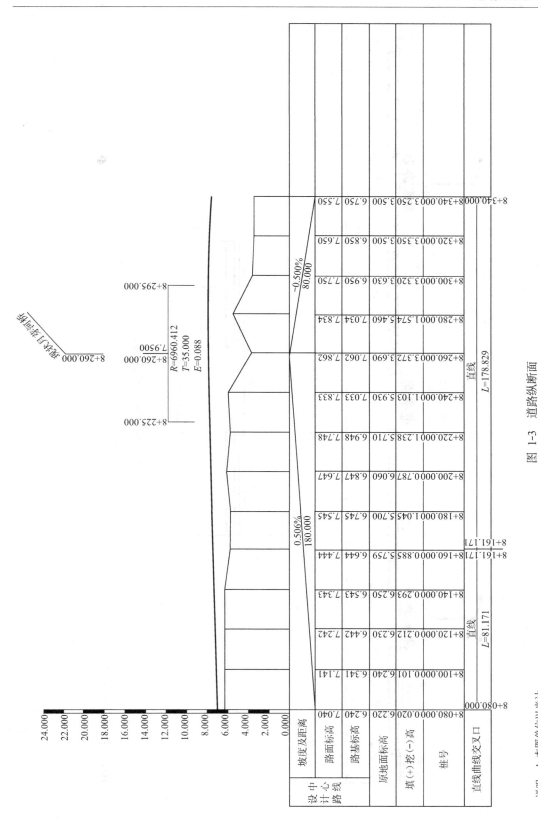

图 1-3 道路纵断面

说明：1. 本图单位以米计。
2. 本图比例横向为1：2000，纵向为1：200。

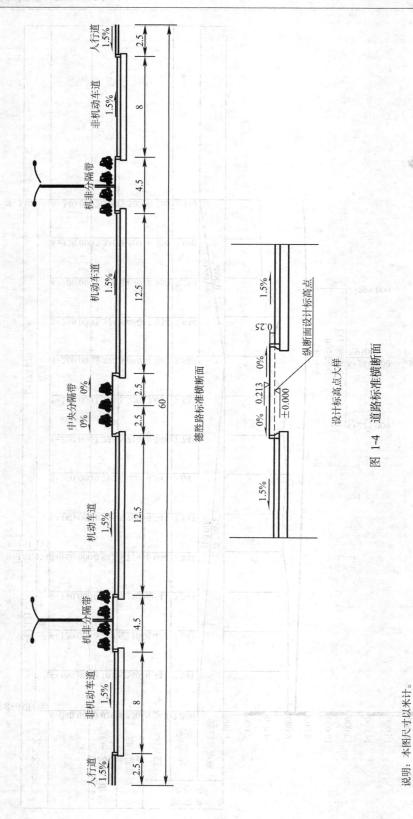

图 1-4　道路标准横断面

说明：本图尺寸以米计。

非分隔带分离机动车道和非机动车道，再用中央分隔带分隔机动车道，机非分离、分向行驶。

1.2.4　道路路面结构图及路拱详图

路面是用各种筑路材料铺筑在路基上直接承受车辆荷载作用的层状构筑物。道路路面结构按路面的力学特性及工作状态，分为柔性路面（沥青混凝土路面等）和刚性路面（水泥混凝土路面等）。路面结构分为面层、基层、底基层、垫层等。结构图中需注明每层结构的厚度、性质、标准等内容，并标注必要的尺寸（如平侧石尺寸）、坡向等。

1.2.4.1　沥青混凝土路面结构图

沥青面层可由单层或双层或三层沥青混合料组成。选择沥青面层各层级配时，至少有一层是密级配沥青混凝土，防止雨水下渗。如图 1-5 所示机动车道面层由三层沥青混合料组成，非机动车道由双层沥青混合料组成，其中最上层均为密级配沥青混凝土。

1.2.4.2　水泥混凝土路面结构图

水泥混凝土路面结构图，如图 1-6 所示。水泥混凝土路面面层厚度一般为 18～25cm，为避免温度变化使混凝土产生裂缝和拱起现象，混凝土路面需划分板块，如图 1-7 所示。

分块的接缝有下列几种，如图 1-7、图 1-8 所示。

1. 纵向接缝

（1）纵向施工缝：一次铺筑宽度小于路面宽度时，设纵向施工缝，采用平缝形式，上部锯切槽口，深度 30～40mm，宽度 3～8mm，槽内灌塞填缝料。

（2）纵向缩缝：一次铺筑宽度大于 4.5m 时设置纵向缩缝，采用假缝形式，锯切槽口深度宜为板厚的 1/3～2/5。纵缝应与路中心线平行，一般做成企口缝形式或拉杆形式；拉杆采用螺纹钢筋，设在板厚中央，拉杆中部 100mm 范围内进行防锈处理。

2. 横向接缝

（1）横向施工缝：每日施工结束或临时施工中断时必须设置横向施工缝，位置尽量选在缩缝或胀缝处。设在缩缝处施工缝，应采用加传力杆的平缝形式，设在胀缝处施工缝，构造与胀缝相同。

（2）横向缩缝：采用假缝形式，特重或重交通道路及邻近胀缝或自由端部的 3 条缩缝，应采用设传力杆假缝形式，其他情况可采用不设传力杆假缝形式。传力杆应采用光面钢筋，最外侧传力杆距纵向接缝或自由边的距离为 150～250mm。横向缩缝顶部锯切槽口，深度为面层厚度的 1/5～1/4，宽度为 3～8mm，槽内灌塞填缝料。

（3）胀缝：邻近桥梁或其他固定构造物处或与其他道路相交处应设置横向胀缝。

1.2.4.3　路拱

路拱根据路面宽度、路面类型、横坡度等，选用不同方次的抛物线形、直线接不同方次的抛物线形与折线形等路拱曲线形式。图 1-5 中所示为改进二次抛物线路拱形式。路拱大样图中应标出纵、横坐标，供施工放样使用。

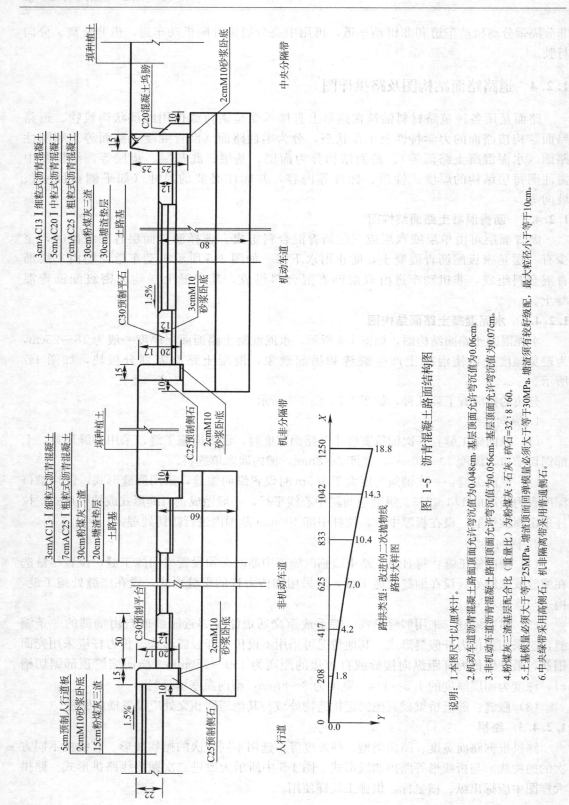

图 1-5　沥青混凝土路面结构图

路拱类型：改进的二次抛物线
路拱大样图

说明：1. 本图尺寸以厘米计。
2. 机动车道沥青混凝土路面顶面允许弯沉值为0.048cm，基层顶面允许弯沉值为0.06cm。
3. 非机动车道沥青混凝土路面顶面允许弯沉值为0.056cm，基层顶面允许弯沉值为0.07cm。
4. 粉煤灰三渣基层配合比（重量比）为石灰：粉煤灰：碎石=32：8：60。
5. 土基模量必须大于25MPa，塘渣顶面回弹模量必须大于30MPa，塘渣须有较好级配，最大粒径小于等于10cm。
6. 中央绿带采用高侧石，机非隔离带采用普通侧石。

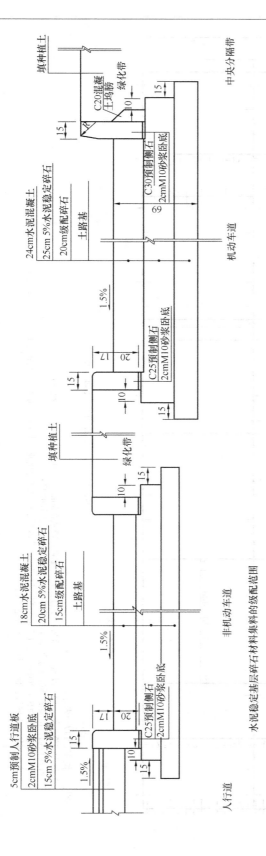

图 1-6 水泥混凝土路面结构图

水泥稳定基层碎石材料集料的级配范围

方筛孔尺寸(mm) 通过质量百分率(%)	40	31.5	19	9.5	4.75	2.36	0.6	0.075
基层	—	100	88-99	57-77	29-49	17-35	8-22	0-7
垫层	100	93-98	74-89	49-69	29-52	18-38	18-22	0-7

说明: 1.本图尺寸以厘米计。
2.机动车道路面设计抗弯拉强度大于等于4.5MPa。基层回弹模量大于等于100MPa。
3.非机动车道路面设计抗弯拉强度大于等于4.5MPa。基层回弹模量大于等于80MPa。
4.土基模量必须大于等于25MPa。级配碎石顶面回弹模量必须大于等于30MPa。
5.中央分隔带采用高侧石,侧石每节长1m。
6.水泥稳定碎石7天抗压强度不小于3.0MPa。
7.混凝土路面养护28天后方可开放交通。
8.路基采用塘渣回填,基层下30cm范围内,塘渣粒径不大于10cm,30cm以下,塘渣粒径不大于15cm,填方固体率不小于85%。

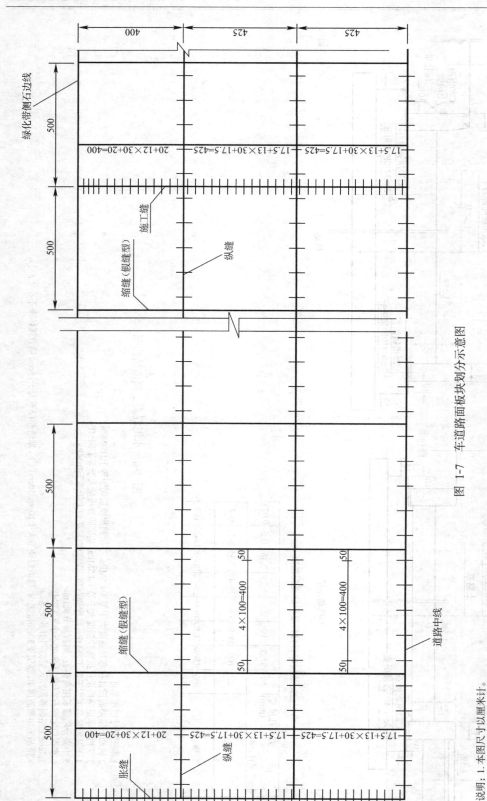

图 1-7 车道路面板块划分示意图

说明：1. 本图尺寸以厘米计。
　　　2. 每天的施工终点均需设施工缝设置。缩缝必须做在5m的倍数桩号处，均采用假缝式。
　　　　 在距横向自由端的三条缩缝及靠近胀缝的三条缩缝均为设传力杆的缩缝。
　　　　 施工胀缝同端间距为100~200m。混凝土板与交叉口相接以及混凝土板厚度变化处、小半径平曲线、竖曲线处，均应设置胀缝。
　　　3. 水泥板块如遇胀缝，板块纵向长度可适当调整。

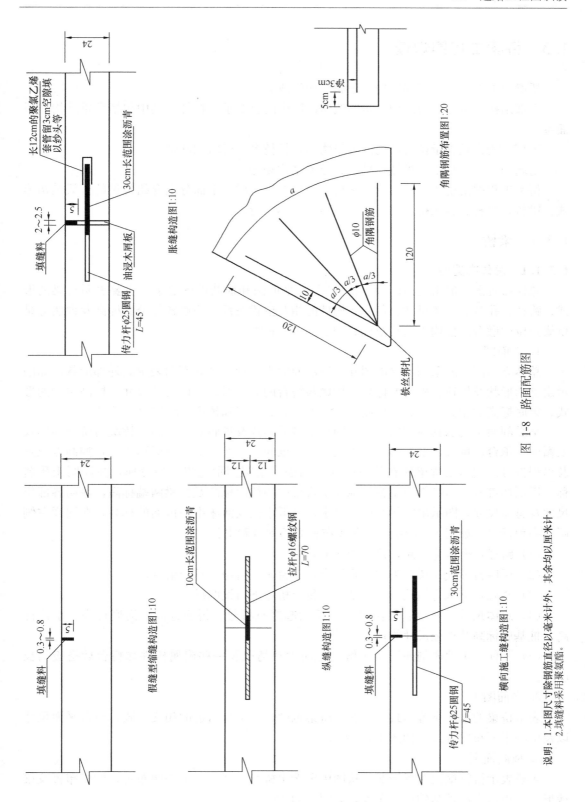

图 1-8 路面配筋图

说明：1.本图尺寸除钢筋直径以毫米计外，其余均以厘米计。
2.填缝料采用聚氯酯。

1.3　桥梁工程图识读

桥梁由上部结构、下部结构和附属结构组成。

上部结构：也称桥跨结构，是路线跨越障碍的主要承重构件，其中包括承重结构和桥面系。

下部结构：是支承桥跨结构的构筑物，包括桥台、桥墩和基础。

附属结构：包括锥形护坡、护岸、导流结构物等。

桥梁工程图由桥梁总体布置图和构件结构图等组成，下面分别介绍常见的桥梁结构形式：梁桥、拱桥、斜拉桥、吊桥四种桥型的基本构造。

1.3.1　梁桥

1.3.1.1　总体布置图

总体布置图一般由立面图（半剖面图）、平面图和横断面图表示，主要表明桥梁的形式、跨径、孔数、总体尺寸、各主要构件的相互位置关系、桥梁各部分的标高及说明等是桥梁定位中墩台定位构件安装及标高控制的重要依据。

1. 立面图

总体立面图一般采用半立面图和半纵剖面图来表示，半立面图表示其外部形状，如图示出桩的形状及桩顶、桩底的标高、桥墩与桥台的立面形式、标高及尺寸，标高主梁的形式、梁底标高的相关尺寸、各控制位置如桥台起、止点和桥墩中线的里程桩号。

半纵剖面图表示其内部构造，如图示出桩的形式及桩底桩顶标高；桥墩与桥台的形式及帽梁、承台、桥台，剖面形式；主梁形式与梁底标高及梁的纵剖面形式，各控制点位置及里程桩号。图示出桥梁所在位置的河床断面，用图例示意出土质分属，并注明土质名称。用剖切符号注出横剖面位置，标注出桥梁中心桥面标高及桥梁两端标高，注明各部位尺寸及总体尺寸。图示出常年水位（洪水）最低水位及河床中心地面的标高，在图样左侧画出高程标尺。如图 1-9 所示。由总体布置立面图可看出：

（1）跨径：全桥为一跨，跨径为 20m；

（2）桥墩台形式：桥台为重力式桥台，由台帽、台身、承台组成；

（3）基础：桩基为钻孔灌注桩基础，每个桥台下布设两排；

（4）总体尺寸、标高：由图可了解桥梁起终点桩号、桥面标高、河底标高、水位标高、桩基底标高及桩径尺寸等；

（5）其他：由地质剖面图可了解到地质大致情况及一些附属构件如桥台后搭板的长度等。

2. 平面图

表示桥梁的平面布置形式，可看出桥梁宽度、桥梁与河道的相交形式、桥台平面尺寸以及桩的平面布置方式，如图 1-10 所示。

3. 横断面图

主要表示桥梁横向布置情况，从图中可看出桥梁宽度、桥上路幅布置、梁板布置及梁板形式、也可看出桩基的横向布置，如图 1-11 所示。

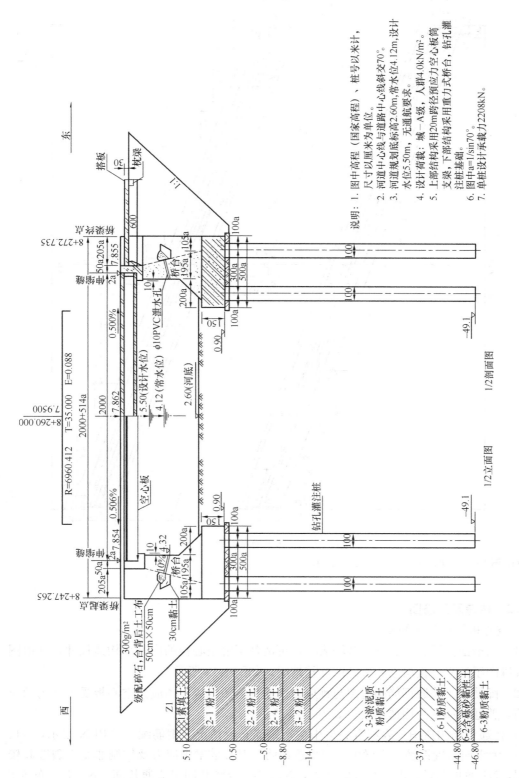

图 1-9 总体布置立面图

说明：1. 图中高程（国家高程），桩号以米计，尺寸以厘米为单位。
2. 河道中心线与道路中心线斜交70°。
3. 河道规划底标高2.60m，常水位4.12m，设计水位5.50m，无通航要求。
4. 设计荷载：城—A级，人群4.0kN/m²。
5. 上部结构采用20m跨径预应力空心板梁，下部结构采用重力式桥台，钻孔灌注桩基础。
6. 图中a=1/sin70°。
7. 单桩设计承载力2208kN。

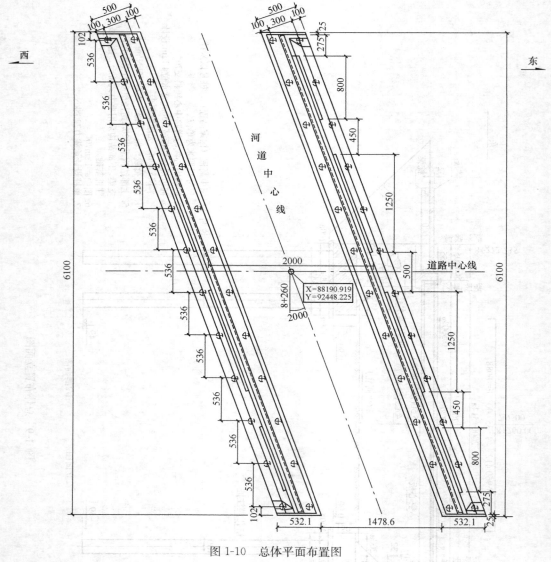

图 1-10 总体平面布置图

说明：图中桩号、坐标均以米计，尺寸以厘米计。

1.3.1.2 构造及配筋图

1. 空心板构造及配筋图

（1）构造图由平、立、剖面共同表示，可清楚了解空心板的内外部构造尺寸，并由图中的绞缝图了解空心板与空心板间的连接情况，如图 1-12 所示。

（2）配筋图由普通钢筋构造图与预应力钢筋构造图组成。预应力空心板受力筋为预应力钢筋，普通钢筋则为构造钢筋，如图 1-13 所示。

1）普通钢筋构造图：表示空心板中构造钢筋布置情况，钢筋编号采用 N 表示，N1、N2、N3 为纵向布置钢筋，为梁中主要构造钢筋，对分散梁中应力及控制非受力裂缝起较大作用，N1 通长布置。由于绞缝的缘故，N2、N3 号筋共同组成通长筋，N1 下缘布置 8

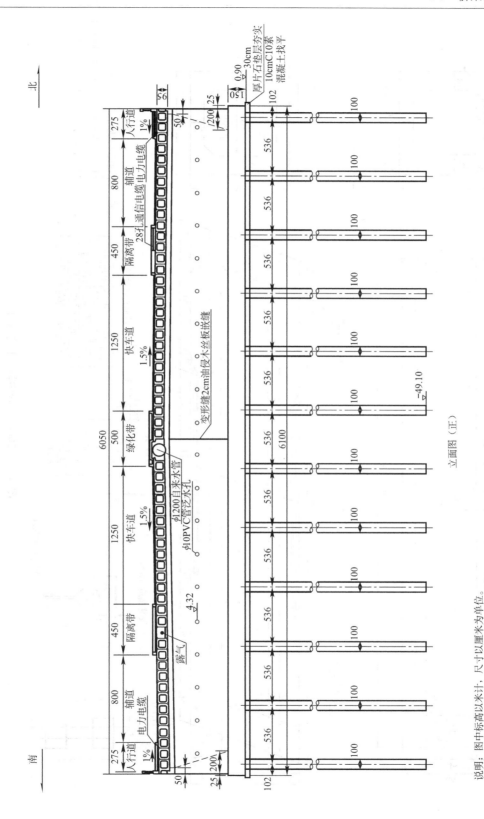

立面图（正）

桥台横断面图

图 1-11

说明：图中标高以米计，尺寸以厘米为单位。

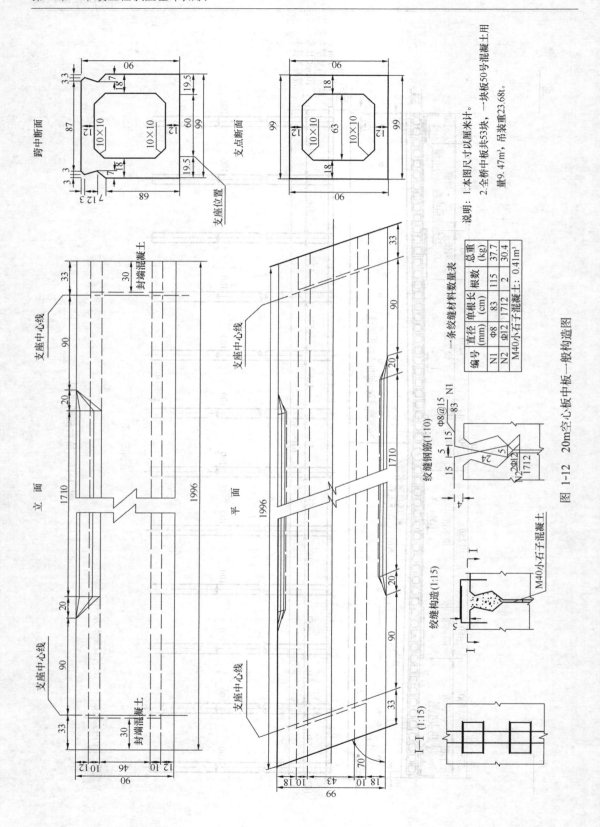

图 1-12 20m空心板中板一般构造图

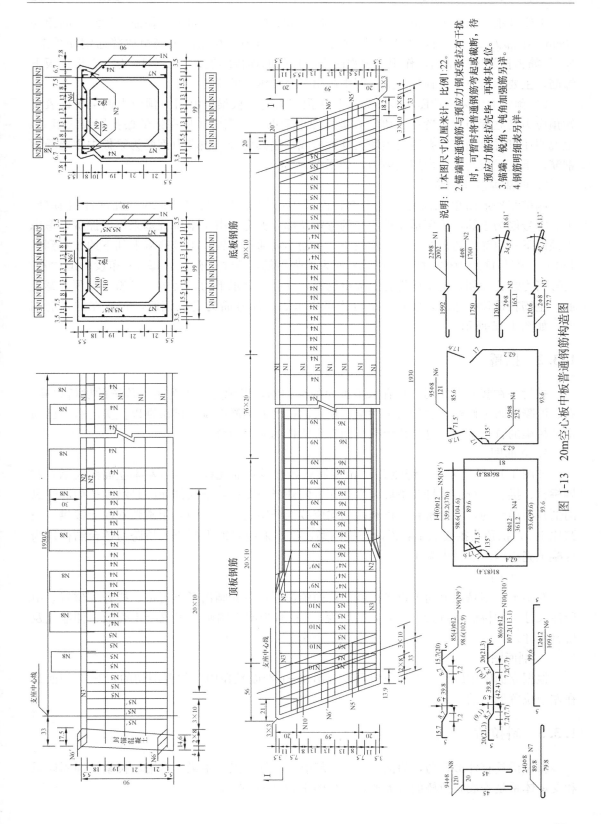

说明：1. 本图尺寸以厘米计，比例1:22。
2. 锚端普通钢筋与预应力钢筋弯曲起或张拉有干扰时，可暂时将普通钢筋弯起或截断，待预应力筋张拉完毕，再将其复位。
3. 锚端、钝角、钝角加强筋另详。
4. 钢筋明细表另详。

图 1-13　20m空心板中板普通钢筋构造图

根，上缘 8 根，两侧各 3 根，共 22 根；N4、N5、N6、N7 共同组成箍筋，梁端部间距为 10cm，中部为 20cm，主要作用为架立并承担部分剪力，与纵向钢筋组成普通钢筋骨架；N8 号筋为板间连接钢筋，作用为加强两空心板间的连接刚度；N9、N10 为空心板顶板下缘筋，主要承担空心板顶板弯矩。图中画出了每种钢筋的详图。

2）预应力钢束构造图：板梁为后张法预应力空心板梁，由图中预应力钢束坐标表可知预应力筋立面布置位置；一块空心板共四束钢束，每束由 4 根高强低松弛钢绞线组成，由说明还可看出预应力孔道由预埋波纹管形成及锚具型号。预应力钢筋为梁板中主要受力钢筋，承受梁板的主要弯矩及剪力，如图 1-14 所示。

2. 桩基构造及配筋图

因桩基外形简单无需另出构造图，由图中可知桩基为桩径 1m 的钻孔灌注桩基础。①、②号筋为主筋，主要承受桩所受的弯矩及部分剪力，由于本桥桩基采用摩擦桩，考虑桩顶以下一定深度弯矩及水平力均较小，主筋不需通长布置，①号筋从上到下约布置到桩长 2/3、②号筋约为桩长的 1/2；③号筋为加强钢筋，于主筋焊接，每 2m 布设一道；④、⑤号筋为螺旋箍筋，与主筋绑扎形成钢筋笼，并受部分水平力，其中⑤号筋为桩顶处螺旋筋，主筋在桩顶处弯起，使其与承台连接更牢固；⑥号筋为定位钢筋，布置在加强筋四周，如图 1-15 所示。

1.3.2　拱桥

拱桥是在竖向力作用下具有水平推力的结构物，以承受压力为主。传统的拱桥以砖、石、混凝土为主修建，也称圬工桥梁。现代的拱桥如钢筋混凝土拱桥则以优美的造型已为市政桥梁的首选桥梁，这是传统拱桥和现代梁桥的完美结合。

1. 立面图

如图 1-16 所示为一座跨径 $L=6m$ 空腹式悬挂线双曲无铰拱桥。左半立面图表示，左侧桥台、拱、人行道栏杆及护坡等主要部分的外形视图；右半纵剖面图是沿拱桥中心线纵向剖开而得到的，右侧桥台、拱和桥面均应按剖开绘制。主拱圈采用圆弧双曲无铰拱，矢跨比 1/5，拱顶与拱腹墩下各设两道横系梁，拱座采用 C20 混凝土。桥跨与桥台结构均为混凝土壳板内填筑粉煤灰土。

2. 平面图

左半平面图是从上向下投影得到的桥面俯视图，主要画出了车行道、栏杆等位置，由所注尺寸可知桥面净宽为 4.00m，横坡为 2%；右半剖面图画出了混凝土壳板、伸缩缝及桥台尺寸。

3. 剖面图

根据立面图中所注的剖切位置可以看出 1—1 剖面是在中跨位置剖切的，2—2 剖面是在左边位置剖切的。

1.3.3　斜拉桥

斜拉桥具有外形轻巧，简洁美观，跨越能力大的特点。主梁、索塔、拉索、锚固体系和支承体系是构成斜拉桥的五大要素，如图 1-17（a）所示。

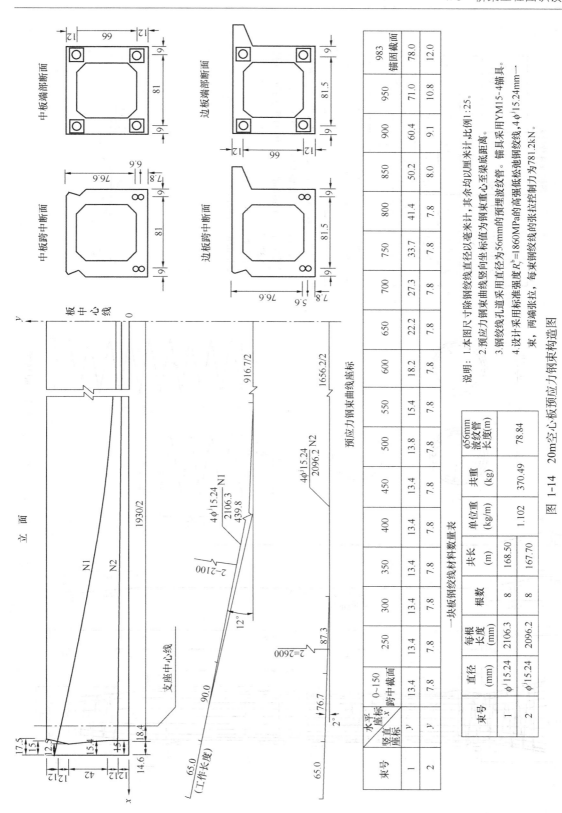

图 1-14 20m空心板预应力钢束构造图

说明：1. 本图尺寸除钢绞线直径以毫米计，其余均以厘米计，比例1：25。
2. 预应力钢束曲线竖向坐标值为钢束重心至梁底距离。
3. 钢绞线孔道采用直径为56mm的预埋波纹管。锚具采用YM15-4锚具。
4. 设计采用标准强度R_y^b=1860MPa的高强低松弛钢绞线，4ϕ^i15.24mm——束，两端张拉，每束钢绞线的张拉控制力为781.2kN。

预应力钢束曲线坐标

水平座标 x	0～150	250	300	350	400	450	500	550	600	650	700	750	800	850	900	950	983 锚固截面
竖直座标 y 1	13.4	13.4	13.4	13.4	13.4	13.4	13.8	15.4	18.2	22.2	27.3	33.7	41.4	50.2	60.4	71.0	78.0
束号 2	7.8	7.8	7.8	7.8	7.8	7.8	7.8	7.8	7.8	7.8	7.8	7.8	7.8	8.0	9.1	10.8	12.0

一块板钢绞线材料数量表

束号	直径 (mm)	每根长度 (mm)	根数	共长 (m)	单位重 (kg/m)	共重 (kg)	ϕ56mm 波纹管长度(m)
1	ϕ^i15.24	2106.3	8	168.50	1.102	370.49	78.84
2	ϕ^i15.24	2096.2	8	167.70			

一根桩材料数量表

编号	直径 (mm)	长度 (cm)	根数	共长 (m)	共重 (kg)	总重 (kg)
1	Φ20	3718	10	371.80	918.3	1712.1
2	Φ20	2717	10	271.70	671.1	
3	Φ20	276	15	49.65	122.7	
4	Φ8	52655	1	526.55	206.0	214.9
5	Φ6	1749	1	17.49	6.9	
6	Φ12	53	72	38.16	33.9	33.9
C25混凝土(m³)						39.27

说明：1. 图中尺寸除钢筋直径以毫米计，其余均以厘米为单位。
2. 加强钢筋绑扎在主筋内侧，焊接方式采用双面焊。
3. 定位钢筋N6每隔2m设一组，每组4根均匀设于该干加强筋N3四周。
4. 沉淀物厚度不大于15cm。
5. 钻孔桩全桥48根。

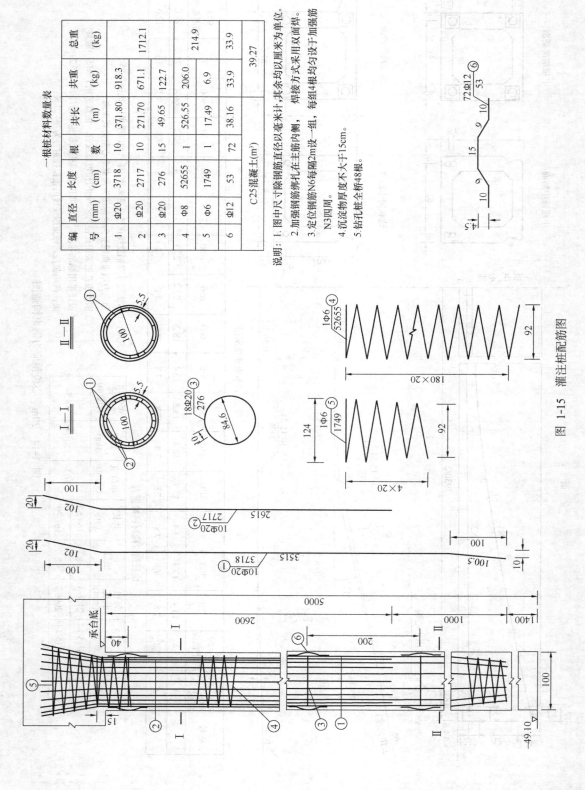

图 1-15　灌注桩配筋图

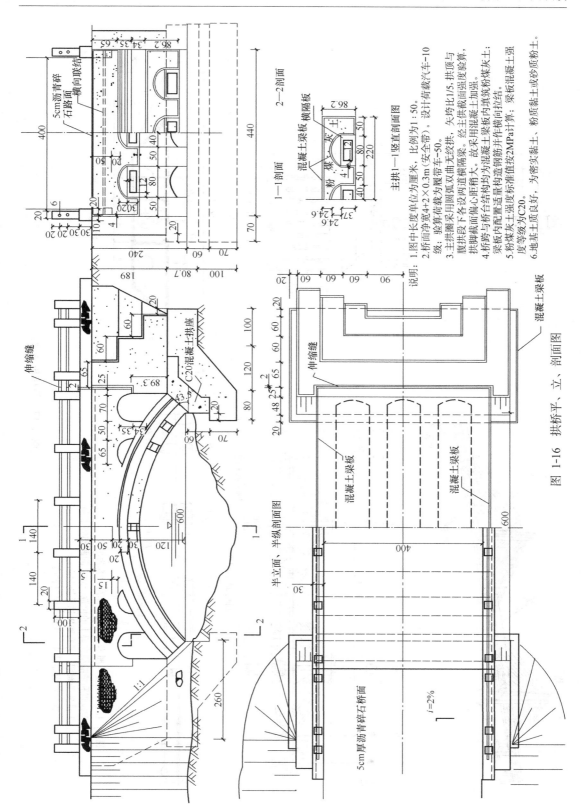

图 1-16 拱桥平、立、剖面图

说明:

1. 图中长度单位为厘米,比例为1:50。
2. 桥面净宽4+2×0.3m (安全带)。设计荷载汽车-10级;验算荷载为挂车-50。
3. 主拱圈采用圆弧双曲无铰拱,矢跨比1/5,拱顶与腹拱段下各设两道横隔梁。经主拱截面强度验算,拱脚截面偏心距稍大。故采用混凝土加强。
4. 桥跨与桥台为结构均为混凝土板内填筑粉煤灰;梁板内配置钢筋构造钢筋并作横向拉结。
5. 粉煤灰内混凝土强度适量构造按标准值按2MPa计算;梁板混凝土强度等级为C20。
6. 地基地质良好,为密实黏土,粉质黏土或砂质粉土。

主拱1—1竖直剖面图

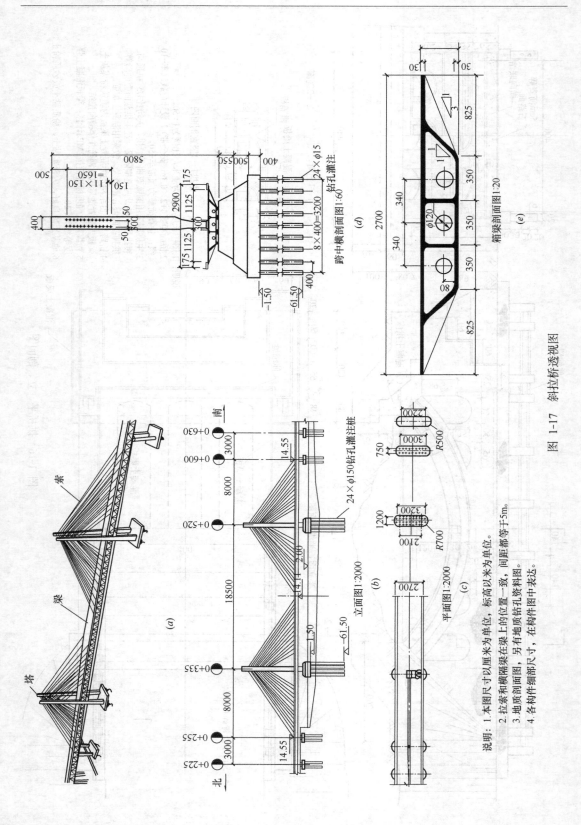

说明：1. 本图尺寸以厘米为单位，标高以米为单位。
　　　2. 拉索和横隔梁在梁上的位置一致，间距都等于 5m。
　　　3. 地质剖面图，另有地质钻孔资料图。
　　　4. 各构件细部尺寸，在构件图中表达。

图 1-17　斜拉桥透视图

1. 立面图

如图 1-17（b）所示，为一座双塔单索面钢筋混凝土斜拉桥，主跨为 185m、两边边跨各为 80m。立体图反映了河床起伏及水文情况，根据标高尺寸可知钻孔灌注桩直径，基础的深度，梁底、桥面中心和通航水位的标高尺寸。

2. 平面图

如图 1-17（c）所示，以中心线为界，左半边画外形，显示了人行道和桥面的宽度，并显示了塔柱断面和拉索。右半边是把桥的上部分揭去后，显示桩位的平面布置图。

3. 横剖面图

如图 1-17（d）所示，梁的上部结构，桥面总宽为 29m，两边人行道包括栏杆为 1.75m，车道为 11.25m，中央分隔带为 3m，塔柱高为 58m。同时还显示了拉索在塔柱上的分布尺寸、基础标高和灌注桩的埋置深度等。

4. 箱梁剖面图

如图 1-17（e）所示，显示单箱三室钢筋混凝土梁的各主要部分尺寸。

1.3.4 悬索桥

悬索桥也称吊桥，具有结构自重轻，简洁美观，能以较小的建筑高度跨越其他任何桥型无与伦比的特大跨度。悬索桥主要由主缆、锚碇、索塔、加劲梁、吊索组成，细部构造还有主索鞍、散索鞍、索夹等，如图 1-18 所示。

1. 立面图

如图 1-18 所示，为一座连续加劲钢箱梁悬索桥，主跨为 648m，两边边跨各为 230m 设边吊杆，中跨矢跨比为 1/10.5，边跨矢跨比为 1/29.58，塔顶主缆标高为 131.425m，散索鞍中主梁标高为 66.711m。

2. 平面图

显示锚碇和索塔等，并显示桥总宽为 36.60m。

3. 加劲梁构造图

梁的上部结构，桥宽为 30.594m，八车道，设计横坡为 2%。显示连续加劲钢箱梁的各主要部分尺寸。

1.3.5 刚构桥

桥跨结构（主梁）和墩台（支柱）整体连接的桥梁称为刚构桥。它是在桁架拱桥和斜腿刚构桥的基础上发展起来的一种桥梁。它具有外观美观大方、整体性能好的优点。

图 1-19 所示是钢筋混凝土刚构拱桥的总体布置图。

1.3.5.1 立面图

由于刚架拱桥一般跨径不是太大，故可采用 1∶200 的比例画出，从图 1-19（本图采用比例 1∶200）中可以看出，该桥总长 63.274m，净跨径 45m，净矢高 5.625m，重力式 U 形桥台，刚架拱桥面宽 12m。立面用半个外形投影图和半个纵剖面图合成。同时反映了刚架拱桥的内外结构构造情况，在立面的半纵剖面图中，将横系梁断面，主梁、次梁侧面，主拱腿和次拱腿侧面形状表达清楚，对右桥台的结构形式及材料，左桥台的锥坡立面也作了表示。同时显示了水文、地质及河床起伏变化情况和各控制高程。

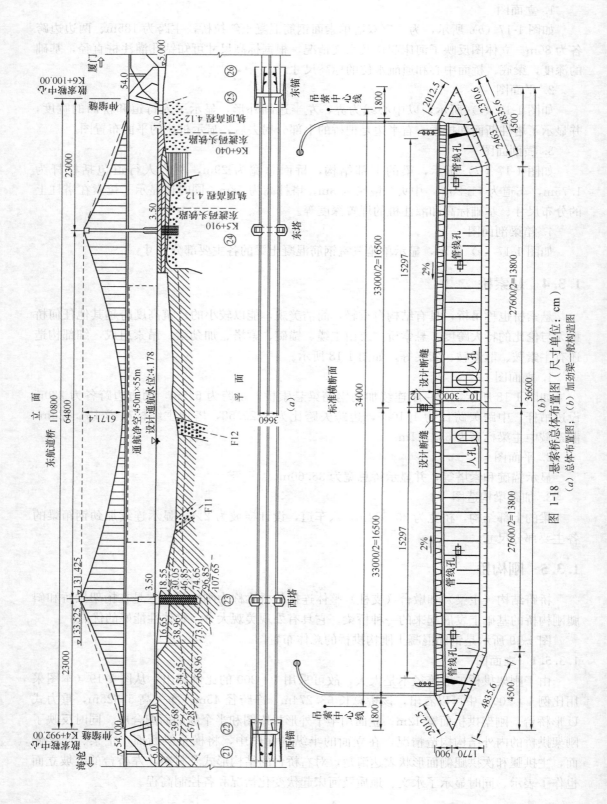

图 1-18 悬索桥总体布置图（尺寸单位：cm）
（a）总体布置图；（b）加劲梁一般构造图

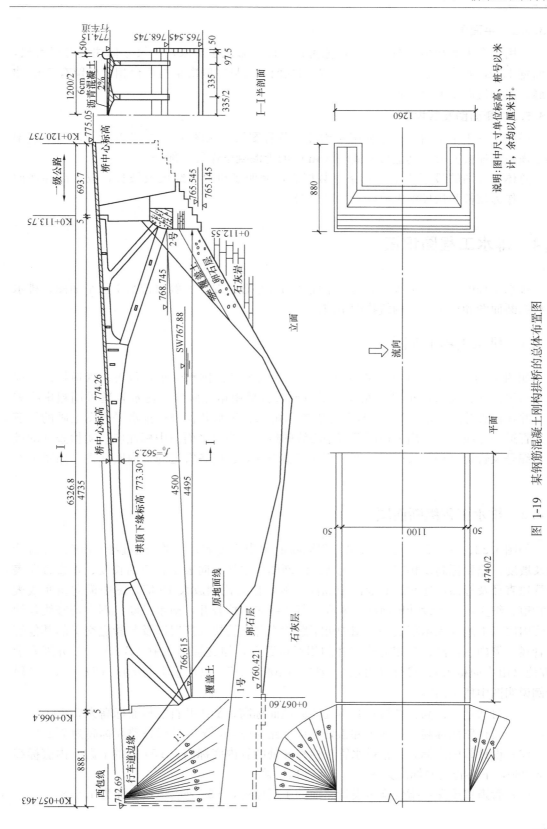

图 1-19 某钢筋混凝土刚构拱桥的总体布置图

1.3.5.2　平面图

采用半个平面和半个揭层画法，把桥台平面投影画了出来，从尺寸标注上可以看出，桥面宽 11m，两边各 50cm 防撞护栏，对照立面，可见左侧次梁与桥台相接处留有 5cm 伸缩缝。河水流向是朝向读者。

1.3.5.3　侧面图及数据表

采用Ⅰ—Ⅰ半剖面，充分利用对称性、节省图纸，从图 1-19 中可以看出，四片刚架拱由横系梁连接而成，其上桥面铺装 6cm 厚沥青混凝土作行车部分。

总体布置图的最下边是一长条形数据表，表明了桩号、纵坡及坡长，设计高和地面高，以作为校核和指导施工放样的控制数据。

1.4　排水工程图识读

排水工程图主要表示排水管道的平面及高程布置情况，一般由排水工程平面图、排水工程纵断面图和排水工程构筑物图组成。

1.4.1　排水工程平面图

如图 1-20 所示，排水平面图中表现的主要内容有：排水管布置位置、管道标高、检查井布置位置、雨水口布置情况等。图中雨水管采用粗点画线、污水管道采用粗虚线表示，并在检查井边标注 "Y"、"W" 分别表示雨水、污水井代号；排水平面图上画的管道均为管道中心线，其平面定位即管道中心线的位置；排水平面图中标注应表明检查井的桩号、编号及管道直径、长度、坡度、流向和检查井相连的各管道的管内底标高，如图 1-21 所示。

1.4.2　排水工程纵断面图

如图 1-22、图 1-23 所示，排水工程纵断面图中主要表示：管道敷设的深度、管道管径及坡度、路面标高及相交管道情况等。纵断图中水平方向表示管道的长度、垂直方向表示管道直径及标高，通常纵断面图中纵向比例比横向比例放大 10 倍；图中横向粗实线表示管道、细实线表示设计地面线、两根平行竖线表示检查井，雨水纵断面图中若竖线延伸至管内底以下的则表示落底井；图中可了解检查井支管接入情况以及与管道交叉的其他管道管径、管内底标高、与相近检查井的相对位置等，如支管标注中 "SYD400" 分别表示 "方位（由南向接入）、代号（雨水）、管径（400mm）"。以雨水纵断图中 Y54～Y55 管段为例说明图中所示内容：

(1) 自然地面标高：指检查井盖处的原地面标高，Y54 井自然地面标高为 5.700。

(2) 设计路面标高：指检查井盖处的设计路面标高，Y54 井设计路面标高为 7.238。

(3) 设计管内底标高：指排水管在检查井处的管内底标高，Y54 井的上游管内底标高为 5.260，下游管内底标高为 5.160，为管顶平接。

(4) 管道覆土深：指管顶至设计路面的土层厚度，Y54 处管道覆土深为 1.678。

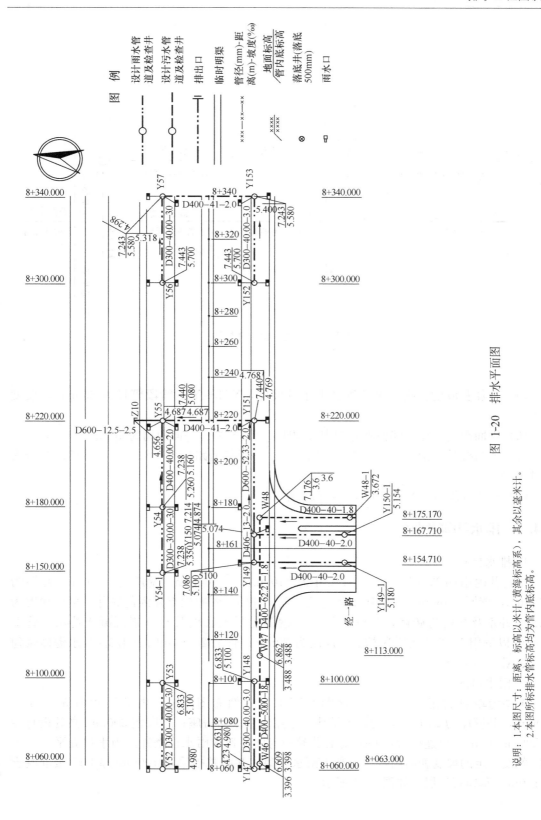

图 1-20　排水平面图

图　例

设计雨水管
道及检查井

设计污水管
道及检查井

排出口

临时明渠

管径(mm)-距
离(m)-坡度(‰)

地面标高
管内底标高

落底井落底
500mm

雨水口

说明：1.本图尺寸：距离、标高以米计；标高以米计（黄海标高高系），其余以毫米计。
　　　2.本图所标排水管标高高均为管内底标高。

27

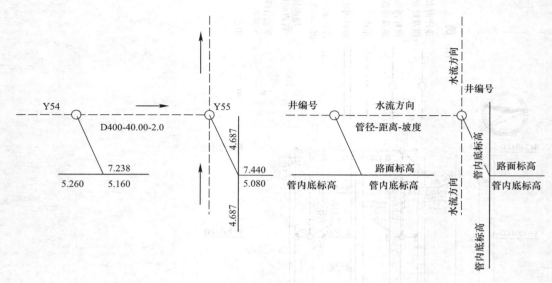

图 1-21　管道、检查井标注

（5）管径及坡度：指管道的管径大小及坡度，Y54～Y55 管段管径为 300mm，坡度为 2‰。

（6）平面距离：指相邻检查井的中心间距，Y54～Y55 平面距离为 40m。

（7）道路桩号：指检查井中心对应的桩号，一般与道路桩号一致，Y54 井道路桩号为 8＋180.000。

（8）检查井编号：Y54、Y55 为检查井编号。

1.4.3　排水构筑物图

1. 排水检查井图

检查井内由两部分组成，井室尺寸为 1100mm×1100mm，壁厚为 370mm；井筒为 φ700mm，壁厚 240mm。井盖座采用铸铁井盖、井座。图中检查井为落底井，落底深度为 50cm。井室及井筒为砖砌，基础采用 C20 钢筋混凝土底板及 C10 素混凝土垫层。管上 200mm 以下用 1:2 水泥砂浆抹面，厚度为 20mm；管上 200mm 以上用 1:2 水泥砂浆勾缝，如图 1-24 所示。

2. 雨水口图

图中为单箅式雨水口，由平面图及两个方向剖面图组成，内部尺寸为 510mm× 390mm，井壁厚为 240mm，为砖砌结构，采用铸铁成品盖座；距底板 300mm 高处设直径为 200mm 的雨水口连接管，并按规定设置一定坡度朝向雨水检查井，雨水口处平石三个方向各设一定的坡度朝向雨水口以利于雨水收集；井底基础采用 100mm 厚 C15 素混凝土及 100mm 厚碎石垫层，如图 1-25 所示。

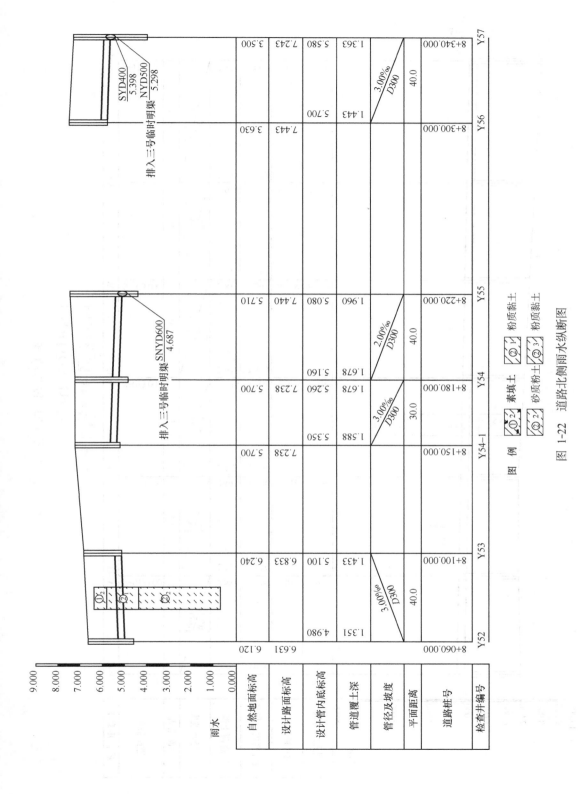

图 1-22 道路北侧雨水纵断图

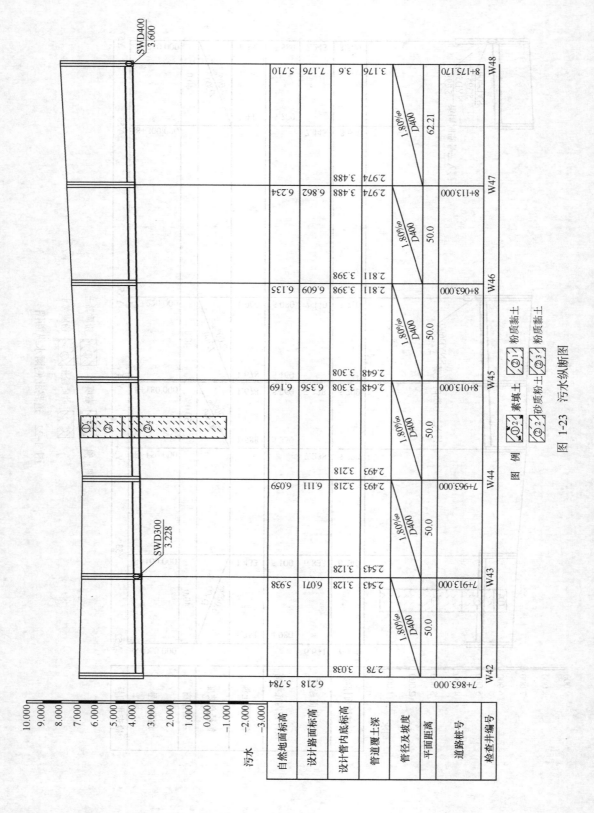

图 1-23　污水纵断图

污水	W42	W43	W44	W45	W46	W47	W48
自然地面标高	6.218 5.784	5.938 6.071	6.059 6.111	6.169 6.356	6.135 6.609	6.234 6.862	5.710 7.176
设计路面标高							
设计管内底标高	3.038	3.128 2.543	3.218 2.493	3.308 2.648	3.398 2.811	3.488 2.974	3.6 3.176
管道覆土深	2.78	2.543	2.493	2.648	2.811	2.974 3.488	3.176
管径及坡度	1.80‰ D400	1.80‰ D400	1.80‰ D400	1.80‰ D400	1.80‰ D400	1.80‰ D400	
平面距离		50.0	50.0	50.0	50.0	50.0	62.21
道路桩号	7+863.000	7+913.000	7+963.000	8+013.000	8+063.000	8+113.000	8+175.170
检查井编号	W42	W43	W44	W45	W46	W47	W48

图例　素填土　粉质黏土　砂质粉土　粉质黏土

SWD400 3.600

SWD300 3.228

10.000
9.000
8.000
7.000
6.000
5.000
4.000
3.000
2.000
1.000
0.000
-1.000
-2.000
-3.000

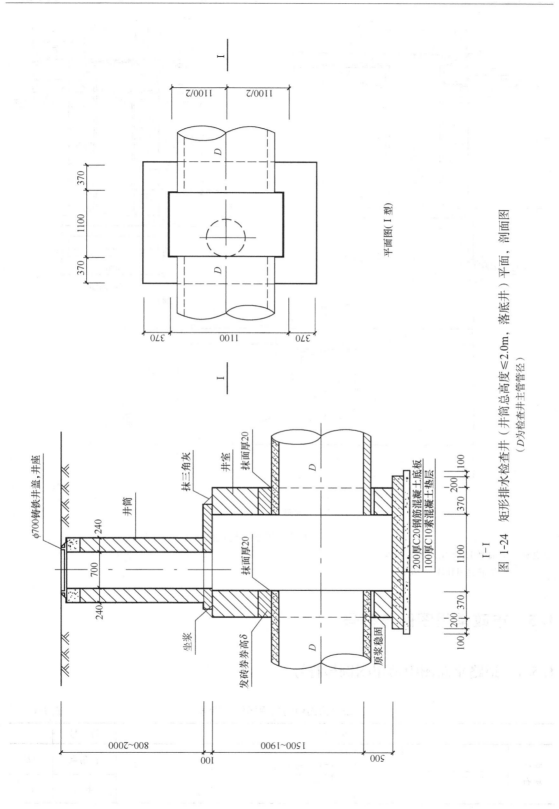

平面图(I 型)

I—I

图 1-24 矩形排水检查井（井筒总高度≤2.0m，落底井）平面，剖面图
（D为检查井主管径）

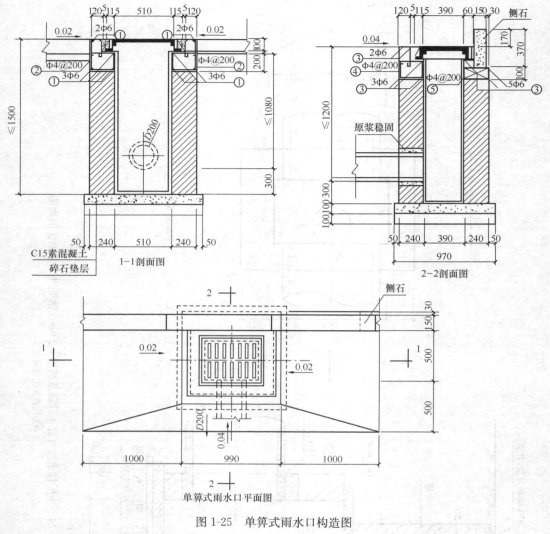

图 1-25 单算式雨水口构造图

说明：1. 混凝土：除已注明外，均为 C30。
  2. 钢筋：φ-HPB235 级钢。

1.5 市政常用图例与符号

1.5.1 道路平面图中常用图例与符号

道路平面图中的常用图例和符号   表 1-1

	图　　例					符　　号	
浆砌块石		房屋	独立成片	用材料	○　○　○ ○ 松 ○	转角点	JD
						半径	R

续表

图 例						符 号	
水准点	BM编号 高程	高压电线		围墙		切线长度	T
						曲线长度	L
导线点	编号 高程	低压电线		堤		缓和曲线长度	L
						外距	E
转角点	JD编号	通信线		路堑		偏角	α
						曲线起点	ZY
铁路		水田		坟地		第一缓和曲线起点	ZH
						第一缓和曲线终点	HY
公路		旱地		变压器		第二缓和曲线起点	YH
大车道		菜地				第二缓和曲线终点	HZ
桥梁及涵洞		水库鱼塘	糖	经济林	油茶	东	E
						西	W
水沟		坎		等高线冲沟		南	S
						北	N
河流		晒谷坪	谷	石质陡崖		横坐标	X
						纵坐标	Y
图根点		三角点		冲沟		圆曲线半径	R
						切线长	T
机场		指北针		房屋		曲线长	L
						外矢距	E

1.5.2 道路工程常用图例

道路工程常用图例 表 1-2

项目	序号	名 称	图 例	项目	序号	名 称	图 例
平面	1	涵洞		平面	3	分离式立交 a. 主线上跨 b. 主线下穿	
	2	通道					

续表

项目	序号	名 称	图 例	项目	序号	名 称	图 例
平面	4	桥梁（大、中桥梁按实际长度绘）		纵断	19	互通式立交 a. 主线上跨 b. 主线下穿	
	5	互通式立交（按采用形式绘）		材料	20	细粒式沥青混凝土	
	6	隧道			21	中粒式沥青混凝土	
	7	养护机构			22	粗粒式沥青混凝土	
	8	管理机构			23	沥青碎石	
	9	防护网			24	沥青贯入碎砾石	
	10	防护栏			25	沥青表面处理	
	11	隔离墩			26	水泥混凝土	
	12	箱涵			27	钢筋混凝土	
	13	管涵			28	水泥稳定土	
	14	盖板涵			29	水泥稳定砂砾	
	15	拱涵					
纵断	16	箱型通道					
	17	桥梁					
	18	分离式立交 a. 主线上跨 b. 主线下穿					

续表

项目	序号	名　称	图　例	项目	序号	名　称	图　例
材料	30	水泥稳定碎砾石		材料	40	天然砂砾	
	31	石灰土			41	干砌片石	
	32	石灰粉煤灰			42	浆砌片石	
	33	石灰粉煤灰土			43	浆砌块石	
	34	石灰粉煤灰砂砾			44	木材　横　纵	
	35	石灰粉煤灰碎砾石					
	36	泥结碎砾石			45	金属	
	37	泥灰结碎砾石			46	橡胶	
	38	级配碎砾石			47	自然土壤	
	39	填隙碎石			48	夯实土壤	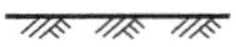
					49	防水卷材	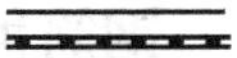

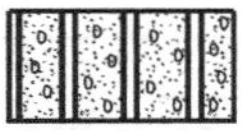

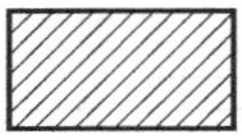

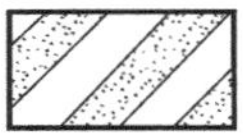

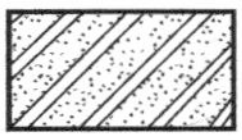

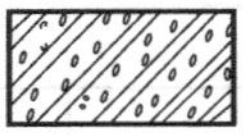

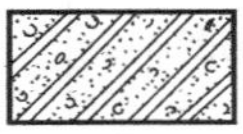

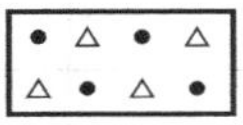

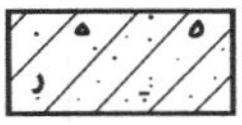

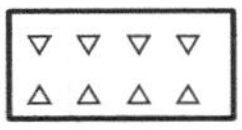

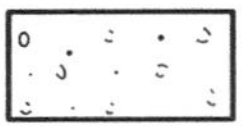

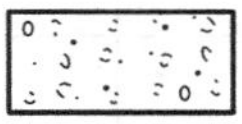

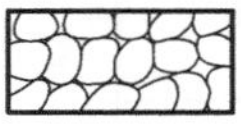

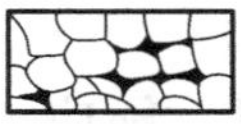

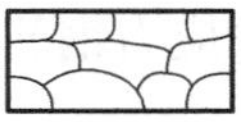

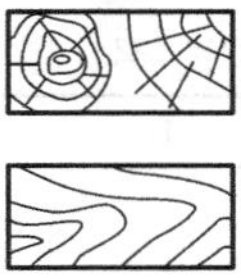

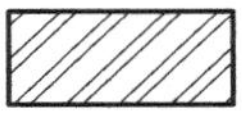

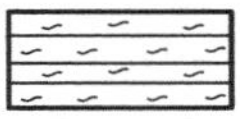

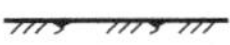

1.5.3　一般钢筋图例

一般钢筋图例见表 1-3。

一般钢筋图例　　　　　　　　　　　表 1-3

序　号	名　称	图　例	说　明
1	钢筋横断面	●	
2	无弯钩的钢筋端部	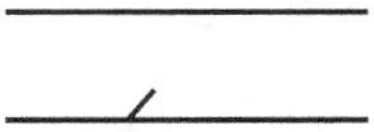	下图表示长短钢筋投影重叠时可在短钢筋的端部用 45°短画线表示
3	带半圆形弯钩的钢筋端部		
4	带直钩的钢筋端部		

35

续表

序　号	名　称	图　例	说　明
5	带丝扣的钢筋端部		
6	无弯钩的钢筋搭接		
7	带半圆弯钩的钢筋搭接		
8	带直钩的钢筋搭接		
9	套管接头（花篮螺丝）		

1.5.4　预应力钢筋图例

预应力钢筋图例见表1-4。

预应力钢筋图例　　　　　　　表1-4

序　号	名　称	图　例
1	预应力钢筋或钢绞线	
2	在预留孔道或管子中的后张法预应力钢筋断面	
3	预应力钢筋断面	
4	张拉端锚具	
5	固定端锚具	
6	锚具的端视	

1.5.5　钢筋种类、符号、直径及外观形状表

钢筋种类、符号、直径及外观形状表　　　　　　　表1-5

钢筋种类	符　号	直径（mm）	外观形状	钢筋种类	符　号	直径（mm）	外观形状
Ⅰ级钢筋	Φ	6～20	光圆	冷拉Ⅱ级钢筋	Φ'	8～25 28～40	人字纹
Ⅱ级钢筋	Φ	8～25 28～40	人字纹	冷拉Ⅲ级钢筋	Φ'	8～40	人字纹
Ⅲ级钢筋	Φ	8～40	人字纹	冷拉Ⅳ级钢筋	Φ'	10～28	光圆或螺纹
Ⅳ级钢筋	Φ	10～28	螺旋纹	冷拉5号钢钢筋	Φ'	10～40	螺纹
Ⅴ级钢筋	Φ	6、8、12	螺纹	冷拔高强钢丝（碳素）刻痕	φ⁰ φᵇ φᵍ	2.5～5	光圆
5号钢钢筋	Φ	10～40	人字纹	钢绞线	φⱼ	7.5～15	钢丝绞捻

1.5.6 常用型钢代号与规格的标注

常用型钢代号与规格的标注　　　　　　　表 1-6

序号	名　称	截面形式	代号规格	标　注
1	钢板、扁钢		□宽×厚×长	□b×t / L
2	角钢		L长边×短边×边厚×长	L B×b×d / L
3	槽钢		[高×翼缘宽×腹板厚×长	[N×b / L
4	工字钢		I高×翼缘宽×腹板厚×长	I N / L
5	方钢		□边宽×长	□ b / L
6	圆钢		φ直径×长	φ b / L
7	钢管		φ外径×壁厚×长	φ d×t / L
8	卷边角钢		⌐边长×边长×卷边长×边厚×长	⌐b×b'×l×t / L

1.5.7 常用螺栓与螺孔代号

常用螺栓与螺孔的代号　　　　　　　表 1-7

序　号	名　称	代　号
1	已就位的普通螺栓	●
2	高强度螺栓、普通螺栓的孔位	+（或⊕）
3	已就位的高强度螺栓	⬥
4	已就位的销孔	◎
5	工地钻孔	⊬　⊕

1.5.8　常用焊缝的图形符号和辅助符号

常用焊缝的图形符号和辅助符号　　　　　　　表 1-8

序号	焊缝名称	图例	图形符号	符号名称	图式	辅助符号	标注方式
1	V 形焊缝		V	三面周边焊缝			
2	带钝边 V 形焊缝		Y				
3	对焊工型焊缝		‖				
4	单面贴角焊缝		◺	带垫板符号		▭	
5	双面贴角焊缝		◬	现场安装焊缝符号		⚑	∠90°
6	塞焊		⊓	周围焊缝	▣	○	

第2章 市政工程计量与计价的基本知识

2.1 市政工程计量的基本知识

2.1.1 工程计量的概念

工程计量是指运用一定的划分方法和计算规则进行计算，并以一定的计量单位来表示分部分项工程数量或项目总体实体数量的工作。

工程计量随建设项目所处的阶段及设计深度的不同，对应的计量对象、计量方法、计量单位、精确程度也有所不同。

2.1.2 工程计量的对象

在工程建设的不同阶段，工程计量的对象不同。

在项目决策阶段编制投资估算时，工程计量的对象取得较大，可能是单项工程或单位工程，甚至是整个建设项目，这时得到的工程估价也就较粗略。

在初步设计阶段编制设计概算时，工程计量的对象可以取单位工程或扩大的分部分项工程。

在施工图设计阶段编制施工图预算时，以分项工程为计量的基本对象，这时取得的工程估价也就较为准确。

2.1.3 工程计量的依据

为了保证工程量计算结果的统一性和可比性，防止工程结算时出现不必要的纠纷，在工程量计算时应严格按照一定的计算依据进行。主要有以下几个方面。

（1）工程量计算规则是指对工程量计算工作所做的统一的说明和规定，包括项目划分、项目特征、工程内容描述、计量方法、计量单位等。

（2）工程设计图样、设计说明及设计变更等。

（3）经审定的施工组织设计及施工技术方案、专项方案等。

（4）招标文件的有关说明及合同条件等。

2.1.4 工程计量的影响因素与注意事项

1. 工程计量的影响因素

在进行工程计量以前，应先确定以下工程计量因素。

（1）计量对象

在不同的建设阶段，有不同的计量对象，对应有不同的计量方法，所以确定计量对象是工程计量的前提。

（2）计量单位

工程计量时采用的计量单位不同，则计算结果也不同，所以工程计量前应明确计量单位。

（3）施工方案

在工程计量时，对于图样相同的工程，往往会因为施工方案的不同而导致实际完成工程量的不同，所以工程计量前应确定施工方案。

（4）计价方式

在工程计量时，对于图样相同的工程，采用定额的计价模式和清单的计价模式，可能会有不同的计算结果，所以在计量前也必须确定计价方式。

2. 工程计量注意事项

（1）要依据对应的工程量计算规则进行计算，包括项目名称、计量单位、计量方法的一致性。

（2）熟悉设计图样和设计说明，计算时以图样标注尺寸为依据，不得任意加大或缩小尺寸。

（3）注意计算中的整体性和相关性。如在市政工程计量中，要注意处理道路工程、排水工程的相互关系。

（4）注意计算列式的规范性和完整性，最好采用统一格式的工程量计算纸，并写明计算部位、项目、特征等，以便核对。

（5）注意计算过程中的顺序性，为了避免工程量计算过程中发生漏算、重复等现象，计算时可按一定的顺序进行。

（6）注意结合工程实际，工程计量前应了解工程的现场情况、拟用的施工方案、施工方法等，从而使工程量更切合实际。

（7）注意计算结果的自检和他检。工程量计算后，计算者可采用指标检查、对比检查等方法进行自检，也可请经验丰富的造价工程师进行他检。

2.2　市政工程计价的基本知识

2.2.1　工程计价的概念

工程计价是指在定额计价模式下或在工程量清单计价模式下，按照规定的费用计算程序，根据相应的定额，结合人工、材料、机械市场价格，经计算预测或确定工程造价的活动。

计价模式不同，工程造价的费用计算程序不同，建设项目所处的阶段不同，工程计价的具体内容、计价方法、计价的要求也不同。

2.2.2　工程计价的依据

1. 《建设工程工程量清单计价规范》

《建设工程工程量清单计价规范》（GB 50500—2013）是根据《中华人民共和国建筑法》、《中华人民共和国合同法》、《中华人民共和国招标投标法》等法律以及最高人民法院

《关于审理建设工程施工合同纠纷案件适用法律问题的解释》（法释 2004/4 号），按照我国工程造价管理改革的总体目标，本着国家宏观调控、市场竞争形成价格的原则制定的。

2.《浙江省建筑工程计价依据》（2010 版）

（1）《浙江省建设工程计价规则》（2010 版）

（2）《浙江省市政工程预算定额》（2010 版）

（3）《浙江省建设工程施工费用定额》（2010 版）

（4）《浙江省施工机械台班费用定额》（2010 版）

（5）其他（市场信息价格、企业定额等）

第3章 市政工程定额与预算的基本知识

3.1 定额的基本知识

3.1.1 定额的概念

定额："定"就是规定，"额"就是数额。定额就是规定在产品生产过程中人力、物力或资金的标准数额。

在市政施工过程中，在一定的施工组织和施工技术条件下，用科学的方法和实践经验相结合，制定为生产质量合格的单位工程产品所必须消耗的人工、材料和机械台班的数量标准，就称为市政工程定额，或简称为工程定额。

3.1.2 定额的特点

(1) 科学性

定额的科学性表现为生产成果和生产消耗的客观规律和科学的管理方法。定额的编制是用科学的方法确定各项消耗量标准，力求定额水平合理，形成一套系统的、完善的、在实践中行之有效的方法。

(2) 法令性

定额的法令性是指定额一经国家、地方主管部门或授权单位颁发，各地区及有关施工企业单位，都必须严格遵守和执行，不得随意改变定额的结构形式和内容，不得任意变更定额的水平，如需要进行调整、修改和补充，必须经授权部门批准。

(3) 群众性

定额的制定和执行都具有广泛的群众基础。首先，定额的制定来源于广大职工群众的生产（施工）活动，是在广泛听取群众意见并在群众直接参与下制定的。其次，定额要依靠广大群众贯彻执行，并通过广大职工的生产（施工）活动，进一步提高定额水平。

(4) 统一性

为了使国民经济按照既定的目标发展，需要借助于标准、定额、参数等，对工程建设进行规划、组织、调节、控制。而这些标准、定额、参数必须在一定范围内是一种统一的尺度，才能对项目的决策、设计范围、投标报价、成本控制进行比选和评价。

(5) 稳定性和时效性

定额是定与变的统一体。定额在一定时期具有相对的稳定性。但是，任何一种定额都只能反映一定时期的生产力水平，定额应该随着生产的发展而修改、补充或重新编制。

定额的科学性是定额法令性的依据。定额的法令性又是贯彻执行定额的重要保证。定额的群众性则是制定和贯彻定额的可靠基础。

3.1.3 定额的作用

（1）定额是国家对工程建设进行宏观调控和管理的手段。

（2）定额具有节约社会劳动和提高劳动生产效率的作用。

（3）定额有利于建筑市场公平竞争。

（4）定额是完成规定计量单位分项工程计价所需的人工、材料、机械台班的消耗量标准。

（5）定额是编制施工图预算、招标工程标底、投标报价的依据。

（6）定额有利于完善市场的信息系统。

3.1.4 定额的分类

市政工程定额的种类很多，如图 3-1 所示。一般按生产因素、用途与执行范围，可分为以下类型。

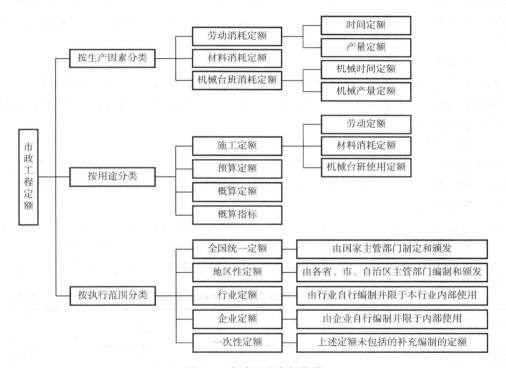

图 3-1 市政工程定额分类

1. 按生产因素分类

按生产因素可分为劳动消耗定额、材料消耗定额与机械台班消耗定额

（1）劳动消耗定额

劳动消耗定额也称人工消耗定额，它规定了在正常施工条件下，某工种的某一等级工人为生产单位合格产品所必须消耗的劳动时间，或在一定的劳动时间内所生产合格产品的数量。

劳动消耗定额按其表现形式不同，可分为时间定额和产量定额两种。

（2）材料消耗定额

材料消耗定额是在节约和合理使用材料的条件下，生产单位合格产品所必须消耗的一定品种规格的原材料、燃料、成品、半成品或构配件等的数量。

（3）机械台班消耗定额

机械台班消耗定额简称机械定额，它是在合理的劳动组织与正常施工条件下，利用机械生产一定单位合格产品所必须消耗的机械工作时间，或在单位时间内机械完成合格产品的数量。

机械消耗定额可分为机械时间定额和机械产量定额两种。

2. 按用途分类

按用途可分为施工定额、预算定额、概算定额与概算指标。

（1）施工定额

施工定额是直接用于基层施工管理中的定额，它一般由劳动定额、材料消耗定额和机械台班使用定额 3 个部分组成。根据施工定额，可以计算不同工程项目的人工、材料和机械台班的需要量。施工定额是编制预算定额，确定人工、材料、机械消耗数量标准的基础依据。

（2）预算定额

预算定额是确定一定计量单位的分项工程或结构构件的人工、材料（包括成品、半成品）和施工机械台班耗用量以及费用标准。预算定额是确定人工造价的主要依据，是计算标底和确定报价的主要依据。

（3）概算定额

概算定额是预算定额的扩大与合并，它是确定一定计量单位扩大分项工程的人工、材料和施工机械台班的需要量以及费用标准，是设计单位编制设计概算所使用的定额。

（4）概算指标

概算指标是以整个构筑物为对象，或以一定数量面积（或长度）为计量单位，而规定人工、机械与材料的耗用量及其费用标准。它主要是用于投资估算所使用的定额。

上述各种定额对应工程建设的不同阶段，编制相应阶段的工程造价文件可参见表 3-1。

工程建设阶段与工程造价文件、依据的定额关系表　　　　　　　　　表 3-1

建设阶段	项目决策阶段	初步/技术设计阶段	施工图设计阶段	招投标阶段	项目实施阶段	项目验收阶段	竣工结算阶段
工程造价文件	投资估算书	设计概算	施工图预算		施工预算	工程决算	工程结算
依据定额	概算指标	概算定额	预算定额	预算定额/企业定额	施工定额	预算定额	预算定额

3. 按执行范围分类

按执行范围可分为全国统一定额、地区性定额、行业定额、企业定额和一次性定额。

（1）全国统一定额

全国统一定额是根据全国各专业工程的生产技术与组织管理的一般情况而编制的定额，在全国范围内使用。如《全国市政工程统一劳动定额》。

（2）地区性定额

地区性定额是各省、自治区、直辖市建设行政主管部门参照全国统一定额及国家有关统一规定制定的，在本地区范围内使用。

（3）行业定额

行业定额是由各行业结合本行业特点，在国家统一指导下编制的具有较强行业或专业特点的定额，一般在本行业内部使用。

（4）企业定额

企业定额是施工企业根据现行定额项目，不能满足生产需要，必须要根据实际情况编制补充，如对统一定额缺项或对特殊项目的补充。企业定额是施工企业进行投标报价的基础和依据，但这些定额均应按规定履行审批手续。

（5）一次性定额

一次性定额，也称临时定额，它是因上述定额中缺项而又实际发生的新项目而编制的。一般由施工企业提出测定资料，与建设单位或设计单位协商议定，只作为一次使用，并同时报主管部门备查。经过总结和分析，一次性定额往往成为补充或修订正式统一定额的基础资料。

3.2 施工定额

3.2.1 施工定额的概念

施工定额是直接用于工程施工管理的一种定额，是施工企业管理工作的基础。它是以同一性质的施工过程为测定对象，在正常施工条件下完成单位合格产品所需消耗的人工、材料和机械台班的数量标准，因采用技术测定方法制定，故又叫技术定额。根据施工定额可以直接计算出不同工程项目的人工、材料和机械台班的需要量。

施工定额是以工序定额为基础，由工序定额结合而成的，可直接用于施工之中。

施工定额由劳动定额、材料消耗定额和机械台班使用定额三部分所组成。

3.2.2 施工定额的作用

（1）施工定额是施工队向班组签发施工任务单和限额领料单的依据。

（2）施工定额是编制施工预算的主要依据。

（3）施工定额是施工企业编制施工组织设计和施工进度计划的依据。

（4）施工定额是加强企业成本核算和成本管理的依据。

（5）施工定额是编制预算定额和单位估价表的依据。

（6）施工定额是贯彻经济责任制、实行按劳分配和内部承包责任制的依据。

3.2.3 施工定额的基本形式

1. 劳动定额

劳动定额也称人工定额。它是施工定额的主要组成部分，表示建筑工人劳动生产率的一个指标。

劳动定额由于表现形式不同，可分为时间定额和产量定额两种。

(1) 时间定额：某种专业、某种技术等级工人班组或个人在合理的劳动组织与合理使用材料的条件下完成单位合格产品所需的工作时间。定额中的时间包括有效工作时间（准备与结束时间，基本生产时间和辅助生产时间）、工人必须休息时间和不可避免的中断时间。

时间定额以工日为单位，每一工日工作时间按现行标准规定为 8h，其计算方法如下

$$单位产品时间定额（工日）= \frac{1}{每工产量} \tag{3-1}$$

$$或 \quad 单位产品时间定额（工日）= \frac{小组成员工日数的总和}{台班产量} \tag{3-2}$$

(2) 产量定额：在合理的劳动组织与合理使用材料的条件下，某工程技术等级的工人班组或个人在单位工日中所应完成的合格产品数量。其计算方法如下

$$每工产量 = \frac{1}{单位产品时间定额（工日）} \tag{3-3}$$

$$或 \quad 每班产量 = \frac{小组成员工日数的总和}{单位产品时间定额（工日）} \tag{3-4}$$

产量定额的计量单位，以单位时间的产品计量单位表示，如 m^3、m^2、m、t、块、根等。

时间定额与产量定额互成倒数，即

$$时间定额 = \frac{1}{产量定额} \tag{3-5}$$

$$或 \quad 产量定额 = \frac{1}{时间定额} \tag{3-6}$$

$$或 \quad 时间定额 \times 产量定额 = 1 \tag{3-7}$$

【例 3-1】 砖石工程砌 $1m^3$ 砖墙，规定需要 0.524 工日，每工产量为 $1.91m^3$。试确定时间定额、产量定额。

【解】

$$时间定额 = \frac{1}{1.91} \approx 0.524（工日 / m^3）$$

$$产量定额 = \frac{1}{0.524} \approx 1.91（m^3 / 工日）$$

综合时间定额为完成同一产品各单项时间定额的总和。即综合时间定额（工日）$= \sum$ 单项时间定额 。

$$综合产量定额 = \frac{1}{综合时间定额} \tag{3-8}$$

时间定额和产量定额都表示同一个劳动定额，但各有用途。时间定额是以工日为单位，便于计算某一分部（项）工程所需要的总工日数，也易于核算工资和编制施工进度计划。时间定额比较适宜于计算，所以劳动定额一般是采用时间定额的形式比较普遍。产量定额是以产品数量为单位，具有形象化的特点，主要用于施工小组分配任务，考核工人劳动生产率。

劳动定额的测定基本方法有技术测定、类推比较法、统计分析法和经验估计法。

2. 材料消耗定额

材料消耗定额是指在节约与合理使用材料的条件下，生产单位产品所必须消耗合格材料、构件或配件的数量标准。其计算方法如下

$$材料总用量 = \frac{材料净用量}{1 - 损耗率} \tag{3-9}$$

或

$$材料总用量 = 材料净用量 \times (1 + 损耗率) \tag{3-10}$$

式中　材料净用量——构成产品实体的消耗量；

　　　损耗率——损耗量与总用量的比值，其中损耗量为施工中不可避免的损耗。

例如，浇筑混凝土构件时，由于所需混凝土材料在搅拌、运输过程中不可避免的损耗，以及振捣后变得密实，每立方米混凝土产品往往需要消耗 $1.02m^3$ 混凝土拌和材料。

定额中的材料可分为以下 4 类。

（1）主要材料：指直接构成工程实体的材料，其中也包括半成品、成品，如混凝土。

（2）辅助材料：指直接构成工程实体，但用量较小的材料，如铁钉、铅丝等。

（3）周转材料：指多次使用，但不构成工程实体的材料，如脚手架、模板等。

（4）其他材料：指用量小，价值小的零星材料，如棉纱等。

3. 机械台班使用定额

机械台班使用定额是完成单位合格产品所必需的机械台班消耗标准。它分为机械时间定额和机械产量定额。

机械时间定额就是生产质量合格的单位产品所必需消耗的机械工作时间。机械消耗时间定额以某台机械一个工作日（8h）为一个台班进行计量。其计算方法为

$$单位产品机械时间定额（台班） = \frac{1}{台班产量} \tag{3-11}$$

或

$$单位产品机械时间定额（台班） = \frac{小组成员台班数总和}{台班产量} \tag{3-12}$$

机械产量定额就是在一个单位机械工作日，完成合格产品的数量。其计算方法为

$$台班产量 = \frac{1}{单位产品机械时间定额（台班）} \tag{3-13}$$

或

$$台班产量 = \frac{小组成员台班数总和}{单位产品机械时间定额（台班）} \tag{3-14}$$

机械时间定额与机械产量定额互为倒数，即

$$机械时间定额 = \frac{1}{机械产量定额} \tag{3-15}$$

或

$$机械产量定额 = \frac{1}{机械时间定额} \tag{3-16}$$

或

$$机械时间定额 \times 机械台班定额 = 1 \tag{3-17}$$

【例 3-2】　机械运输及吊装工程分部定额中规定安装装配式钢筋混凝土柱（构件重量在 5t 以内），每立方米采用履带吊为 0.058 台班，试确定机械时间定额、机械产量定额。

【解】　　　　　机械时间定额 $= 0.058$（台班 $/m^3$）

机械产量定额 $= 1/0.058 \approx 17.24$（$m^3/$ 台班）

3.3 预算定额

3.3.1 预算定额的概念

预算定额是确定一定计量单位的分项工程或结构构件的人工、材料、机械台班消耗量的标准。

现行市政工程的预算定额,有全国统一使用的预算定额,如原建设部编制的《全国统一市政工程预算定额》,也有各省、市编制的地区预算定额,如《浙江省市政工程预算定额》(2010 版)。

3.3.2 预算定额的作用

(1) 预算定额是编制单位估价表和施工图预算,合理确定工程造价的基本依据。

(2) 预算定额是国家对基本建设进行计划管理和认真贯彻执行"厉行节约"方针的重要工具之一。

(3) 预算定额是编制工程竣工决算的依据。

(4) 预算定额是建筑安装企业进行经济核算与编制施工作业计划的依据。

(5) 预算定额是编制概算定额与概算指标的基础资料。

(6) 预算定额是编制招标标底、投标报价的依据。

(7) 预算定额是编制施工组织设计的依据。

综上所述,预算定额对合理确定工程造价,实行计划管理,监督工程拨款,进行竣工决算,促进企业经济核算,改善经营管理以及推行招标投标制度等方面都有重要的作用。

3.3.3 预算定额的编制

1. 预算定额的编制原则

(1) 定额水平符合社会必要劳动量的原则。

(2) 内容形式简明适用的原则。

(3) 集中领导,分级管理的原则。

2. 预算定额的编制的依据

(1) 现行的设计规范、施工及验收规范、质量评定标准和安全操作规范。

(2) 现行的劳动定额、材料消耗定额和施工机械台班使用定额。

(3) 现行的标准通用图和应用范围广的设计图纸或图集。

(4) 新技术、新结构、新材料和先进的施工方法等。

(5) 有关科学试验,技术测定、统计和分析测算的施工资料。

(6) 现行的有关文件规定等。

3.3.4 预算定额的组成及基本内容

1. 预算定额的组成

《浙江省市政工程预算定额》(2010 版)由 8 册及附录册组成:第 1 册《通用项目》、

第 2 册《道路工程》、第 3 册《桥涵工程》、第 4 册《隧道工程》、第 5 册《给水工程》、第 6 册《排水工程》、第 7 册《燃气与集中供热工程》、第 8 册《路灯工程》。

2. 预算定额的基本内容

预算定额一般由目录，总说明，册、章说明，定额项目表，分部分项工程表头说明，定额附录组成。

（1）目录

目录主要用于查找，将总说明、各类工程的分部分项定额顺序列出并注明页数。

（2）总说明

总说明综合说明了定额的编制原则、指导思想、编制依据、适用范围以及定额的作用，定额中人工、材料、机械台班用量的编制方法，定额采用的材料规格指标与允许换算的原则，使用定额时必须遵守的规则，定额在编制时已经考虑和没有考虑的因素和有关规定、使用方法。在使用定额前，应先了解并熟悉这部分内容。

（3）册、章说明

册、章说明是对各章、册各分部工程的重点说明，包括定额中允许换算的界限和增减系数的规定等。

（4）定额项目表及分部分项表头说明

定额项目表是预算定额最重要的部分，每个定额项目表列有分项工程的名称、类别、规格、定额的计量单位、定额编号、定额基价以及人工、材料、机械台班等的消耗量指标。有些定额项目表下列有附注，说明设计与定额不符时如何调整，以及其他有关事项的说明。

分部分项表头说明列于定额项目表的上方，说明该分项工程所包含的主要工序和工作内容。

（5）定额附录

附录是定额的有机组成部分，包括机械台班预算价格表，各种砂浆、混凝土的配合比以及各种材料名称规格表等，供编制预算与材料换算用。

预算定额的内容组成形式如图 3-2 所示。

3.3.5 预算定额的应用

1. 预算定额项目的划分

预算定额的项目根据工程种类、构造性质、施工方法划分为分部工程、分项工程及子目。例如市政工程预算定额共分为土石方工程、道路工程、桥梁工程、排水工程等分部工程，道路工程由路基、基层、面层、平侧石、人行道等分项组成，沥青混凝土路面又分为粗粒式、中粒式、细粒式与不同厚度的子目等。

2. 预算定额表

预算定额表列有工作内容、计量单位、项目名称、定额编号、消耗量、基价定额及定额附注等内容。

（1）工作内容

工作内容是说明完成本节定额的主要施工过程。

（2）计量单位

每一分项工程都有一定的计量单位，预算定额的计量单位是根据分项工程的形体特

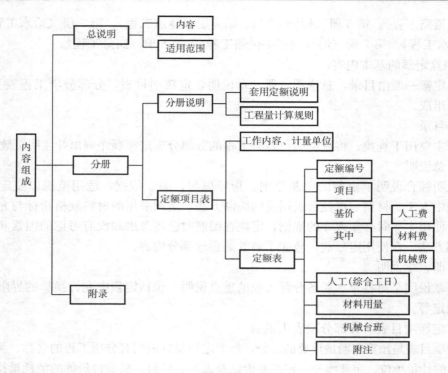

图 3-2　预算定额的内容组成

征、变化规律或结构组合等情况选择确定的。一般来说，当产品的长、宽、高 3 个度量都发生变化时，采用"m^3"或"t"为计量单位；当两个度量不固定时，采用"m^3"为计量单位；当产品的截面大小基本固定时，则用"m"为计量单位，当产品采用上述 3 种计量单位都不适宜时，则分别采用个、座等自然计量单位。为了避免出现过多的小数位数，定额常采用扩大计量单位，如 $10m^3$、$100m^3$ 等。

（3）项目名称

项目名称是按构配件划分的，常用的和经济价值大的项目划分得细些，一般的项目划分得粗些。

（4）定额编号

定额编号是指定额的序号，其目的是便于检查使用定额时，项目套用是否正确合理，起减少差错、提高管理水平的作用。定额手册均用规定的编号方法——二符号编号。第一个号码表示属定额第几册，第二个号码表示该册中子目的序号。两个号码均用阿拉伯数字表示。

例如，人工挖土方三类土　　　　定额编号 1-2

水泥混凝土路面塑料膜养护　　　定额编号 2-207

（5）消耗量

消耗量是指完成每一分项产品所需耗用的人工、材料、机械台班消耗的标准。其中人工定额不分工种、等级，列合计工数。材料的消耗量定额列有原材料、成品、半成品的消耗量。机械定额有两种表现形式：单种机械和综合机械。单种机械的单价是一种机械的单价，综合机械的单价是几种机械的综合单价。定额中的次要材料和次要机械用其他材料费或机械费表示。

（6）定额基价

定额基价是指定额的基准价格，一般是省的代表性价格，实行全省统一基价，是地区调价和动态管理调价的基数。

$$定额基价 = 人工费 + 材料费 + 机械费 \tag{3-18}$$

$$人工费 = 人工综合工日 \times 人工单价 \tag{3-19}$$

$$材料费 = \sum (材料消耗量 \times 材料单价) \tag{3-20}$$

$$机械费 = \sum (机械台班消耗量 \times 机械台班单价) \tag{3-21}$$

（7）定额附注

定额附注是对某一分项定额的制定依据、使用方法及调整换算等所作的说明和规定。

预算定额项目表下方的附注通常与定额的换算套用有关，故需特别注意。

例如，水泥混凝土路面（抗折强度 4.0MPa、厚 20cm）这个定额项目的预算定额表如下所示。

1）工作内容：放样、混凝土纵缝涂沥青油、拌和、浇筑、捣固、抹光或拉毛。

2）计量单位：100m²。

3）项目名称：20cm 厚水泥混凝土路面（抗折强度 4.0MPa，现拌）。

4）定额编号：2-193。

5）基价：5571 元。

6）消耗量：人工消耗量为 22.440（二类人工）；材料消耗量包括抗折混凝土、水及其他材料费，其中抗折混凝土的消耗量为 20.300m³；机械消耗量包括混凝土搅拌机、平板式混凝土振动器，插入式混凝土振动器，水泥混凝土真空吸水机，其中混凝土搅拌机的消耗量为 0.743 台班。

注意预算定额项目表中小数点有效位数。

1）人工、材料、机械的消耗量：小数点后保留 3 位小数。

2）人工费、材料费、机械费：小数点后保留 2 位小数。

3）定额基价：取整数。

3. 预算定额的查阅

1）按分部→定额节→定额表→项目的顺序找到所需项目名称，并从上向下目视。

2）在定额表中找出所需人工、材料、机械名称，并自左向右目视。

3）两视线交点的数量，即为所找数值。

4. 预算定额的应用

在编制施工图预算应用定额时，通常会遇到以下 3 种情况：预算定额的套用、换算和补充。

（1）预算定额的套用

在运用预算定额时，要认真地阅读掌握定额的总说明、各分部工程说明、定额的运用范围及附注说明等。根据施工图样、设计说明、作业说明确定的工程项目，完全符合预算定额项目的工程内容，可以直接套用定额、合并套用定额或换算套用定额。

1）直接套用

先把工程计算中的数量换算成与定额中的单位一致。

【例3-3】　人工挖一二类土方1000m³，试确定套用的定额子目编号、基价、人工工日消耗量及所需人工工日的数量。

【解】　人工挖土方定额编号：[1-1]，定额计量单位：100m³

$$基价 = 371(元/100m³)$$
$$人工工日消耗量 = 9.280(工日/100m³)$$
$$工程数量 = 1000/100 = 10(100m³)$$
$$所需人工工日数量 = 10 × 9.280 = 92.8(工日)$$

2）合并套用。

【例3-4】　人工运土方，运距40m，试确定套用的定额子目编号、基价及人工工日消耗量。

【解】　定额子目：[1-28]+[1-29]

$$基价 = 533 + 115 = 648(元/100m³)$$
$$人工工日消耗量 = 13.320 + 2.880 = 16.200(工日/100m³)$$

3）换算套用。

【例3-5】　人工挖沟槽土方，三类湿土，深2m，并用人工运土，运距20m。试确定套用的定额子目、基价及人工工日消耗量。

【解】　根据定额说明：挖运湿土时，人工消耗量应乘以系数1.18，所以定额套用时需进行换算。

① 人工挖沟槽湿土（三类土、挖深2m内）套用定额子目：[1-8] H

$$人工工日消耗量 = 33.920 × 1.18 ≈ 40.026(工日)$$
$$基价 = 40.026 × 40 ≈ 1601(元/100m³)$$

② 人工运湿土（运距20m）套用定额子目：[1-28] H

$$人工工日消耗量 = 13.320 × 1.18 ≈ 15.718(工日)$$
$$基价 = 15.718 × 40 ≈ 629(元/100m³)$$

（2）预算定额的换算

当设计要求与定额的工程内容、材料规格与施工方法等条件不完全相符时，在符合定额的有关规定范围内加以调整换算。其换算方式有两种：一种是把定额中的某种材料剔除，另换以实际代用的材料；另一种是虽属同一种材料，但因规格不同，须将原规格材料数量换算成使用的规格材料数量。例如，混凝土工程，往往设计要求的混凝土强度等级、混凝土中碎石最大粒径与定额不一致，就需要换算调整定额基价。

在换算过程中，定额的材料消耗量一般不变，仅调整与定额规定的品种或规格不相同材料的预算价格。经过换算的定额编号在下端应加"H"或"换"字。

若设计采用的材料强度等级、厚度与定额不同，应进行换算，换算方法如下。

1）材料强度等级不同。

　　换算基价 = 原基价 + （换入材料预算价格 - 换出材料预算价格）× 定额含量

2）厚度不同：插入法。

【例 3-6】 砂浆强度等级的换算：M10 水泥砂浆砌料石墩台，试换算定额基价并计算水泥的消耗量。

【解】 定额子目：$[3-156]H$

定额中用 M7.5 水泥砂浆，而设计要求用 M10 水泥砂浆。

M7.5 水泥砂浆单价＝168.17 元/m³，M10 水泥砂浆单价＝174.77（元/m³）

材料费调整：2366.22＋0.92×（174.77－168.17）≈2372.29（元）

换算后基价＝人工费＋材料费＋机械费＝579.64＋2372.29＋152.60≈3105（元/10m³）

水泥用量 0.92m³/10m³×240kg/m³＝220.8（kg/10m³）

【例 3-7】 混凝土强度等级不同的换算（石子粒径不同不得换算）：现浇排水管道钢筋混凝土平基，采用 C20（40）混凝土，试换算定额基价。

【解】 定额子目：$[6-276]$ H

定额中用 C15 混凝土，而设计要求用 C20 混凝土。

C15 混凝土单价＝183.25（元/m³），C20 混凝土单价＝192.94（元/m³）

材料费调整：1957.44＋10.150×（192.94－183.25）≈2055.79（元）

换算后基价＝人工费＋材料费＋机械费＝731.43＋2055.79＋154.53≈2942（元/100m³）

（3）预算定额的补充

当分项工程的设计要求与定额条件完全不相符时或者由于设计采用新结构、新材料及新工艺施工方法，在预算定额中没有这类项目，属于定额缺项时，可编制补充预算定额。其方法是由补充项目的人工、材料、机械台班消耗定额的制定方法来确定。

3.4　企业定额

企业定额是由企业自行编制，只限于本企业内部使用的定额，包括企业及附属的加工厂、车间编制的定额，以及具有经营性质的定额标准、出厂价格、机械台班租赁价格等。

3.4.1　企业定额的性质及作用

1. 企业定额的性质

企业定额是施工企业根据本企业的施工技术和管理水平以及有关工程造价资料制定的，并供本企业使用的人工、材料和机械台班消耗标准，是供企业内部进行经营管理、成本核算和投标报价的企业内部文件。

2. 企业定额的作用

企业定额是企业直接生产工人在合理的施工组织和正常条件下，为完成单位合格产品或完成一定量的工作所耗用的人工、材料和机械台班使用量的标准数量。企业定额不仅能反映企业的劳动生产率和技术装备水平，同时也是衡量企业管理水平的标尺，是企业加强集约经营、精细管理的前提和主要手段，其主要作用有以下几个方面。

（1）是编制施工组织设计和施工作业计划的依据。

（2）是组织和指导生产的有效工具。

（3）是推广先进技术的必要手段。

（4）是企业内部编制施工预算的统一标准，也是加强项目成本管理和主要经济指标考核的基础。

（5）是施工队和施工班组下达施工任务书和限额领料、计算施工工时和工人劳动报酬的依据。

（6）是企业走向市场竞争、加强成本管理、进行投标的依据。

（7）是编制工程量清单报价的依据。

3.4.2　企业定额的构成及表现形式

企业定额的编制应该根据自身的特点，遵循简单、明了、准确、适用的原则。企业定额的构成及表现形式因企业的性质不同、编制的方法不同而不同。其构成及表现形式主要有以下几种：企业劳动定额、企业材料消耗定额、企业机械台班使用定额、企业施工定额、企业定额估价表、企业定额标准、企业产品出厂价格、企业机械台班租赁价格。

3.4.3　企业定额编制原则

（1）平均先进原则

定额水平是施工定额的核心。平均先进水平是在正常的施工条件下，经过努力可以达到或超出的平均水平。所谓正常施工条件是指施工任务饱和，原料供应及时，劳动组织合理，企业管理制度健全。平均先进性考虑了先进企业、先进生产者达到的水平，特别是实践证明行之有效的改革施工工艺，改革操作方法，合理配备劳动组织等方面所取得的技术成果，以及综合确定的平均先进数值。

（2）简明适用原则

简明适用是指定额结构要合理，定额步距大小要适当，文字要通俗易懂，计算方法要简便，易于掌握运用，具有广泛的适应性，能在较大范围内满足各种需要。

3.4.4　企业定额的特点

（1）定额水平的先进性

企业定额在确定其水平时，其人工、材料、机械台班消耗要比社会平均水平低，体现企业在技术和管理方面的先进性，从而在投标报价中争取更大的取胜砝码。

企业定额在制定人工、材料、机械台班消耗量时要尽可能体现本企业的全面成果技术优势。

（2）定额内容的特色性

企业定额编制应与施工方案结合。不同的施工方案采用不同的施工方法和不同的施工措施，在制定企业定额时应有其特色。

（3）定额单价的动态性和市场性

随着企业劳动资源、技术力量、管理水平等变化，单价需要随时调整。同时随着企业生产经营方式和经营模式的改变，新技术、新工艺、新材料、新设备的采用，定额单价应及时变化。

3.4.5 企业定额编制步骤

1. 制定《企业定额编制计划书》

《企业定额编制计划书》一般包含以下内容：

（1）企业定额编制的目的

企业定额编制的目的一定要明确，因为编制目的决定了企业定额的适用性，同时也决定了企业定额的表现形式。例如，企业定额的编制如果是为了控制工耗和计算工人劳动报酬，应采取劳动定额的形式；如果是为了企业进行工程成本核算，以及为企业走向市场、参与投标报价提供依据，则应采用施工定额或定额估价表的形式。

（2）企业定额水平的确定原则

企业定额水平的确定，是企业定额能否实现编制目的的关键。如果定额水平过高，背离企业现有水平，使定额在实施过程中，企业内多数施工队、班组、工人通过努力仍然达不到定额水平，不仅不利于定额在本企业内推行，还会影响管理者和劳动者双方的积极性；如果定额水平过低，不但起不到鼓励先进和督促落后的作用，而且也不利于对项目成本进行核算和企业参与市场竞争。因此，在编制计划书中，必须合理确定定额水平。

（3）确定编制方法和定额形式

定额的编制方法很多，对不同形式的定额其编制方法也不相同。例如，劳动定额的编制方法有技术测定法、统计分析法、类比推算法、经验估算法等；材料消耗定额的编制方法有观察法、实验法、统计法等。因此，定额编制究竟采取哪种方法应根据具体情况而定。企业定额编制通常采用的方法有两种：定额测算法和方案测算法。

（4）拟成立企业定额编制机构，提交需参编人员名单

企业定额的编制工作是一个系统性的工程，需要一批高素质的专业人才在一个高效率的组织机构统一指挥下协调工作。因此，在定额编制工作开始时，必须设置一个专门的机构，配置一批专业人员。

（5）明确应收集的数据和资料

定额在编制时需要搜集大量的基础数据和各种法律、法规、标准、规程、规范文件、规定等，这些资料都是定额编制的依据。所以，在编制计划书中，要制定一份按门类划分的资料明细表。在明细表中，除一些必须采用的法律、法规、标准、规程、规范资料外，应根据企业自身的特点，选择一些能够适合本企业使用的基础性数据资料。

（6）确定工期和编制进度

定额的编制必须具有时效性，所以应确定一个合理的工期和进度计划表。这样，既有利于编制工作的开展，又能保证编制工作的效率和效益。

2. 搜集资料、分析、测算和研究

搜集的资料应包括以下几个方面。

（1）现行定额，包括基础定额和预算定额，以及工程量计算规则。

（2）国家现行的法律、法规、经济政策和劳动制度等与工程建设有关的各种文件。

（3）有关建筑安装工程的设计规范、施工及验收规范、工程质量检验评定标准和安全操作规程。

（4）现行的全国通用建筑标准设计图集、安装工程标准安装图集、定型设计图纸、有代表性的设计图纸、地方建筑配件通用图集和地方结构构件通用图集，并根据上述资料计算工程量，作为编制定额的依据。

（5）有关建筑安装工程的科学实验、技术测定和经济分析数据。

（6）高新技术、新型结构、新研制的建筑材料和新的施工方法等。

（7）现行人工工资标准和地方材料预算价格。

（8）现行机械效率、寿命周期和价格，以及机械台班租赁价格行情。

（9）本企业近几年各工程项目的财务报表、公司财务总报表，以及历年收集的各类经济数据。

（10）本企业近几年各工程项目的施工组织设计、施工方案，以及工程结算资料。

（11）本企业近几年所采用的主要施工方法。

（12）本企业近几年发布的合理化建议和技术成果。

（13）本企业目前拥有的机械设备状况和材料库存状况。

（14）本企业目前工人技术素质、构成比例、家庭状况和收入水平。

资料收集后，要对上述资料进行分类整理、分析、对比、研究和综合测算，提取可供使用的各种技术数据。内容包括企业整体水平与定额水平的差异，现行法律、法规以及规程规范对定额的影响，新材料、新技术对定额水平的影响等。

3. 拟订编制企业定额的工作方案与计划

（1）根据编制目的，确定企业定额的内容及专业划分。

（2）确定企业定额的册、章、节的划分和内容的框架。

（3）确定企业定额的结构形式及步距划分原则。

（4）具体参编人员的工作内容、职责、要求。

4. 企业定额初稿的编制

（1）确定企业定额的项目及其内容

企业定额项目及其内容的编制就是根据定额的编制目的及企业自身的特点，本着内容简明适用、形式结构合理、步距划分合理的原则，将一个单位工程，按工程性质划分为若干个分部工程，如土建专业的土石方工程、桩基础工程等。然后将分部工程划分为若干个分部工程，如土石方工程分为人工挖土方、淤泥、流沙，人工挖沟槽、基坑，人工挖桩孔等分项工程。最后，确定分项工程的步距，并根据步距对分项工程进一步详细划分为具体项目。步距参数的设定一定要合理，既不宜过粗，也不宜过细。可根据土质和挖掘深度确定步距参数，对人工挖土方进行划分。同时应对分项工程的工作内容进行简明扼要的说明。

（2）确定定额的计量单位

分项工程计量单位的确定一定要合理，应根据分项工程的特点，本着准确、贴切、方便计量的原则设置。定额的计量单位包括自然计量单位，如台、套、个、件、组等；国际标准计量单位，如 m、km、m²、m³、kg、t 等。一般来说，当物体的长、宽、高 3 个度量都会发生变化时，采用"m³"为计量单位，如地面、抹灰、油漆等；如果物体面积固定，则采用"m"为计量单位，如管道、电缆、电线等；形状不规则、难以度量的则采用自然单位或重量单位为计量单位。

（3）确定企业定额指标

确定企业定额指标是企业定额编制的重点和难点。企业定额指标的编制，应根据企业采用的施工方法、新材料的替代以及机械装备的装备和管理模式，结合搜集整理的各类基础资料进行确定。确定企业定额指标包括确定人工消耗指标、确定材料消耗指标、确定机械台班消耗指标等。

（4）编制企业定额项目表

分项工程的人工、材料和机械台班的消耗量确定以后，接下来就可以编制企业定额项目表了。具体地说，就是编制企业定额表中的各项内容。

定额项目表是企业定额的主体部分，由表头和人工栏、材料栏、机械栏组成。表头部分表述各分项工程的结构形式、材料规格、施工做法；人工栏是以工种表示的消耗的工日数及合计；材料栏是按消耗的主要材料和辅助材料依主次顺序分列出的消耗量；机械栏是按机械种类和规格型号分列出的机械台班耗用量。

（5）企业定额的项目编排

定额项目表是按分部工程归类，按分项工程子目编排的一些项目表格。也就是说，定额项目表是按施工的程序，遵循章、节、项目的顺序编排的。

定额项目表中，大部分是以分部工程为章，把单位工程中性质相近，且材料大致相同的施工对象编排在一起。每章（分部工程）中，按工程内容施工方法和使用的材料类别的不同，分成若干个节（分项工程）。在每节（分项工程）中，可以分成若干项目。在每个项目中，还可以根据施工要求、材料类别和机械设备型号的不同，细分成不同子目。

（6）企业定额相关项目说明的编制

企业定额相关的说明包括前言、总说明、目录、分部（或分章）说明、工程量计算规则、分项工程工作内容等。

（7）企业定额估价表的编制

企业根据投标报价工作的需要，可以编制企业定额估价表。企业定额估价表是在人工、材料、机械台班3项消耗量的企业定额的基础上，用货币形式表达每个分项工程及其子目的定额单位估价计算表格。

企业定额估价表的人工、材料、机械台班单价是通过市场调查，结合国家有关法律文件及规定，按照企业自身的特点来确定的。

5. 评审及修改

评审及修改主要是指通过对比分析、专家论证等方法，对定额的水平、适用范围、结构及内容的合理性以及存在的缺陷进行综合评估，并根据评审结果对定额进行修正，最后定稿、刊发及组织实施。

3.5 施工图预算（市政工程预算）的编制

3.5.1 施工图预算的概念

施工图预算是根据施工图设计要求所计算的工程量、施工组织设计、现行预算定额、材料预算价格和各地区规定的取费标准，进行计算和编制的单位工程或单项工程的预算造价。

　　施工图预算有单位工程预算、单项工程预算和建设项目总预算。单位工程施工图预算是根据施工图、施工组织设计、现行预算定额、取费计算规则以及人工、材料、机械台班等现行的地区价格，编制的单位工程施工图预算。汇总各相关单位工程施工图预算便是单项工程施工图预算。汇总各相关单项工程施工图预算便是建设项目市政工程的总预算。

3.5.2　施工图预算的作用

　　(1) 确定市政工程造价

　　施工图预算是编制市政投资、加强施工管理和经济核算的基础。市政施工图预算必须项目齐全，经济合理，不得多算或漏算。要求预算人员有一定的政策水平和施工经验，及正确的施工组织设计与施工方案。

　　(2) 确定招标标底、投标报价

　　实行招投标制的市政工程，施工图预算是建设单位在实行工程招标时确定标底的依据，也是施工单位参加投标时报价的参考依据。

　　(3) 银行拨付工程价款的依据

　　市政工程施工图预算经审定批准后，经办银行据此办理工程拨款和工程结算，监督建设单位和施工单位按工程进度办理结算。如果施工图预算超出概算时，由建设单位会同设计单位修改设计或修正概算。工程竣工后，按施工图预算和实际工程变更记录及签证资料修正预算，办理市政工程价款的结算。

　　(4) 建设单位和施工单位结算工程费用的依据

　　经审定批准后的市政工程施工图预算是建设单位和施工单位结算工程费用的依据。年终结算或竣工结算也是以在审定的基础上进行调整后的施工图预算作为依据的。在条件具备的情况下，根据建设单位和施工单位双方签订的工程施工合同，施工图预算可直接作为市政工程造价包干结算的依据。

　　(5) 市政工程施工单位编制计划和统计进度的依据

　　施工图预算是施工单位正确编制材料计划、劳动计划、机械台班计划、财务计划及施工进度计划等各项计划，进行施工准备的依据，也是进一步落实和调整年度基本建设计划的依据。

　　(6) 施工企业加强内部经济核算，控制工程成本的依据

　　施工图预算是施工企业的计划收入额，市政施工预算是施工企业的计划支出额，施工图预算与施工预算进行对比（"两算"对比），就能知道施工企业的成本盈亏。

3.5.3　施工图预算的编制依据

　　(1) 经有关部门批准的市政工程建设项目的审批文件和设计文件。
　　(2) 施工图样是编制预算的主要依据。
　　(3) 经批准的初步设计概算书为工程投资的最高限价，不得任意突破。
　　(4) 经有关部门批准颁发执行的市政工程预算定额、单位估价表、机械台班费用定

额、设备材料预算价格、间接费定额以及有关费用规定的文件。

（5）经批准的施工组织设计和施工方案及技术措施等。

（6）有关标准定型图集、建筑材料手册及预算手册。

（7）国务院有关部门颁发的专用定额和地区规定的其他各类建设费用取费标准。

（8）有关市政工程的施工技术验收规范和操作规程等。

（9）招投标文件和工程承包合同或协议书。

（10）市政工程预算编制办法及动态管理办法。

3.5.4 施工图预算的编制方法

施工图预算的编制就是将批准的施工图样、经设计交底后的变更设计文件（包括图纸及联系单）、既定的施工方法，按国家、省、市管理部门对工程预算编制办法的有关规定，分部分项地把各工程项目的工程量计算出来（在同一个分部分项工程中各个项目同类项可以合并），套用相应的现行定额，累计其直接费，再计算间接费、利润、税金与风险费用等，最后合计确定工程造价。

编制施工图预算通常有实物法和单价法两种编制方法。

1. 实物法

实物法是根据建筑安装工程每一对象（分部分项工程）所需人工、材料、施工机械台班数量来编制施工图预算的方法。即先根据施工图计算各个分项工程的工程量，然后从预算定额（手册）里查出各分项工程需要的人工、材料和施工机械台班数量（即工程量乘以各项目定额用量），加以汇总，就得出这个工程全部的人工、材料机械台班耗用量。再各自乘以工资单价、材料预算价格和机械台班单价，其总和就是这项工程的定额直接费，再计算各种费用得出工程费用。

$$单位工程施工图预算直接费 = \sum [工程量 \times 人工预算定额用量 \times 当地当时人工单价]$$
$$+ \sum [工程量 \times 材料预算定额用量 \times 当地当时材料单价]$$
$$+ \sum [工程量 \times 施工机械台班预算定额用量$$
$$\times 当地当时机械台班单价] \tag{3-22}$$

这种方法适用于量价分离编制预算，或人工、材料、机械台班因地因时发生价格变动的情况。

该方法编制后人工、材料、机械台班单价都可以调整，但工程的人工、材料、机械耗用台班数量是不变的，换算比较方便。实物法编制预算所用人工、材料、机械的单价均为当时当地实际价格，编制成的施工预算能够较为准确地反映实际水平，适合市场经济特点。但因该法所用人工、材料、机械消耗量须统计得到，所用实际价格需要做搜集调查，工作量较大，计算繁琐，不便于进行分项经济分析与核算工作，但用计算机及相应预算软件来计算也就方便了。因此，实物法是与市场经济体制相适应的编制工程图预算的较好方法。

实物法编制施工图预算的步骤如图 3-3 所示。

2. 单价法

单价法是用事先编制好的分项工程的单位估价表（或综合单价表）来编制施工图预算的方法。单价法又分为工料单价法和综合单价法。

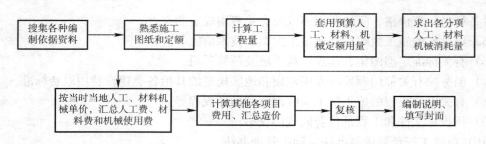

图 3-3　实物法编制施工图预算步骤

（1）工料单价法

工料单价法是以分部分项的工程量乘以相应单价为直接费。直接费以人工、材料、机械的消耗量及相应的价格确定。间接费、利润、税金按照有关规定另行计算。

$$单位工程施工图预算直接费 = \sum（工程量 \times 预算定额单价）$$

工料单价法编制施工图预算的步骤如图 3-4 所示。

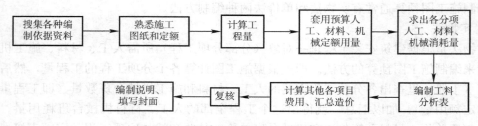

图 3-4　工料单价法编制施工图预算步骤

具体步骤如下所述。

1）搜集各种编制依据资料。

各种编制依据资料包括施工图样、施工组织设计施工方案、现行市政工程预算定额、费用定额、统一的工程量计算规则和工程所在地区的材料、人工、机械台班预算价格与调价规定等。

2）熟悉施工图样和定额。

只有对施工图和预算定额有全面详细的了解，才能全面准确地计算出工程量，进而合理地编制出施工图预算造价。

3）计算工程量。

工程量的计算在整个预算过程中是最重要、最繁重的一个环节，不仅影响预算的及时性，更重要的是影响预算造价的准确性。因此，必须在工程量计算上下工夫，确保预算质量。

计算工程量一般可按下列步骤进行。

① 根据施工图示的工程内容和定额项目，列出计算工程量的分部分项工程。

② 根据一定的计算顺序和计算规则，列出计算式。

③ 根据施工图示尺寸及有关数据，代入计算式进行数学计算。

④ 按照定额中的分部分项工程的计量单位对相应的计算结果的计量单位进行调整，使之一致。

4）套用预算定额单价。

工程量计算完毕并核对无误后，用所得到的分部分项工程量套用单位估价表中相应的定额基价，相乘后相加汇总，可求出单位工程的直接费。

套用预算定额单价时需注意以下几点。

① 分项工程量的名称、规格、计量单位必须与预算定额或单位估价表所列内容一致，否则重套、错套、漏套预算基价会引起直接工程费的偏差，导致施工图预算单价偏高或偏低。

② 当施工图纸的某些设计要求与定额单价的特征不完全相符时，必须根据定额使用说明对定额基价进行调整或换算。

③当施工图纸的某些设计要求与定额单价的特征相差甚远，既不能直接套用也不能换算、调整时，必须编制补充单位估价表或补充定额。

5）编制工料分析表。

根据各分部分项工程的实物工程量和相应定额中的项目所列的人工工日及材料数目，计算出各分部分项工程所需的人工及材料数量，相加汇总得出该单位工程的所需要的各类人工和材料的数量。

6）计算其他各项费用，汇总得到工程造价。

按照建筑安装单位工程造价构成的规定费用项目、费率及计费基数，分别计算出间接费、利润和税金，并汇总得到单位工程造价。

$$单位工程造价 ＝ 直接费＋间接费＋利润＋税金 \tag{3-23}$$

7）复核。

单位工程预算编制后，有关人员对单位工程预算进行复核，以便及时发现差错，提高预算质量。复核时应对工程量计算公式和结果、套用定额基价、各项费用的取费费率及计算基础和计算结果、材料和人工预算价格及其价格调整等方面是否正确进行全面复核。

8）编制说明、填写封面。

工料单价法具有计算简单、工作量较小和编制速度较快，便于工程造价管理部门集中管理的优点。但由于是采用事先编制好的统一的单位估价表，其价格水平只能反映定额编制年份的价格水平。在市场经济价格波动较大的情况下，单价法的计算结果会偏离实际价格水平，虽然可采用调价，但调价系数和指数从测定到颁布会滞后，且计算也较繁琐。

（2）综合单价法

综合单价法是以分部分项工程量的单价为全费用单价。全费用单价综合计算完成分部分项工程所发生的直接费、间接费、利润和税金。其单位工程造价计算式为：

$$单位工程造价 ＝ \sum（工程量 × 综合单价）$$

综合单价法编制施工图预算的步骤如下。

1）收集、熟悉基础资料并了解现场。

① 熟悉工程设计施工图样和有关现场技术资料。

② 了解施工现场情况和工程施工组织设计方案的有关要求。

2）计算工程量。

① 熟悉现行市政工程预算定额的有关规定、项目划分、工程量计算规则。

② 熟悉工程量清单计价规范，结合施工图样、方案正确划分清单工程量计算项目。

③ 根据清单工程量计算规则正确计算清单项目工程量。

④ 根据工程量清单计价规范，结合施工图样、方案确定清单项目所包含的工程内容，并确定其定额子目、根据定额计算规则计算其报价工程量。

3）套用定额。

工程量计算完毕，经整理汇总，即可套用定额，从而确定分部分项工程的定额人工、材料、机械台班消耗量，进而获得分部分项工程的综合单价。定额套用应当依据有关要求、定额说明、工程量计算规则以及工程施工组织设计。

工程施工组织设计与定额套用有着密切关系，直接影响着工程造价。例如，土石方开挖中的人工、机械开挖两种方式的比例，道路工程的混凝土半成品运输距离，桥梁工程的预制构件安装方式，顶管工程的管道顶进方式等都与定额的套用相关联，而这些均需根据施工图纸，施工组织设计确定，所以，在套用定额前除了通常所说的熟悉图纸，熟悉定额规定、工程招标文件以外，还应当熟悉工程施工组织设计。

4）确定人工、材料、机械单价及各项费用取费基数、费率，计算综合单价及总造价。

① 确定人工、材料、机械单价，并进行必要的定额调整换算。

② 确定取费基数，并确定综合费用、利润费率，计算清单项目综合单价。

③ 确定施工组织措施费、规费、税金费率，计算工程总造价。

5）校核、修改。

6）编写施工图预算的编制说明。

综合单价法计算人工、材料、机械台班的消耗量和单价时，均可按企业定额确定，可以体现各企业的生产力水平，也有利于市场竞争。

目前，大部分施工企业是以国家或行业制定的预算定额作为编制施工图预算的依据，综合单价法计算人工、材料、机械台班的消耗量均按预算定额确定。人工、材料、机械台班的单价，企业按市场价格信息结合自身情况确定。

3. 两种编制方法的比较

实物法编制施工图预算与单价法编制施工图预算的区别是计算直接费的方法不同。

实物法是把各分项工程数量分别乘以预算定额中人工、材料及机械消耗定额，求出该工程所消耗的人工、材料及施工机械台班消耗数量，再乘以当时当地人工、材料及施工机械台班单价，汇总得出工程直接费。

单价法是把各分项工程量分别乘以预算定额单位估价表中相应单价，经汇总得出工程直接费。

目前，国内承包工程一般多采用单价法编制预算。这种方法有利于工程预算管理部门对施工图预算编制的统一管理，计算也更加方便。

第4章 预算定额计量与计价（工料单价法）

4.1 工程量计算

4.1.1 工程量计算的一般规则

（1）计算工程量的项目必须与现行定额的项目一致。

（2）计算工程量的计量单位必须与现行定额的计量单位一致。

（3）工程量必须严格按照施工图纸进行计算。

（4）工程量计算规则必须与现行定额规定的计算规则一致。

4.1.2 工程量计算

1. 施工图预算的列项

在列项时根据施工图纸与预算定额按照工程的施工程序进行。一般项目的列项与预算定额中的项目名称完全相同，可以直接将预算定额中的项目列出；有些项目和预算定额中的项目不一致时要将定额项目进行换算；如果预算定额中没有图纸上表示的项目，必须按照有关规定补充定额项目及进行定额换算。在列项时，注意不要出现重复列项或漏项。

在编制道路工程施工图预算时，要了解在编制中经常遇到的如下一些项目。

（1）路基工程 有挖土、回填土、整修车行道路基、整理人行道路基、场内运土、余土外运等项目。

（2）道路基层 有厂拌粉煤灰三渣基层等项目。

（3）道路面层 有粗粒式沥青混凝土、中粒式沥青混凝土、细粒式沥青混凝土或水泥混凝土面层、传力杆、拉杆、小套子、涂沥青木板、涂沥青、切割缝、填缝等项目。

（4）附属设施 有铺筑预制人行道板、安砌预制混凝土侧平石（或侧石）等项目。

2. 列出工程量计算式并计算

工程量是编制预算的原始数据，也是一项工作量大又细致的工作。实际上，编制市政工程施工图预算，大部分时间是花在看图和计算工程量上，工程量的计算精确程度和快慢直接影响预算编制的质量与速度。

在预算定额说明中，对工程量计算规则作出了具体规定，在编制时应严格执行。工程量计算时，必须严格按照图纸所注尺寸为依据计算，不得任意加大或减小、任意增加或丢失。工程项目列出后，根据施工图纸按照工程量计算规则和计算顺序分别列出简单明了的分项工程量计算式，并循着一定的计算顺序依次进行计算，做到准确无误。分项工程计算单位有"m"、"m²"、"m³"等，这在预算定额中都已注明，但在计算工程量时应注意分清楚，以免由于计量单位搞错而影响工程量的准确性。对分项单位价值较高项目的工程量计算结果除钢材（以"t"为计量）、木材（以"m³"为计量单位）取三位小数外，一般项目水泥、混凝土可取小数点后两位或一位，对分项价值低项如土方、人行道板等可取整数。

在计算工程量时，要注意将计算所得的工程量中的计量单位（m、m²、m³或kg等）按照预算定额的计算单位（100m、100m²、100m³或10m、10m²、10m³或t）进行调整，使其相同。

工程量计算完毕后必须进行自我检查复核，检查其列项、单位、计算式、数据等有无遗漏或错误。如发现错误，应及时更正。

3. 工程量计算顺序

一般有以下几种：

（1）按施工顺序计算　即按工程施工先后顺序计算工程量。

（2）按顺时针方向计算　即先从图纸的左上角开始，按顺时针方向依次进行计算回到左上角。

（3）按"先横后直"计算　即在图纸上按先横后直、从上到下、从左到右的顺序进行计算。

4.2　预算定额计价的编制（施工图预算的编制）

4.2.1　市政工程造价组成及计算方法

市政工程造价由直接费、间接费、利润和税金组成（表4-1）。

1. 直接费用组成及计算方法

建设工程费用构成表 表4-1

建筑工程费用	直接费	直接工程费	1. 人工费	
			2. 材料费	
			3. 施工机械使用费	
		措施费	施工技术措施费	1. 大型机械设备进出场及安拆费
				2. 施工排水、降水费
				3. 地上、地下设施、建筑物的临时保护设施费
				4. 专业工程施工技术措施费
				5. 其他施工技术措施费
			施工组织措施费	1. 安全文明施工费
				2. 检验试验费
				3. 冬、雨期施工增加费
				4. 夜间施工增加费
				5. 已完工程及设备保护费
				6. 二次搬运费
				7. 行车、行人干扰增加费
				8. 提前竣工增加费
				9. 优质工程增加费
				10. 其他施工组织措施费

续表

建筑工程费用	间接费	规费	1. 工程排污费	
			2. 社会保障费	（1）养老保险费
				（2）失业保险费
				（3）医疗保险费
				（4）生育保险费
			3. 住房公积金	
			4. 民工工伤保险费	
			5. 危险作业意外伤害保险费	
		企业管理费	1. 管理人员工资	
			2. 办公费	
			3. 差旅交通费	
			4. 固定资产使用费	
			5. 工具用具使用费	
			6. 劳动保险费	
			7. 工会经费	
			8. 职工教育经费	
			9. 财产保险费	
			10. 财务费	
			11. 税金	
			12. 其他	
	利润			
	税金			

直接费由直接工程费和措施费组成。

（1）直接工程费 是指工程施工过程中耗费的构成工程实体的各项费用，包括人工费、材料费、施工机械使用费。

$$直接工程费 = 人工费 + 材料费 + 施工机械使用费$$

1）人工费 是指直接从事建设工程施工的生产工人开支的各项费用，包括基本工资、工资性补贴、辅助工资、福利费、劳动保护费。

$$人工费 = \sum (各项目定额工日消耗量 \times 人工工日单价)$$

2）材料费 是指施工过程中耗费的构成工程实体的原材料、辅助材料、构配件、零件、半成品的费用。

$$材料费 = \sum (各项目定额材料消耗量 \times 材料单价)$$

3）施工机械使用费 是指施工机械作业所发生的机械使用费，以及机械安拆费和场外运输费。

$$施工机械使用费 = \sum (各项目定额机械台班消耗量 \times 机械台班单价)$$

上述关于人工、材料及施工机械使用费的计算式中的项目指工程定额项目或分部分项工程量清单项目及施工技术措施项目。在实际工程费用计算时，人工、材料、机械台班消耗量可根据现行建设工程造价管理机构编制的工程定额，或施工企业根据自身情况编制企业定额来确定项目的定额人工、材料、机械台班消耗量；而人工、材料、机械台班单价一般根据建设工程造价管理机构发布的人工、材料、机械台班市场价格信息确定，施工企业在投标报价时也可根据自身的情况结合建筑市场人工、材料、机械台班价格等因素自主决定。

（2）措施费　是指为完成市政工程项目施工，发生于该工程施工准备和施工过程中的技术、生活、安全、环境保护等方面的非工程实体项目的费用，一般可划分为施工技术措施费和施工组织措施费两项。

1）施工技术措施费

① 通用施工技术措施项目费

a. 大型机械设备进出场及安拆费　是指大型机械整体或分体自停放场地运至施工现场或由一个施工地点运至另一个施工地点所发生的机械进出场运输转移费用及机械在施工现场进行安装、拆卸所需的人工费、材料赞、机械费、试运转费和安装所需的辅助设施的费用。

b. 施工排水、降水费　是指为确保工程在正常条件下施工，采取各种排水、降水措施所发生的各种费用。

c. 地上、地下设施、建筑物的临时保护设施费。

② 专业工程施工技术措施项目费　是指根据《建设工程工程量清单计价规范》和本省有关规定，列入各专业工程措施项目的属于施工技术措施项目的费用。

③ 其他施工技术措施费　是指根据各专业、地区及工程特点补充的施工技术措施项目的费用。由于市政工程所涉及的施工技术措施费种类较多，在计算该项费用时，应视实际所发生的具体项目分别对待。

对于大型机械安拆及场外运费、混凝土、钢筋混凝土模板及支架费、脚手架费、施工排水、降水费、围堰、筑岛、现场施工围栏，洞内施工的通风、供水、供气、供电、照明及通信设施等较为具体的技术措施项目，可直接套用《浙江省市政预算定额》中各册相关子目及附录的有关规定或套用企业自行编制的施工定额。

而对于便道、便桥、驳岸块石清理等技术措施项目，应针对具体工程的施工组织设计所采取的具体技术措施方案，进行工序划分后，套用相应的工程定额。

2）施工组织措施费

① 安全文明施工费　是指按照国家现行的建筑施工安全、施工现场环境与卫生标准和有关规定，购置和更新施工安全防护用具及设施、改善安全生产条件和资源环境所需要的费用。安全文明施工费包括以下内容。

a. 环境保护费　是指施工现场为达到环保部门要求所需要的各项费用。

b. 文明施工费　是指施工现场文明施工所需要的各项费用。一般包括施工现场的标牌设置。施工现场地面硬化，现场周边设立围护设施，现场安全保卫及保持场貌、场容整洁等发生的费用。

c. 安全施工费　是指施工现场安全施工所需要的各项费用。一般包括安全防护用具和服装，施工现场的安全警示、消防设施和灭火器材，安全教育培训，安全检查及编制安全措施方案等发生的费用。

d. 临时设施费　是指施工企业为进行建筑工程施工所必须搭设的生活和生产用的临时建筑物、构筑物和其他临时设施等发生的费用。

临时设施包括临时宿舍、文化福利及公用事业房屋与构筑物、仓库、办公室、加工厂

（场），以及在规定范围内道路、水、电、管线等临时设施的小型临时设施。

临时设施费用包括：临时设施的搭设、维修、拆除费或摊销费。

② 检验试验费 是指对建筑材料、构件和建筑安装物进行一般鉴定、检查所发生的费用，包括建设工程质量见证取样检测费、建筑施工企业配合检测及自设试验室进行试验所耗用的材料和化学药品等费用。不包括新结构、新材料的试验费和建设单位对具有出厂合格证明的材料进行检验，对构件做破坏性试验及其他有特殊要求需要检验试验的费用。

③ 冬、雨期施工增加费 是指按照施工及验收规范所规定的冬期施工要求和雨期施工期间，为保证工程质量和安全生产所需增加的费用。

④ 夜间施工增加费 是指因夜间施工所发生的夜班补助费、夜间施工降效、夜间施工照明设备摊销及照明用电等费用。

⑤ 已完工程及设备保护费 是指竣工验收前，对已完工程及设备进行保护所需的费用。

⑥ 二次搬运费 是指因施工场地狭小等特殊情况，材料、设备等，一次到不了施工现场而发生的二次搬运费用。

⑦ 行车、行人干扰增加费 是指边施工边维持通车的市政道路（包括道路绿化）、排水工程受行车、行人干扰影响而增加的费用。

⑧ 提前竣工增加费 是指因缩短工期要求发生的施工增加费，包括夜间施工增加费、周转材料加大投入量所增加的费用等。

⑨ 优质工程增加量 是指建筑施工企业在生产合格建筑产品的基础上，为生产优质工程而增加的费用。

⑩ 其他施工组织措施费 是指根据各专业、地区及工程特点补充的施工组织措施项目的费用。

上述各项施工组织措施费可根据费用定额计算。

需要重点指出的是：

① 市政工程施工组织措施费的取费基数除电气及监控安装工程为"人工费"外，其余均为"人工费＋机械费"。

② 施工组织措施费率设置为弹性区间费率。在编制概算、施工图预算（标底）时，应按弹性区间中值计取；施工企业投标报价时，企业可参考该弹性区间费率自主确定。并在合同中予以明确。

③ 施工组织措施费中的环境保护费、文明施工费、安全施工费等费用。计价时不应低于弹性区间费率的下限。

2. 间接费组成及计算方法

间接费由规费、企业管理费组成。

（1）规费 是指政府和有关政府行政主管部门规定必须缴纳的费用。

当前，浙江省建设工程中的规费主要包括：工程排污费、社会保障费、住房公积金、民工工伤保险费和危险作业意外伤害保险费等五项费用。

1）工程排污费 是指施工现场按规定必须缴纳的工程排污费。

2）社会保障费 包括养老保险费、失业保险费和医疗保险费等。

① 养老保险费 是指企业按照规定标准为职工缴纳的基本养老保险费。

② 失业保险费 是指企业按照规定标准为职工缴纳的失业保险费。

③ 医疗保险费 是指企业按照规定标准为职工缴纳的基本医疗保险费。

④ 生育保险费 是指企业按照规定标准为职工缴纳的生育保险费。

3）住房公积金 是指企业按照规定标准为职工缴纳的住房公积金。

4）民工工伤保险费 是指企业按照规定标准为民工缴纳的工伤保险费。

5）危险作业意外伤害保险费 是指按照《中华人民共和国建筑法》规定，企业为从事危险作业的建筑安装施工人员支付的意外伤害保险费。

根据现行的浙江省建设工程施工取费计算规则，规费可按下述方法计算。

以"人工费＋机械费"为计费基础的市政工程：工料单价法计价时，规费以"直接工程费＋措施费＋综合费用"为计算基数乘以相应费率计算；综合单价计价时，规费以"分部分项工程量清单项目费＋措施项目清单费"为计算基数乘以相应费率计算。

规费费率应按照《费用定额》的规定计取。

（2）企业管理费 企业管理费是指建筑安装企业组织施工生产和经营管理所需的费用。

1）管理人员工资 是指管理人员的基本工资、工资性补贴、职工福利费、劳动保护费等。

2）办公费 是指企业管理办公用的文具、纸张、账表、印刷、邮电、书报、会议、水、电、煤等费用。

3）差旅交通费 是指职工因公出差、调动工作的差旅费、住勤补助费，市内交通费和误餐补助费。职工探亲路费。劳动力招募费。职工离退休、退职一次性路费，工伤人员就医路费；工地转移费以及管理部门使用的交通工具的油料、燃料及牌照费等。

4）固定资产使用费 是指管理和试验部门及附属生产单位使用的属于固定资产的房屋、设备仪器等的折旧、大修、维修或租赁费。

5）工具用具使用费 是指管理使用的不属于固定资产的生产工具、器具、家具、交通工具和检验、试验、测绘、消防用具等的购置、维修和摊销费。

6）劳动保险费 是指由企业支付离退休职工的异地安家补助费、职工退职金、六个月以上的长病假人员工资、职工死亡丧葬补助费、抚恤费、按规定支付给离退休干部的各项经费。

7）工会经费 是指企业按职工工资总额计提的工会经费。

8）职工教育经费 是指企业为职工学习先进技术和提高文化水平，按职工工资总额计提的费用（不包括生产工人的安全教育培训费用）。

9）财产保险费 是指施工管理用财产、车辆保险。

10）财务费 是指企业为筹集资金而发生的各种费用。

11）税金 是指企业按规定缴纳的房产税、车船使用税、土地使用税、印花税等。

12）其他 包括技术转让费、技术开发费、业务招待费、绿化费、广告费、公证费、法律顾问费、审计费、咨询费等。

企业管理费以"人工费＋机械费"为计算基数乘以企业管理费率计算。

企业管理费率应根据不同的工程类别，参考弹性费率区间确定。在编制概算、施工图预算（标底）时，应按弹性区间中值计取；施工企业投标报价时，企业可参考该弹性区间费率自主确定，并在合同中予以明确。

3. 利润及其计算

利润是指施工企业完成所承包工程获得的盈利。

利润以"人工费＋机械费"为计算基数乘以利润率计算。

利润率应根据不同的工程类别，参考弹性费率区间确定。在编制概算、施工图预算（标底）时，应按弹性区间中值计取；施工企业投标报价时，企业可参考该弹性区间费率自主确定，并在合同中予以明确。

在工程实际计价中，利润一般与企业管理费合并为综合费用，即综合费用＝企业管理费＋利润。

4. 税金及其计算

税金是指国家税法规定的应计入建筑工程造价内的营业税、城乡维护建设税、教育费附加及按本省规定应缴纳的水利建设专项资金。

税金以"直接费＋间接费＋利润"为计算基数乘以相应费率计算。

5. 其他费用内容及计算方法

前面几节关于工程造价的组成是针对整个单位工程总承包的，在实际承发包中，若发生专业分包时，总承包单位可按分包工程造价的1%～3%向发包方计取总承包服务费。该费用一般包括涉及分包工程的施工组织设计、施工现场管理、竣工资料整理等活动所发生的费用。

4.2.2 预算定额计价法及工程费用计算程序

1. 预算定额计价法

预算定额计价一般采用工料单价方法计价。

工料单价法是指项目单价由人工费、材料费、施工机械使用费组成，施工组织措施费、企业管理费、利润、规费、税金、风险费用等按规定程序另行计算的一种计价方法。

$$项目合价 ＝ 工料单价 \times 项目工程数量$$

$$工程造价 ＝ \sum[项目合价＋取费基数\times（施工组织措施费率＋企业管理费率＋利润率）$$
$$＋规费＋税金＋风险费用]$$

2. 工料单价法计价的工程费用计算程序（表4-2）

工料单价法计价的工程费用计算程序表　　　　表4-2

序　号		费用项目	计算方法
一		预算定额分部分项工程费	
	其中	1. 工人费＋机械费	$\sum$（定额人工费＋定额机械费）
二		施工组织措施费	
	其中	2. 安全文明施工费	1×费率
		3. 检验试验费	
		4. 冬、雨期施工增加费	
		5. 夜间施工增加费	
		6. 已完工程及设备保护费	
		7. 二次搬运费	
		8. 行车、行人干扰增加费	
		9. 提前竣工增加费	

续表

序　号	费用项目		计算方法
三	企业管理费		1×费率
四	利润		
五	规费		11+12+13
其中	11. 排污费、社保费、公积金		1×费率
	12. 民工工伤保险费		按各市有关规定计算
	13. 危险作业意外伤害保险费		

【例 4-1】　某市区欲建设城市高架路，长 3.5km。根据施工图样，按正常的施工组织设计、正常的施工工期并结合市场价格计算出直接工程费为 7500 万元（其中人工费＋机械费为 2100 万元），施工技术措施费为 1200 万元（其中人工费＋机械费为 400 万元），该工程不允许分包，材料不需要二次搬运，暂列金额按税前造价的 5％计算，风险费用暂不考虑，试按工料单价法以编制招标控制价。

【解】

(1) 工程类别判别。

根据《浙江省建设工程施工费用定额》（2010 版）规定，本例"城市高架路"工程类别为二类桥涵工程。

(2) 费率确定。

根据《浙江省建设工程施工费用定额》（2010 版）规定，编制招标控制价时，施工组织措施费、企业管理费及利润应按费率的中值或弹性区间费率的中值计取。民工工伤保险费费率按 0.114％计取，危险作业意外伤害保险费暂不考虑。

(3) 按费用计算程序计算招标控制价见表 4-3。

计算施工图预算造价　　　　　　　　表 4-3

序号	费用项目	计算方法	金额/万元
一	预算定额分部分项工程费	$\sum$（分部分项项目工程量×工料单价）	8700
	1. 人工费＋机械费	$\sum$（定额人工费＋定额机械费）	2500
二	施工组织措施费	$\sum$（1×施工组织措施费率）	211.25
其中	2. 安全文明施工费	2500×4.46％	111.5
	3. 检验试验费	2500×1.23％	30.75
	4. 冬期、雨期施工增加费	2500×0.19％	4.75
	5. 夜间施工增加费	2500×0.03％	0.75
	6. 已完工程及设备保护费	2500×0.04％	1
	7. 二次搬运费	—	0

序号	费用项目	计算方法	金额/万元
其中	8. 行车、行人干扰增加费	2500×2.50%	62.5
	9. 提前竣工增加费	—	0
三	企业管理费	2500×21%	525
四	利润	2500×11%	275
五	规费	11+12+13	185.35
	11. 工程排污费、社会保障费、住房公积金	2500×7.30%	182.5
	12. 民工工伤保险费	2500×0.114%	2.85
	13. 危险作业意外伤害保险费	—	0
六	总承包服务费	14+15+16	0
	14. 总承包管理和协调费	—	0
	15. 总承包管理、协调和服务费	—	0
	16. 甲供材料、设备管理服务费	—	0
七	风险费	(一+二+三+四+五+六)×费率	0
八	暂列金额	(一+二+三+四+五+六+七)×5%	494.83
九	税金	(一+二+三+四+五+六+七+八)×3.577%	371.7015
十	建设工程造价	一+二+三+四+五+六+七+八+九	10763.1315

4.2.3 施工图预算的编制方法

1. 施工图预算的编制依据

(1) 工程施工图纸和标准图集等设计资料。

(2) 经过批准的施工组织设计和施工方案及技术措施等。

(3) 市政工程消耗量定额和市政工程费用定额。

(4) 预算手册。

(5) 招标投标文件和工程承包合同或协议书。

2. 施工图预算的组成内容

(1) 封面;

(2) 编制说明;

(3) 工程费用计算程序表;

(4) 工程预算书 (分部分项、技术措施);

(5) 组织措施费计算表;

(6) 主要材料价格表。

3. 施工图预算的编制步骤

(1) 收集和熟悉编制施工图预算的有关文件和资料,以做到对工程有一个初步的了解,有条件的还应到施工现场进行实地勘察,了解现场施工条件、施工场地环境、施工方法和施工技术组织状况。这些工程基本情况的掌握有助于后面工程准确、全面地列项,计算工程量和工程造价。

(2) 计算工程量。

（3）计算直接工程费。

1）正确选套定额项目。

2）填列分项工程单价　通常按照定额顺序或施工顺序逐项填列分项工程单价。

3）计算分项工程直接工程费　分项工程直接工程费主要包括人工费、材料费、机械费，具体按下式计算：

$$分项工程直接工程费 = 消耗量定额基价 \times 分项工程量$$

其中：

$$人工费 = 定额人工单价 \times 分项工程量$$
$$材料费 = 定额材料费单价 \times 分项工程量$$
$$机械费 = 定额机械费单价 \times 分项工程量$$

4）计算直接工程费　直接工程费 $= \sum$ 分项工程直接工程费。

（4）工料分析。

工料分析表项目应与工程直接费表一致，以方便填写和校核，根据各分部分项工程的实物工程量和相应定额项目所列的工日、材料和机械的消耗量标准，计算各分部分项工程所需的人工、材料和机械需用数量。

（5）计算工程总造价。

根据相应的费率和计费基数，分别计算其他各项费用。

（6）复核、填写封面及施工图预算编制说明。

单位工程预算编制完成后，由有关人员对预算编制的主要内容和计算情况进行核对检查，以便及时发现差错、及时修改，从而提高预算的准确性。在复核中，应对项目填列、工程量计算式、套用的单价、采用的各项取费费率及计算结果进行全面复核。编制说明主要是向审核方交代编制的依据，可逐条分述。主要应写明预算所包括的工程内容范围、所依据的定额资料、材料价格依据等需重点说明的问题。

4.2.4　预算定额套用方法

市政工程消耗量定额是编制施工图预算、确定工程造价的主要依据，为了正确使用消耗量定额，应认真阅读定额手册中的总说明、分部工程说明、分节说明、定额附注和附录，了解各分部分项工程名称、项目单位、工作内容等，正确理解和应用各分部分项工程的工程量计算规则。

预算定额套用方法可参见 3.3.5。

4.3　市政工程施工取费费率及工程类别划分

4.3.1　施工取费计算规则

（1）建设工程施工组织措施费、企业管理费、利润及规费均以"人工费＋机械费"为取费基数。"人工费＋机械费"是指直接工程费及施工技术措施费中的人工费和机械费之和。人工费不包括机上人工，大型机械设备进出场及安拆费不能直接作为机械费计算，但其中的人工费及机械费可作为取费基数。

（2）编制投标报价时，其人工、机械台班消耗量可根据企业定额确定，人工单价、机械台班单价可按当时当地的市场价格确定，以此计算的人工费和机械费作为取费基数。

（3）编制招标控制价时，应以预算定额的人工费和机械费作为取费基数。

（4）施工措施项目应根据《浙江省建设工程施工费用定额》或措施项目清单，结合工程实际确定。

① 施工技术措施费可根据相关的工程定额计算。

② 施工组织措施费按施工费用计算程序以取费基数乘以组织措施费费率，其中安全文明施工费、检验试验费为必须计算的措施费项目，其他组织措施费项目可根据工程量清单或工程实际需要列项，工程实际不发生的项目不应计取费用。

在编制投标报价时，安全文明施工费、检验试验费不得低于《浙江省建设工程施工费用定额》的下限费率报价；在编制招标控制价时，安全文明施工费、检验试验费按中值费率计算。

提前竣工增加费以工期缩短的比例计取，计取缩短工期增加费的工程不应同时计取夜间施工增加费。

③ 企业管理费费率是根据不同的工程类别确定的。

④ 编制招标控制价时，施工组织措施费、企业管理费及利润，应按费率的中值或弹性区间费率的中值计取。

⑤ 编制施工图预算时，施工组织措施费、企业管理费及利润，可按费率的中值或弹性区间费率的中值计取。

⑥ 暂列金额一般可按税前造价的5%计算。工程结算时，暂列金额应予以取消，另按工程实际发生项目增加费用。

⑦ 发包人仅要求对分包的专业工程进行总承包管理和协调时，总承包单位可按分包的专业工程造价的1%～2%向发包方计取总承包服务费；发包人要求总承包单位对分包的专业工程进行总承包管理和协调，并同时要求提供配合服务时，总承包单位可按分包的专业工程造价的1%～4%向发包方计取总承包服务费；对甲供材料、设备进行管理、服务时，可按甲供材料、设备价值的0.2%～1%计取费用。

⑧ 规费、税金费率应按《浙江省建设工程施工费用定额》规定的费率计取，不得作为竞争性费用。

4.3.2 市政工程施工取费费率

1. 市政工程施工组织措施费费率

市政工程施工组织措施费费率取值见表4-4。

市政工程施工组织措施费费率　　　　　　　　　表4-4

定额编号	项目名称	计算基数	费率（%）		
			下限	中限	上限
C1-1	安全文明施工费				
C1-11	非市区工程	人工费＋机械费	3.41	3.79	4.17
C1-12	市区一般工程		4.01	4.46	4.91
C1-2	夜间施工增加费	人工费＋机械费	0.01	0.03	0.06
C1-3	提前竣工增加费				

续表

定额编号	项目名称	计算基数	费率（%）		
			下限	中限	上限
C1-31	缩短工期10%以内		0.01	0.83	1.65
C1-32	缩短工期20%以内	人工费＋机械费	1.65	2.04	2.44
C1-33	缩短工期30%以内		2.44	2.83	3.23
C1-4	二次搬运费		0.57	0.71	0.82
C1-5	已完工程及设备保护费		0.02	0.04	0.06
C1-6	检验试验费	人工费＋机械费	0.97	1.23	1.49
C1-7	冬期、雨期施工增加费		0.10	0.19	0.29
C1-8	行车、行人干扰增加费		2.00	2.50	3.00
C1-9	优质工程增加费	优质工程增加费前造价	1.00	2.00	3.00

2. 市政工程企业管理费费率

市政工程企业管理费费率取值见表 4-5。

市政工程企业管理费费率 表 4-5

定额编号	项目名称	计算基数	费率（%）		
			一类	二类	三类
C2-1	道路工程		16～21	14～19	12～16
C2-2	桥梁工程		21～28	18～24	16～21
C2-3	隧道工程		10～13	8～11	6～9
C2-4	河道护岸工程	人工费＋机械费	—	13～17	11～15
C2-5	给水、燃气及单独排水工程		14～18	12～16	10～14
C2-6	专业土石方工程		—	3～4	2～3
C2-7	路灯及交通设施工程	人工费＋机械费	27～36	22～30	18～25

3. 市政工程利润费率

市政工程利润费率取值见表 4-6。

市政工程利润费率 表 4-6

定额编号	项目名称	计算基数	费率（%）
C3-1	道路工程		9～15
C3-2	桥梁工程		8～14
C3-3	隧道工程		4～8
C3-4	河道护岸工程	人工费＋机械费	6～12
C3-5	给水、燃气及单独排水工程		8～13
C3-6	专业土石方工程		1～4
C3-7	路灯及交通设施工程		13～20

4. 市政工程规费费率

市政工程规费费率取值见表 4-7。

市政工程规费费率 表 4-7

定额编号	项目名称	计算基数	费率（%）
C4-1	道路、桥梁、河道护岸、给排水及燃气工程		7.30
C4-2	隧道工程	人工费＋机械费	4.05
C4-3	专业土石方工程		1.05
C4-4	路灯及交通设施工程		11.96

民工工伤保险及意外伤害保险按各地的规定计取。

5. 市政工程税金费率

市政工程税金费率取值见表 4-8。

市政工程税金费率 表 4-8

定额编号	项目名称	计算基数	费率（%）		
			市区	城（镇）	其他
C4	税金	直接费+间接费+规费	3.577	3.513	3.384
D4-1	税费	直接费+间接费+规费	3.477	3.413	3.284
D4-2	水利建设资金	直接费+间接费+规费	0.100	0.100	0.100

注：税费包括营业税、城市建设维护税、教育附加税。

4.3.3 工程类别划分

1. 市政工程类别划分

市政工程类别划分见表 4-9。

市政工程综合费用工程类别划分表 表 4-9

工程 \ 类别	一 类	二 类	三 类
道路工程	城市高速干道	1. 城市主干道、次干道 2. 10000m² 以上广场、5000m² 以上停车场 3. 带 400m 标准跑道的运动场	1. 支路、街道、居民（厂）区道路 2. 单独的人行道工程、广场及路面维修 3. 10000m² 以下广场、5000m² 以下停车场 4. 运动场
桥涵工程	1. 3 层以上的立交桥 2. 单孔最大跨径 40m 以上的桥梁 3. 拉索桥 4. 箱涵顶进	1. 3 层以下立交桥、人行地道 2. 单孔最大跨度 20m 以上的桥梁 3. 高架路	1. 单孔最大跨径 20m 以下的桥梁 2. 涵洞 3. 人行天桥
隧道工程	1. 水底隧道 2. 垂直顶升隧道 3. 截面宽度 9m 以上	截面宽度 6m 以上	截面宽度 6m 以下
轻轨、地铁工程	均按一类工程		
河道排洪及护岸工程		单独排洪工程	单独护岸护坡及土堤
给水、排水工程	1. 日生产能力 20 万 t 以上的自来水厂 2. 日处理能力 20 万 t 以上的污水处理厂 3. 日处理能力 10 万 t 以上的单独排水泵站 4. 直径 1200mm 以上的给水管道 5. 管径 1800mm 以上的排水管道 6. 顶管工程	1. 日生产能力 8 万 t 以上的自来水厂 2. 日处理能力 10 万 t 以上的污水处理厂 3. 日处理能力 5 万 t 以上的单独排水泵站 4. 直径 600mm 以上的给水管道 5. 管径 1000mm 以上的排水管道 6. 给水排水构筑物	1. 日生产能力 8 万 t 以下的自来水厂 2. 日处理能力 10 万 t 以下的污水处理厂 3. 日处理能力 5 万 t 以下的单独排水泵站 4. 直径 600mm 以内的给水管道 5. 管径 1000mm 以内的排水管道

续表

工程 \ 类别	一　类	二　类	三　类
燃气供热工程	管外径 900mm 以上的燃气供热管道	管外径 600mm 以上的燃气供热管道	管外径 600mm 以下的燃气供热管道
路灯工程		路灯安装大于 30 根，且包含 20m 及以上的高杆灯安装大于 4 根的工程	二类工程以外的其他工程
土石方工程		深度 4m 以上的土石方开挖	深度 4m 以下的土石方开挖

2. 工程类别划分说明

(1) 道路工程　道路工程按道路交通功能分类如下。

1) 高速干道　城市道路设有中央分隔带，具有四条以上车道，全部或部分采用立体交叉与控制出入，供车辆高速行驶的道路。

2) 主干道　在城市道路网中起骨架作用的道路。

3) 次干道　在城市道路网中的区域性干路，与主干路相连接，构成完整的城市干路系统。

4) 支路　在城市道路网中的干路以外联系次干路或供区域内部使用的道路。

5) 街道　在城市范围全部或大部分地段两侧建有各式建筑物，设有人行道和各种市政公用设施的道路。

6) 居民（厂）区道路　以住宅（厂房）建筑为主体的区域内道路。

(2) 桥涵工程

1) 单独桥涵工程按桥涵分类，附属于道路工程的桥涵按道路工程分类。

2) 单独立交桥工程按立交桥层数进行分类；与高架路相连的立交桥，执行立交桥类别。

(3) 隧道工程　隧道工程按隧道类型及隧道截面宽度进行分类。隧道截面宽度指隧道内截面的净宽度。

(4) 河道排洪及护岸工程　河道排洪及护岸工程按单独排洪工程、单独护岸护坡及土堤工程分类。

1) 单独排洪工程包括明渠、暗渠及截洪沟。

2) 单独护岸护坡包括抛石、石笼、砌护底、护脚、台阶以及附属于本类别的土方附属工程等。

(5) 给排水工程　给排水工程按管径大小分类。

1) 顶管工程包括挤压顶进。

2) 在一个给水或排水工程中有两种及其以上不同管径时，按最大管径取定类别。

3) 给排水管道包括附属于本类别的挖土和管道附属构筑物及设备安装。

(6) 燃气、供热工程　燃气、供热工程按燃气、供热管道管外径大小分类。

1) 一个燃气或供热管道工程中，有两种及其以上不同管外径管道时，按最大管外径取定类别。

2）燃气、供热管道包括管道挖土和管道附属构筑物。

（7）其他有关说明

1）某专业工程有多种情况的，符合其中一种情况，即为该类工程。

2）除另有说明者外，多个专业工程一同发包时，按专业工程类别最高者作为该工程的类别。

3）道路或桥涵工程附属的人行道、挡土墙、护坡、围墙等工程按道路或桥涵工程分类。

4）单独附属工程按相应主体工程的三类取费标准计取。

5）与其他专业工程一同发包的路灯或交通设施工程要单独划分工程类别。

6）交通设施工程包括交通标志、标线、护栏、信号灯、交通监控工程等。

第5章 工程量清单计量与计价（综合单价法）

5.1 工程量清单的编制

5.1.1 工程量清单的概念

工程量清单是表现拟建工程的分部分项工程项目、措施项目、其他项目名称和相应数量的明细清单，是按照招标要求、施工设计图样要求将拟建招标工程全部项目和内容，依据统一的工程量计算规则、统一的工程量清单项目编制规则要求，计算拟建招标工程数量的表格。

工程量清单编制人是招标人或其委托的具有相应资质的工程造价咨询单位或招投标代理机构。工程量清单是招标文件的组成部分，一经中标并签订合同，即成为合同的组成部分。工程量清单的描述对象是拟建工程，其内容涉及清单项目的性质、数量等，并以表格为主要表现形式。

5.1.2 工程量清单的组成

工程量清单由分部分项工程项目清单、措施项目清单、其他项目清单、规费项目清单和税金项目清单组成。

5.1.3 分部分项工程项目清单的编制

1. 分部分项工程项目清单的编制依据

(1)《建设工程工程量清单计价规范》（GB 50500—2013，以下简称《计价规范》）及《市政工程工程量计算规范》（GB 50857—2013，以下简称《计算规范》）；

(2) 招标文件；

(3) 设计文件；

(4) 有关的工程施工规范与工程验收规范；

(5) 拟采用的施工组织设计与施工技术方案。

2. 分部分项工程项目清单格式（表 5-1）

(1) 分部分项工程量清单编码　工程量清单的编码，主要是指分部分项工程量清单的编码。

分部分项工程量清单项目编码按五级编码设置，用 12 位阿拉伯数字表示，一至九位应按《计算规范》附录的规定设置；十至十二位应根据拟建工程的工程量清单项目名称和项目特征设置，同一招标工程的项目编码不得有重码。一个项目的编码由以下五级组成。

1) 第一级编码：分两位，为分类码；房屋建筑与装饰工程为 01、仿古建筑工程为 02、通用安装工程为 03、市政工程为 04、园林绿化工程为 05、矿山工程为 06、构筑物工程为 07、城市轨道交通工程为 08、爆破工程为 09。

分部分项工程项目清单与计价表　　　　　　　　　　　　**表 5-1**

工程名称：　　　　　　　　　　标段：

序　号	项目编码	项目名称	项目特征描述	计量单位	工程量	金额/元		
						综合单价	合价	其中：暂估价
				本页小计				
				合计				

2）第二级编码：分两位，为章顺序码。

3）第三级编码：分两位，为节顺序码。

4）第四级编码：分三位，为清单项目码。

5）第五级编码：分三位，为具体清单项目码，由 001 开始按顺序编制，是分项工程量清单项目名称的顺序码，是招标人根据工程量清单编制的需要自行设置的。

以 040203004001 为例，各级项目编码划分、含义如下所示：

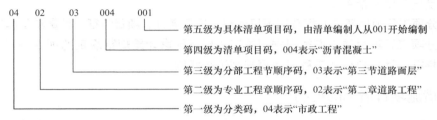

第五级为具体清单项目码，由清单编制人从001开始编制
第四级为清单项目码，004表示"沥青混凝土"
第三级为分部工程节顺序码，03表示"第三节道路面层"
第二级为专业工程章顺序码，02表示"第二章道路工程"
第一级为分类码，04表示"市政工程"

（2）分部分项工程量清单项目名称　项目名称应以《市政工程工程量计算规范》（GB 50857—2013）、《浙江省建设工程工程量清单计价指引》相应项目名称为主，并结合该项目的规格、型号、材质等项目特征和拟建工程的实际情况填写，形成完整的项目名称。

（3）项目特征描述　工程量清单的项目特征是确定一个清单项目综合单价不可缺少的重要依据，在编制工程量清单时，必须对项目特征进行准确和全面的描述。但有些项目特征很难用文字进行描述，在描述工程量清单项目特征时，可按以下原则进行：

1）项目特征描述的内容应按《计算规范》附录中的规定，结合工程的实际，能满足确定综合单价的需要；

2）若采用标准图集或施工图纸能够全部或部分满足项目特征描述的要求，项目特征描述可直接采用详见××图集或××图号的方式。对不满足项目特征描述要求的部分，仍应用文字描述。

（4）计量单位　计量单位应采用按《计算规范》附录中规定的计量单位，除专业有特殊规定以外，按以下单位计量：

1）以重量计算的项目：吨或千克（t 或 kg）；

2）以体积计算的项目：立方米（m³）；

3）以面积计算的项目：平方米（m²）；

4）以长度计算的项目：米（m）；

5）以自然计量单位计算的项目：个、块、套、台等。

如果附录中有两个或两个以上计量单位时，应结合工程项目的实际选择其中一个。

（5）工程数量　工程数量应按《计算规范》附录规定的"工程量计算规则"进行计算。除另有说明外，所有清单项目的工程量以实体工程量为准，并以完成后的净值计算；投标人投标报价时，应在单价中考虑施工中的各种损耗和需要增加的工程量。

工程数量有效位数规定如下：

1）以"吨"为单位，应保留小数点后三位数字，第四位四舍五入；

2）以"米"、"平方米"、"立方米"为单位，应保留小数点后两位数字，第三位四舍五入；

3）以"个"、"项"等为单位，应取整数。

3. 分部分项工程量清单的编制步骤和方法

（1）做好编制清单的准备工作；

（2）确定分部分项工程的分项及名称；

（3）拟定项目特征的描述；

（4）确定工程量清单项目编码；

（5）确定分部分项工程量清单项目的工程量；

（6）复核与整理清单文件。

分部分项工程项目清单必须载明项目编码、项目名称、项目特征、计量单位和工程量。

分部分项工程项目清单必须根据相关工程现行国家计量规范规定的项目编码、项目名称、项目特征、计量单位和工程量计算规则进行编制。

5.1.4　措施项目清单的编制

措施项目是为完成工程项目施工，发生于该工程施工前和施工过程中的技术、生活、安全等方面的非工程实体项目。**措施项目清单必须根据相关工程现行国家计量规范的规定编制。**

1. 措施项目清单的设置

首先，要参考拟建工程的施工组织设计，以确定安全文明施工（含环境保护、文明施工、安全施工、临时设施）、二次搬运等项目；其次，参阅施工技术方案，以确定夜间施工、大型机械进出场及安拆、混凝土模板与支架、施工排水、施工降水、地上和地下设施及建筑物的临时保护设施等项目。另外，参阅相关的施工规范与验收规范，可以确定施工技术方案没有表述的，但为了实现施工规范与验收规范要求而必须发生的技术措施。此外，还包括招标文件中提出的某些必须通过一定的技术措施才能实现的要求；设计文件中一些不足以写进技术方案，但要通过一定的技术措施才能实现的内容。通用措施项目一览表见表 5-2，市政工程专业措施项目一览表见表 5-3。

通用措施项目一览表　　　　　　　　　　　　　　　　　表 5-2

序　号	项目名称
1	安全文明施工（含环境保护、文明施工、安全施工、临时设施）
2	夜间施工
3	二次搬运
4	冬、雨期施工
5	大型机械设备进出场及安拆

续表

序　号	项目名称
6	施工排水
7	施工降水
8	地上、地下设施，建筑物的临时保护设施
9	已完工程及设备保护

市政工程专业措施项目一览表　　　　表 5-3

序　号	项目名称
1	围堰
2	筑岛
3	便道
4	便桥
5	脚手架
6	洞内施工的通风、供水、供气、供电、照明及通信设施
7	驳岸块石清理
8	地下管线交叉处理
9	行车、行人干扰增加
10	轨道交通工程路桥、市政基础设施施工监测、监控、保护

措施项目清单应根据拟建工程的具体情况，参照措施项目一览表列项，若出现措施项目一览表未列项目，编制人可作补充。

要编制好措施项目清单，编制者必须具有相关的施工管理、施工技术、施工工艺和施工方法等的知识及实践经验，掌握有关政策、法规和相关规章制度。例如对环境保护、文明施工、安全施工等方面的规定和要求，为了改善和美化施工环境、组织文明施工就会发生措施项目及其费用开支，否则就会发生漏项的问题。

编制措施项目清单应注意以下几点：

（1）既要对规范有深刻的理解，又要有比较丰富的知识和经验，要真正弄懂工程量清单计价方法的内涵，熟悉和掌握《计价规范》对措施项目的划分规定和要求，掌握其本质和规律，注重系统思维。

（2）编制措施项目清单应与分部分项工程量清单综合考虑，与分部分项工程紧密相关的措施项目编制时可同步进行。

（3）编制措施项目应与拟定或编制重点难点分部分项施工方案相结合，以保证措施项目划分和描述的可行性。

（4）对一览表中未能包括的措施项目，还应给予补充，对补充项目应更加注意描述清楚、准确。

2. 措施项目清单的编制依据

（1）拟建工程的施工组织设计。

（2）拟建工程的施工技术方案。

（3）与拟建工程相关的施工规范与工程验收规范。

（4）招标文件。

（5）设计文件。

3. 措施项目清单的基本格式

（1）措施项目中可以计算工程量的项目清单，宜采用分部分项工程量清单的方式编制，见表 5-4。

分部分项工程措施项目计价表

表 5-4

工程名称：　　　　　　　　　　　　标段：

序　号	项目编码	项目名称	项目特征描述	计量单位	工程量	金额/元		
						综合单价	合价	其中
								暂估价
本页小计								
合计								

（2）措施项目中不能计算工程量的项目清单，以"项"为计量单位，清单格式见表 5-5。

总价措施项目清单与计价表

表 5-5

工程名称：　　　　　　　　　　　　标段：

序　号	项目编码	项目名称	计算基础	费率/%	金额/元	调整费率（%）	调整后金额（元）	备注
		安全文明施工费						
		夜间施工增加费						
		二次搬运费						
		冬雨期施工增加费						
		已完工程及设备保护费						
合计								

5.1.5 其他项目清单的编制

1. 其他项目清单的编制规则

其他项目清单应按照下列内容列项：

（1）暂列金额 招标人在工程量清单中暂定并包括在合同价款中的一笔款项。用于施工合同签订时尚未确定或不可预见的所需材料、设备、服务的采购，施工中可能发生的工程变更、合同约定调整因素出现时的工程价款调整，以及发生的索赔、现场签证确认等的费用。

（2）暂估价 招标人在工程量清单中提供的用于支付必然发生但暂时不能确定价格的材料的单价及专业工程的金额，包括材料暂估价、专业工程暂估价。

（3）计日工 在施工过程中，完成发包人提出的施工图纸以外的零星项目或工作，按合同约定的综合单价计价。

（4）总承包服务费 总承包人为配合协调发包人进行的工程分包自行采购的设备、材料等进行管理、服务以及施工现场管理、竣工资料汇总整理等服务所需的费用。

编制其他项目清单，出现《计算规范》未列项目，可根据工程实际情况补充。

2. 其他项目清单基本格式（表5-6～表5-11）

其他项目清单与计价汇总表　　　　　　　　　　表5-6

工程名称：　　　　　　　　　　标段：

序　号	项目名称	金额/元	估算金额/元	备　注
1	暂列金额			详见明细表
2	暂估价			
2.1	材料（工程设备）暂估价/结算价	—		详见明细表
2.2	专业工程暂估价/结算价			详见明细表
3	计日工			详见明细表
4	总承包服务费			详见明细表
5	索赔与现场签证	—		详见明细表
	合　计			

暂列金额明细表　　　　　　　　　　　　　　表5-7

工程名称：　　　　　　　　　　标段：

序　号	项目名称	计量单位	暂定金额/元	备　注
1				
2				
3				
4				
5				
6				
7				
8				
9				
合　计				

材料（工程设备）暂估单价及调整表　　　　　　表5-8

工程名称：　　　　　　　　　　标段：

序　号	材料（工程设备）名称、规格、型号	计量单位	数量		暂估/元		确认/元		差额±/元		备　注
			暂估	确认	单价	合价	单价	合价	单价	合价	

专业工程暂估价及结算价表　　　　　　　　　表5-9

工程名称：　　　　　　　　　　标段：

序　号	工程名称	工程内容	暂估金额/元	结算金额/元	差额±/元	备　注

计日工表　　　　　　　　　　　　　　　　表 5-10

工程名称：　　　　　　　　　　标段：

编　号	项目名称	单　位	暂定数量	实际数量	综合单价/元	合价/元	
						暂定	实际
一	人工						
1							
2							
3							
4							
人工小计							
二	材料						
1							
2							
3							
4							
材料小计							
三	施工机械						
1							
2							
3							
4							
施工机械小计							
四、企业管理费和利润							
总计							

总承包服务费计价表　　　　　　　　　表 5-11

工程名称：　　　　　　　　　　标段：

序　号	项目名称	项目价值/元	服务内容	计算基础	费率/%	金额/元
1	发包人发包专业工程					
2	发包人供应材料					
	合计	—				

5.1.6　规费、税金项目清单的编制

1. 规费、税金项目清单的列项内容

（1）社会保险费，包括养老保险费、失业保险费、医疗保险费、工伤保险费、生育保险费；

（2）住房公积金；

（3）工程排污费；

（4）税金。

2. 规费、税金项目清单基本格式（表 5-12）

规费、税金项目清单与计价表　　　　　　　　表 5-12

工程名称：　　　　　　　　标段：

序　号	项目名称	计算基础	计算基数	费率/%	金额/元
1	规费				
1.1	社会保险费				
(1)	养老保险费				
(2)	失业保险费				
(3)	医疗保险费				
(4)	工伤保险费				
(5)	生育保险费				
1.2	住房公积金				
1.3	工程排污费				
2	税金	分部分项工程费＋措施项目费＋其他项目费＋规费－按规定不计税的工程设备金额			
合计					

5.1.7　工程量清单的整理

工程量清单按规范规定的要求编制完成后，应当反复进行校核，最后按规定的统一格式进行归档整理。《计价规范》对工程量清单规定的格式及填表要求如下：

1. 工程量清单的格式
（1）工程量清单封面；
（2）总说明；
（3）分部分项工程和措施项目计价表；
（4）总价措施项目清单与计价表；
（5）其他项目清单与计价汇总表；
（6）暂列金额明细表；
（7）材料暂估单价表；
（8）专业工程暂估价表；
（9）计日工表；
（10）总承包服务费计价表；
（11）规费、税金项目清单与计价表。

2. 填表须知
（1）工程量清单及其计价格式中所有要求签字、盖章的地方，必须由规定的单位和人员签字、盖章。
（2）工程量清单及其计价格式中的任何内容不得随意删除或涂改。
（3）工程量清单计价格式中列明的所有需要填报的单价和合价，投标人均应填报，未填报的单价和合价，视此项费用已包含在工程量清单的其他单价和合价中。

3. 工程量清单的填写规定
（1）工程量清单应由招标人或受其委托，具有相应资质的工程造价咨询人编制。
（2）封面应按规定的内容填写、签字、盖章，造价员编制的工程量清单应由负责审核的造价工程师签字、盖章。

85

（3）总说明应按下列内容填写：

1）工程概况　建设规模、工程特征、计划工期、施工现场实际情况、自然地理条件、环境保护要求等。

2）工程招标和分包范围。

3）工程量清单编制依据。

4）工程质量、材料、施工等的特殊要求。

5）其他需要说明的问题。

5.2　工程量清单计价的编制

5.2.1　工程量清单计价的概念

工程量清单计价包括编制招标标底（控制价）、投标报价、合同价款的确定与调整以及办理工程结算等。工程量清单投标报价是指在施工招标活动中，招标人按规定格式提供工程的工程量清单，投标人按工程价格的组成、计价规定自主报价。

各投标企业在工程量清单报价条件下必须对单位工程成本、利润进行分析、统筹考虑，精心选择施工方案，并根据企业自身能力合理确定人工、材料、机械等的投入与配置、优化组合，有效地控制现场费用和技术措施费用，形成具有竞争力的报价。

5.2.2　清单计价费用的构成

工程量清单计价是指投标人完成由招标人提供的工程时清单所需的全部费用，包括分部分项工程费、措施项目费、其他项目费、规费和税金。清单计价费用的构成见表5-13。

清单计价费用的构成　　　　　　　　表 5-13

工程量清单计价费用构成	分部分项清单项目费	人工费	
		材料费	
		施工机具使用费	
		企业管理费	管理人员工资
			办公费
			差旅交通费
			固定资产使用费
			工具用具使用费
			劳动保险和职工福利费
			劳动保护费
			工会经费
			职工教育经费
			财产保险费
			财务费
		税金	房产税
			车船使用税
			土地使用税
			印花税
		其他	
	利润		
	风险费用		

续表

工程量清单计价费用构成	措施项目清单费	安全防护、文明施工费		
		夜间施工费（或缩短工期增加费）		
		二次搬运费		
		冬、雨期施工费		
		已完工期及设备保护费		
		检验试验费		
		大型机械进出场及安拆费		
		施工排水、降水费		
		地上、地下设施、建筑物的临时保护设施费		
		市政专业工程措施项目费		
	其他项目清单费	暂列金额		
		暂估价		
		材料暂估价		
		专业工程暂估价		
		计日工		
		总承包服务费		
	规费	工程排污费		
		社会保险费	养老保险费	
			失业保险费	
			医疗保险费	
			工伤保险费	
			生育保险费	
		住房公积金		
	税金	营业税		
		城市维护建设税		
		教育费附加		
		地方教育附加		

5.2.3 工程量清单计价法及工程费用计算程序

1. 工程量清单计价法

工程量清单计价应采用综合单价法。

综合单价法是指项目单价采用全费用单价（规费、税金按规定程序另行计算）的一种计价方法，规费、税金单独计取。综合单价包括完成一个规定计量单位项目所需的人工费、材料费、施工机械使用费、企业管理费、利润以及风险费用。

综合单价＝规定计量单位的人工费、材料费、施工机械使用费＋取费基数
×（企业管理费＋利润率）＋风险费用

项目合价＝综合单价×工程数量

施工技术措施项目、其他项目应按照综合单价法计算，施工组织措施项目可参照《费用定额》计算。

工程造价＝∑（项目合价＋取费基数×施工组织措施费率＋规费＋税金）

2. 综合单价法计价的工程费用计算程序（表 5-14）。

综合单价法计价的工程费用计算程序　　　　　　　　　　　表 5-14

序　号		费用项目	计算方法
一		工程量清单分部分项工程费	$\sum$（分部分项工程量×综合单价）
	其中	1. 工人费＋机械费	$\sum$分部分项（人工费＋机械费）
二		措施项目费	
		（一）施工技术措施项目费	按综合单价
	其中	2. 人工费＋机械费	$\sum$技措项目（人工费＋机械费）
		（二）施工组织措施项目费	按项计算

【例 5-1】　某市区单独排水工程，已知管道最大管径为 1200mm，根据施工图样，按正常的施工组织设计、正常的施工工期并结合市场价格计算出分部分项工程量清单项目费为 1200 万元（其中人工费＋机械费为 300 万元），施工技术措施项目清单费为 250 万元（其中人工费＋机械费为 80 万元），其他项目清单费为 30 万元。试按综合单价法编制招标控制价。

【解】

（1）工程类别判别。

根据《浙江省建设工程施工费用定额》（2010 版）规定，本例工程类别为二类排水工程。

（2）费率确定。

根据《浙江省建设工程施工费用定额》（2010 版）规定，编制招标控制价时，施工组织措施费、企业管理费及利润应按费率的中值或弹性区间费率的中值计取。民工工伤保险费费率按 0.114% 计取，危险作业意外伤害保险费暂不考虑。

（3）按费用计算程序计算招标控制价，见表 5-15。

计算招标控制价　　　　　　　　　　　表 5-15

序号	费用项目	计算方法	金额/万元
一	工程量清单分部分项工程费	$\sum$（分部分项工程量×综合单价）	1200
	1. 人工费＋机械费	$\sum$分部分项（人工费＋机械费）	300
二	措施项目费		284.808
	（一）施工技术措施项目清单费	$\sum$（技术措施项目工程量×综合单价）	250
	2. 人工费＋机械费	$\sum$技术措施项目（人工费＋机械费）	80
	（二）施工组织措施项目费	3＋4＋5＋6＋7＋8＋9	34.808
	3. 安全文明施工费	（300＋80）×4.46%	16.948
	4. 检验试验费	（300＋80）×1.23%	4.674
	5. 冬季、雨季施工增加费	（300＋80）×0.19%	0.722
	6. 夜间施工增加费	（300＋80）×0.03%	0.114
	7. 已完工程及设备保护费	（300＋80）×0.04%	0.152
	8. 二次搬运费	（300＋80）×0.71%	2.698
	9. 行车、行人干扰增加费	（300＋80）×2.50%	9.500
	10. 提前竣工增加费		

续表

序号	费用项目	计算方法	金额/万元
三	其他项目费	按工程量清单计价要求计算	30
四	规费	12+13+14	28.1732
	12. 工程排污费、社会保障费、住房公积金	(300+80)×7.30%	27.74
	13. 民工工伤保险费	(300+80)×0.114%	0.4332
	14. 危险作业意外伤害保险费	—	0
五	税金	(一+二+三+四)×3.577%	55.1924
六	建设工程造价	一+二+三+四+五	1598.1736

3. 施工取费计算规则

（1）建设工程施工费用按"人工费＋机械费"或"人工费"为取费基数的程序计算。人工费和机械费是指直接工程费及施工技术措施费中的人工费和机械费。人工费不包括机上人工，机械费不包括大型机械设备进出场及安拆费。

（2）人工费、材料费、机械费按工程定额项目或按分部分项工程量清单项目及施工技术措施项目清单计算的人工、材料、机械台班消耗量乘以相应单价计算。

人工、材料、机械台班消耗量可根据建设工程造价管理机构编制的工程定额确定，人工、材料、机械台班单价按当时、当地的市场价格组价，企业投标报价时可根据自身情况及建筑市场人工价格、材料价格、机械租赁价格等因素自主决定。

（3）施工措施项目应根据《浙江省建设工程施工取费定额》或措施项目清单，结合工程实际确定。

施工技术措施费可根据相关的工程定额计算。施工组织措施费按上述计算程序以取费基数乘以组织措施费费率，其中环境保护费、文明施工费、安全施工费等费用，工程计价时不应低于弹性费率的下限。

（4）企业管理费加利润称为综合费用，综合费用费率是根据不同的工程类别确定的。

（5）施工组织措施费、综合费用在编制概算、施工图预算（标底）时，应按弹性费率的中值计取。在投标报价时，企业可参考弹性区间费率自主确定。

（6）规费费率按规定计取。以"人工费＋机械费"为取费基数的工程，工料单价法计价时，规费以"直接工程费＋措施费＋综合费用"为计算基数乘以相应费率计算；综合单价法计价时，规费以"分部分项工程量清单费＋措施项目清单费"为计算基数乘以相应费率计算。以"人工费"为取费基数的工程，规费均以"人工费"为计算基数乘以相应费率计算。

规费费率内不含危险作业意外伤害保险费，危险作业意外伤害保险费按各市有关规定计算。

（7）税金费率按规定计取，税金以"直接费＋间接费＋利润"为计算基数乘以相应税率计算。

（8）若按《房屋建筑和市政基础设施工程施工分包管理办法》（建设部令第124号）规定发生专业工程分包时，总承包单位可按分包工程造价的1%～3%向发包方计取总承包服务费。发包与总承包双方应在施工合同中约定或明确总承包服务的内容和费率。

5.2.4　综合单价的编制

1. 综合单价的计算公式

综合单价＝1 个规定计量单位项目人工费＋1 个规定计量单位项目材料费

　　　　＋1 个规定计量单位项目机械使用费＋取费基数×（企业管理费率＋利润率）

　　　　＋风险费用

　　　1 个规定计量单位项目人工费 ＝ $\sum$（人工消耗量×人工价格）

　　　1 个规定计量单位项目材料费 ＝ $\sum$（材料消耗量×材料价格）

1 个规定计量单位项目机械使用费 ＝ $\sum$（施工机械台班消耗量×机械台班价格）

2. 综合单价的计算步骤

（1）根据工程量清单项目名称和拟建工程的具体情况，按照投标人的企业定额或参照《浙江省工程量清单计价指引》，分析确定清单项目的各项可组合的工程内容，并确定各项组合工作内容对应的定额子目。

（2）计算 1 个规定计量单位清单项目所对应的各个定额子目的工程量。

（3）根据投标人的企业定额或参照浙江省计价依据，并结合工程实际情况，确定各对应定额子目的人工、材料、施工机械台班的消耗量。

（4）依据投标自行采集的市场价格或参照省、市工程造价管理机构发布的价格信息，结合工程实际分析确定人工、材料、施工机械台班的价格。

（5）计算 1 个规定计量单位清单项目人工费、材料费、机械使用费。

（6）确定取费基数，根据投标人的企业定额或参照浙江省计价依据，并结合工程实际情况、市场竞争情况，分析确定企业管理费率、利润率，计算企业管理费、利润。综合单价中的"取费基数"为 1 个规定计量单位清单项目人工费与机械使用费之和，或为 1 个规定计量单位清单项目人工费。

（7）按照招标文件约定的风险分担原则，结合自身实际情况，投标人防范、化解、处理应由其承担的施工过程中可能出现的人工、材料和施工机械台班价格上涨、人员伤亡、质量缺陷、工期拖延等不利事件所需的费用，即风险费用。

（8）合计 1 个规定计量单位项目人工费、材料费、机械使用费以及企业管理费、利润、风险费用，即为该清单项目的综合单价。

5.2.5　清单计价的步骤

工程量清单计价过程可以分为以下两个阶段。

第一阶段：业主在统一的工程量计算规则的基础上，制定工程量清单项目设置规则，根据具体工程的施工图纸统一计算出各个清单项目的工程量。

第二阶段：投标单位根据各种渠道所获得的工程造价信息和经验数据，依据工程量清单计算得到工程造价。

进行投标报价时，施工方在业主提供的工程量清单的基础上，根据企业自身所掌握的信息、资料，结合企业定额编制得到工程报价。其计算过程如下。

（1）确定投标报价时采用的人工、材料、机械的单价，并编制主要工日价格表、主要材料价格表、主要机械台班价格表。

（2）计算分部分项工程费，按以下步骤进行。

① 根据施工图纸复核工程量清单；

② 按当地的消耗量定额工程量计算规则拆分清单工程量；

③ 根据消耗量定额和信息价计算直接工程费，即人工费、材料费、机械使用费；

④ 确定取费基数，计算管理费和利润，按下式计算：

$$管理费 = 取费基数 \times 管理费费率$$

$$利润 = 取费基数 \times 利润率$$

⑤ 汇总形成综合单价，并填写工程量清单综合单价计算表及工程量清单综合单价工料机分析表；

⑥ 计算分部分项工程费，按下式计算：

$$分部分项工程费 = \sum（工程量清单数量 \times 综合单价）$$

计算结果填写分部分项工程量清单与计价表。

（3）计算措施项目费

① 可以计算工程量的措施项目费用计算方法与分部分项工程费计算方法相同，计算结果填写措施项目清单与计价表（二）、措施项目清单综合单价计算表、措施项目清单综合单价工料机分析表。

其中，安全防护、文明施工措施项目费按实计算，并填写安全防护、文明施工措施项目费分析表。

② 不能计算工程量的措施项目，确定取费基数后，按费率系数计价，按下式计算：

$$措施项目费 = 取费基数 \times 措施项目费费率$$

计算结果填写措施项目费计算表（二）。

③ 合计措施项目费用，填写措施项目清单与计价表。

（4）计算其他项目费、规费、税金

其他项目费中的费用均为估算、预测数量，在投标时计入投标报价，工程竣工结算时，应按投标人实际完成的工作内容结算，剩余部分仍归招标人所有。填写其他项目清单与计价汇总表、暂列金额明细表、材料暂估单价表、专业工程暂估单价表、计日工表、总承包服务费计价表。

$$规费 = 计算基数 \times 规费费率$$

$$税金 =（分部分项工程量清单费 + 措施项目清单费 + 其他项目清单费 + 规费）\times 综合税率$$

（5）计算单位工程报价

$$单位工程报价 = 分部分项工程量清单费 + 措施项目清单费 + 其他项目清单费 + 规费 + 税金$$

填写单位工程投标报价汇总表。

（6）计算单项工程报价

$$单项工程报价 = \sum 单位工程报价$$

（7）计算建设项目总报价

$$建设项目总报价 = \sum 单位工程报价$$

填写工程项目投标报价汇总表。

5.2.6　工程量清单计价的规定格式及填写要求

1. 工程量清单计价的规定格式

工程量清单报价应采用统一格式，由下列内容组成。

（1）封面；

（2）总说明；

（3）建设项目投标报价汇总表；

（4）单位工程投标报价汇总表；

（5）单项工程投标报价汇总表；

（6）分部分项工程和措施项目清单及计价表；

（7）综合单价分析表；

（8）总价措施项目清单与计价表；

（9）其他项目清单与计价汇总表；

（10）暂列金额明细表；

（11）材料暂估单价表；

（12）专业工程暂估价表；

（13）计日工表；

（14）总承包服务费计价表；

（15）主要工日价格表；

（16）主要材料价格表；

（17）主要机械台班价格表；

（18）安全防护、文明施工措施项目费分析表。

2. 工程量清单计价格式的填写规定

（1）封面　封面应按规定的内容填写、签字、盖章。除承包人自行编制的投标报价和竣工结算外，受委托编制的招标控制价、投标报价、竣工结算若为造价员编制的，应由负责审核的造价工程师签字、盖章以及工程造价咨询人盖章。

（2）总说明　编制投标报价时，总说明的内容应包括：1）采用的计价依据；2）采用的施工组织设计及投标工期；3）综合单价中风险因素、风险范围（幅度）；4）措施项目的依据；5）其他需要说明的问题。

（3）工程项目投标报价汇总表

1）表中的"单位工程名称"应按单位工程费汇总表中的单位工程名称填写。

2）表中的"金额"应按单位工程费汇总表中的合计金额填写。

3）表中的"安全文明施工费"和"规费"应按单位工程费汇总表中的"安全文明施工费"和"规费"小计金额填写。

（4）单位工程费汇总表

1）表中的"分部分项工程"、"措施项目"金额分别按专业工程分部分项工程量清单计价表和措施项目清单计价表中的合计金额填写。

2）表中的"其他项目"金额按单位工程其他项目清单计价表中的合计金额填写。

3）表中的"规费"、"税金"金额根据不同专业工程，按《浙江省建设工程施工取费定额》规定程序、费率以及我省及各市有关补充规定计算后填写，表中的规费1包括工程排污费、社会保障费和住房公积金，规费2为危险作业意外伤害保险，规费3为农民工工伤保险费。

4）当有多个专业工程时，表中的"清单报价汇总"栏可作相应的增加。

（5）分部分项工程量清单及计价表

表中的"序号"、"项目编码"、"项目名称"、"项目特征"、"计量单位"和"工程量"应按工程量清单中相应内容填写，"综合单价"应按投标人的企业定额或参考本省建设工程计价依据报价，人工、材料、机械单价依据投标人自行采集的价格信息或参照省、市工程造价管理机构发布的价格信息确定，并考虑相应的风险费用。

（6）措施项目清单与计价表

1）表（一）适用于以"项"为单位计量的措施项目。

2）表（二）适用于以分部分项工程量清单项目综合单价方式计价的措施项目，使用方法参照"分部分项工程量清单及计价表"。

3）编制投标报价时，除"安全防护、文明施工费"和"检验试验费"应不低于本省造价管理机构规定费用的最低标准外，其余措施项目可根据拟建工程实际情况自主报价。

（7）其他项目清单与计价表

1）列金额明细表：应按工程量清单中的暂列金额汇总后计入其他项目清单与计价汇总表。

2）材料暂估单价表：应根据工程量清单中材料暂估单价直接进入清单项目综合单价，无需计入其他项目清单与计价汇总表。

3）专业工程暂估价表：应按工程量清单中的暂估金额汇总后计入其他项目清单与计价汇总表。

4）计日工表：编制投标报价时，表中的"项目名称"、"单位"、"暂定数量"应按工程量清单中相应内容填写。"单价"由投标人自主报价，"合价"经汇总后计入其他项目清单与计价汇总表。

5）总承包服务费计价表：表中的"项目名称"、"项目价值"、"服务内容"应按工程量清单中相应内容填写。费率由投标人自主报价，"金额"经汇总后计入其他项目清单与计价汇总表。

（8）安全防护、文明施工措施项目费分析表

编制投标报价时，投标人应参照安全防护、文明施工措施项目费分析表中所列项目并结合拟建工程实际情况，对该工程项目的文明施工及环境保护费、临时设施费和安全施工费进行分析，如遇分析表未列项目，可在表中"四、其他"栏中自行增加。表中上述各项费用作为施工过程中必须保证的措施费，其"合价"金额不得低于该工程项目中各专业工程相对应的费用的合计金额。

（9）人工、材料、机械价格表

1）主要人工、材料、机械价格表无需单独编制，其主要内容是对综合单价工料机分析表中的人工、主要材料和主要机械的单位、数量、单价进行汇总，一般通过计价软件完成。

2）主要人工、材料、机械价格表通常按照单位工程进行汇总，但也可根据招标人需

要，按照工程项目、单个专业工程和整体专业工程汇总，其表格上方"单位工程名称"项相应变更为"工程名称"、"单位及专业工程名称"及"专业工程名称"。

3）编制投标报价时，对于招标人有要求的材料，投标人应在主要材料价格表的"规格型号"栏中明确该材料的规格和型号，并在备注栏中注明品牌。

5.2.7　工程量清单计价模式与预算定额计价模式的区别和联系

1. 区别

（1）适用范围不同　全部使用国有资金投资或国有资金投资为主的建设工程项目必须实行工程量清单计价。除此之外的建设工程，可以采用工程量清单计价模式，也可采用定额计价模式。

采用工程量清单招标的，应该使用综合单价法计价；非招标工程既可采用工程量清单综合单价计价，也可采用定额工料单价法计价。

（2）采用的计价方法不同　根据《计价规范》规定，工程量清单应采用综合单价方法计价。

定额计价一般采用工料单价方法计价，但也可采用综合单价法计价。

（3）项目划分不同　工程量清单项目，基本以一个"综合实体"考虑，一般一个项目包括多项工程内容。而定额计价的项目所含内容相对单一，一般一个项目只包括一项工程内容。

（4）工程量计算规则不同　工程量清单计价模式中的工程量计算规则必须按照国家标准《计价规范》规定执行，实行全国统一。而定额计价模式下的工程量计算规则由一个地区（省、自治区、直辖市）制定的，在本地区域内统一，具有局限性。

（5）采用的消耗量标准不同　工程量清单计价模式下，投标人计价时应采用投标人自己的企业定额。企业定额是施工企业根据本企业的施工技术和管理水平，以及有关工程造价资料制定的，并供本企业使用的人工、材料、机械台班消耗量。消耗量标准体现投标人个体水平，并且是动态的。

工程预算定额计价模式下，投标人计价时须统一采用消耗量定额。消耗量定额是指由建设行政主管部门根据合理的施工组织设计，按照正常条件下制定的，生产一个规定计量单位工程合格产品所需人工、材料、机械台班等的社会平均消耗量，包括建筑工程预算定额、安装工程预算定额、施工取费定额等。消耗量水平反映的是社会平均水平，是静态的，不反映具体工程中承包人个体之间的变化。

（6）风险分担不同　工程量清单由招标人提供，一般情况下，各投标人无需再计算工程量，招标人承担工程量计算风险，投标人则承担单价风险；而定额计价模式下的招投标工程，工程数量由各投标人自行计算，工程量计算风险和单价风险均由投标人承担。

（7）表现形式不同　传统的定额预算计价法一般是总价形式。工程量清单计价法采用综合单价形式，综合单价包括人工费、材料费、机械使用费、管理费、利润，并考虑风险因素，工程量发生变化时，单价一般不做调整。

（8）费用组成不同　传统的预算定额计价法的工程造价由直接工程费、现场经费、间接费、利润、税金组成。工程量清单计价法的工程造价包括分部分项工程费、措施项目费、其他项目费、规费、税金及风险因素增加的费用。

（9）编制工程量时间不同　传统的定额预算计价法是在发出招标文件后编制。工程量清单计价法必须在发出招标文件前编制。

（10）评标方法不同　传统的定额预算计价法投标，一般采用百分制评分法。工程量清单计价法投标一般采用合理低报价中标法，要对总价及综合单价进行评分。

（11）编制单位不同　传统定额预算计价法其工程量分别由招标单位和投标单位按图计算。工程量清单计价法其工程量由招标单位统一计算，或委托有工程造价咨询资质的单位统一计算。投标单位根据招标人提供的工程量清单，根据自身的企业定额、技术装备、企业成本、施工经验及管理水平自主填写报价表。

（12）投标计算口径不同　传统的预算定额计价法招标，各投标单位各自计算工程量，计算出的工程量均不一致。工程量清单计价法，各投标单位都根据统一的工程量清单报价，达到了投标计算口径的统一。

（13）项目编码不同　传统的定额预算计价法，全国各省、市采用不同的定额子目。工程量清单计价法，全国实行统一十二位阿拉伯数字编码。一到九位为统一编码，其中一、二位为附录顺序码，三、四位为专业工程顺序码，五、六位为分部工程顺序码，七、八、九位为分项工程项目名称顺序码，十、十一、十二位为清单项目名称顺序码。前九位编码不能变动，后三位编码由清单编制人根据项目设置的清单项目编制。

（14）合同价调整方式不同　传统的定额预算计价法，合同价调整方式有：变更签证、政策性调整。工程量清单计价法，合同价调整方式主要是索赔，报价作为签订施工合同的依据相对固定下来，单价不能随意调整，工程结算按承包商实际完成的工程量乘以清单中相应的单价计算。

2. 联系

定额计价作为一种计价模式，在我国使用了多年，具有一定的科学性和实用性，今后将继续存在于工程发承包计价活动中，即使工程量清单计价方式占据主导地位，它仍是一种补充方式。由于目前是工程量清单计价模式的实施初期，大部分施工企业还不具备建立和拥有自己的企业定额体系，建设行政主管部门发布的定额，尤其是当地的消耗量定额，仍然是企业投标报价的主要依据。也就是说，工程量清单计价活动中，存在着部分定额计价的成分。应该看到，在我国建设市场逐步放开的改革过程当中，虽然已经制定并推广了工程量清单计价模式，但是，由于各地实际情况的差异，我国目前的工程造价计价模式又不可避免地出现工程预算定额计价与工程量清单计价两种模式双轨并行的局面。如全部使用国有资金投资或国有资金投资为主的建设工程必须实行工程量清单计价。而除此以外的建设工程，既可以采用工程量清单计价模式，也可采用工程预算定额计价模式。随着我国工程造价管理体制改革的不断深入和对国际管理的进一步深入、了解，工程量清单计价模式将逐渐占主导地位，最后实行单一的计价模式，即工程量清单计价模式。

第6章 通用项目计量与计价

6.1 通用项目工程计量（预算定额应用）

通用项目包括土石方工程、打拔工具桩、围堰工程、支撑工程、拆除工程、脚手架及其他工程、护坡、挡土墙、地下连续墙、地基加固、围护及监测，共9章491个子目。

6.1.1 土石方工程

6.1.1.1 说明

（1）干、湿土的划分首先以地质勘察资料为准，含水率≥25%为湿土，或以地下常水位为准，常水位以上为干土，以下为湿土。挖运湿土时，人工和机械乘以系数1.18，干、湿土工程量分别计算，但机械运湿土时不得乘。采用井点降水的土方应按干土计算。

【例6-1】 人工挖沟槽，三类湿土，深5m，确定套用的定额子目及基价。

【解】 $[1-10]H$ 基价$=2032\times1.18=2397.76$（元/100m³）。

【例6-2】 人力基坑挖淤泥，坑深4.3m，确定套用的定额子目及基价。

【解】 基价$=[1-35]+[1-36]+[1-37]=2530+994+481=4005$（元/100m³）

【例6-3】 人工挖淤泥，挖深6m，深度超过1.5m部分工程量，确定套用的定额子目及基价。

【解】 $6\times7=42$m（水平运距）$[1-35]H$ 基价$=2530+994+481\times2=4486$（元/100m³）。

（2）人工夯实土堤、机械夯实土堤执行本章人工填土夯实平地、机械填土夯实平地子目。

（3）挖掘机在垫板上作业，人工和机械乘以系数1.25，搭拆垫板的人工、材料和辅机摊销费按每1000m²增加230元计算。

【例6-4】 挖掘机三类湿土（垫板上作业），确定套用的定额子目及基价。

【解】 $[1-57]H$ 基价$=2458\times1.18\times1.25+230=3855.55$（元/1000m³）。

（4）推土机推土的平均土层厚度小于30cm时，其推土机台班乘以系数1.25。

（5）在支撑下挖土，按实挖体积人工乘以系数1.43，机械乘以系数1.20。先开挖后支撑的不属支撑下挖土。

【例6-5】 人工挖沟槽一、二类干土（带挡土板），$H=4$m，确定套用的定额子目及基价。

【解】 $[1-5]H$ 基价$=1148\times1.43=1641.64$（元/100m³）。

【例6-6】 钢挡土板，钢支撑，密撑，确定套用的定额子目及基价。

【解】 $[1-212]H$ 基价$=1327$（元/100m²）。

（6）挖密实的钢渣，按挖四类土人工乘以系数 2.50，机械乘以系数 1.50。

（7）本定额不包括现场障碍物清理，障碍物清理费用另行计算。弃土、石方的场地占用费按当地有关规定处理。

（8）砾石含量在 30％以上的密实性土按四类土乘以系数 1.43。

（9）挖土深度超过 1.5m 应计算人工垂直运输土方，超过部分工程量按垂直深度每 1m 折合成水平距离 7m 增加工日，深度按全高计算。

（10）一侧弃土时，乘以系数 1.13。

【例 6-7】 人工挖沟槽，三类湿土，深 5m，一侧抛弃土，确定套用的定额子目及基价。

【解】 ［1—10］H　基价＝2032×1.18×1.13＝2709.47（元/100m³）。

（11）槽坑一侧填土时，乘以系数 1.13。

（12）人工凿沟槽基坑石方乘以系数 1.4。

6.1.1.2　工程量计算规则

（1）土、石方体积均以天然密实体积（自然方）计算，回填土按碾压夯实后的体积（实方）计算。土方体积换算见表 6-1。

土方体积换算表　　　　　　　表 6-1

虚方体积	天然密实度体积	夯实后体积	松填体积
1.00	0.77	0.67	0.83
1.30	1.00	0.87	1.08
1.50	1.15	1.00	1.25
1.20	0.92	0.80	1.00

一个单位的天然密实度体积折合 1.30 个单位虚方体积，折合为 0.37 个夯实后体积，折算为 1.03 个松散填土面积。

一个单位夯实后体积折算为 1.50 个单位虚方体积，折合为 1.15 个单位天然密实度体积，折算为 1.25 个单位松散填土体积。

一个单位松填体积折算为 1.20 个单位虚方体积，折合为 0.92 个单位天然密实度体积，折算为 0.30 个夯实后体积。

【例 6-8】 某土方工程：设计挖土数量为 1800m³，填土数量为 500m³，挖、填土考虑现场平衡。试计算其土方外运量。

【解】 填土数量为 500m³，查"土方体积换算表"得夯实后体积：天然密实度体积＝1:1.15，填土所需天然密实方体积为 500×1.15＝575（m³），故其土方外运量为 1800－575＝1225（m³）。

【例 6-9】 某路基工程，已知挖土 2800m³，其中可利用 2200m²，填土 4000m³ 现场挖、填平衡，试计算余土外运数量及填缺土方数量。

【解】 （1）余土外运数量：2800－2200＝600（m³）（自然方）

（2）填缺土方数量：4000×1.15－2200＝2400（m³）（自然方）

【例 6-10】 某段沟槽长 30m，宽 2.45m，平均深 3m，矩形截面，无井。槽内铺设 φ1000 钢筋混凝土平口管，管壁厚 0.1m，管下混凝土基座为 0.4364m³/m，基座下碎石垫层 0.22m³/m。试计算沟槽填土压实状况的工程量。

【解】 沟槽体积＝30×2.45×3＝220.5m³

$$\phi1000\ 管子外形体积 = \pi \times (1+0.1\times2)^2/4\times30 = 33.93(m^3)$$

$$碎石垫层体积 = 0.22\times30 = 6.6(m^3)$$

$$混凝土基座体积 = 0.4364\times30 = 13.092(m^3)$$

$$沟槽填土压实工程量 = 220.5 - 6.6 - 13.092 - 33.93 = 166.878(m^3)$$

【例 6-11】 履带式推土机推土上坡，已知 A 点标高为 15.24m，B 点标高为 11.94m，两点水平距离 40mm，试计算该推土机运距。

【解】 A、B 两点高差 $h_{AB}=15.24-11.94=3.3$ (m)，坡度 $i=3.3/40\times100\%=8.25\%$。

$$斜道长度 = (40^2+3.3^2)^{\frac{1}{2}} = 40.14(m)，\quad 则斜道运距 = 40.14\times1.75 = 70.25(m)$$

(2) 土石方工程量按图纸尺寸计算，修建机械上下坡的便道土方量并入土方工程量内。石方采用爆破开挖时，开挖坡面每侧允许超挖量：松、次坚石 20cm，普、特坚石 15cm。工作面宽度与石方超挖量不得重复计算，石方超挖仅计算坡面超挖，底部超挖不计。人工凿石不得计算超挖量。

(3) 夯实土堤按设计断面计算。清理土堤基础按设计规定以水平投影面积计算，清理厚度为 30cm 内，废土运距按 30m 计算。

(4) 人工挖土堤台阶工程量，按挖前的堤坡斜面积计算，运土应另行计算。

(5) 定额中所有填土（包括松填、夯填、碾压）均是按就近 5m 内取土考虑的，超过 5m 按以下办法计算：①就地取余松土或堆积土回填者，除按填方定额执行外，另按运土方定额计算土方费用；②外购土者，应按实计算土方费用。

(6) 除有特殊工艺要求的管道节点开挖土石方工程量按实计算外，其他管道接口作业坑和沿线各种井室所需增加开挖的土石方工程量，按沟槽全部土石方量的 2.5% 计算。管沟回填土应扣除各种管道、基础、垫层和构筑物所占的体积。

(7) 挖土放坡和沟、槽底加宽应按图纸尺寸计算，如施工组织设计未明确的，可按表 6-2、表 6-3 计算：

放坡系数 表 6-2

土壤类别	放坡起点深度超过/m	机械开挖			人工开挖
		在沟槽坑底作业	在沟槽坑边上作业	沿沟槽方向作业	
一、二类土	1.2	1:0.33	1:0.75	1:0.33	1:0.50
三类土	1.5	1:0.25	1:0.50	1:0.25	1:0.33
四类土	2.0	1:0.10	1:0.33	1:0.10	1:0.25

管沟底部每侧工作面宽度 表 6-3

管道结构宽/mm	混凝土管道基础90°	混凝土管道基础>90°	金属管道	构筑物	
				无防潮层	有防潮层
500 以内	400	400	300	400	600
1000 以内	500	500	400		
2500 以内	600	500	400		

管道结构宽：无管座按管道外径计算，有管座按管道基础外缘（不包括各类垫层）计算，构筑物按基础外缘计算，如设挡土板则每侧增加100mm。

（8）土石方运距应以挖土重心至填土重心或弃土重心最近距离计算，挖土重心、填土重心、弃土重心按施工组织设计确定。如遇下列情况应增加运距：

1）人力及人力车运土、石方上坡坡度在15％以上，推土机重车上坡坡度大于5％，斜道运距按斜道长度乘以表6-4所列系数。

系数表 表6-4

项　　目	推土机				人力及人力车
坡度/％	5～10	15以内	20以内	25以内	15以上
系　　数	1.75	2	2.25	2.5	5

【例6-12】 推土机推土上坡斜长距离为20m，坡度为12％，该推土机推土运距为多少？

【解】 推土机推土运距＝20×2＝40（m）。

【例6-13】 人力（双轮）车运湿土，斜道长300m，坡度20％，确定套用的定额子目及基价。

【解】 斜道运距＝300×5＝1500（m）

$$[1-30]H+[1-31]H×29$$

$$基价＝（461+91×29）×1.13＝1080.88（元/100m^3）。$$

2）采用人力垂直运输土、石方，垂直深度每米折合水平运距7m计算。

【例6-14】 人力垂直运输土方深度3m，另加水平距离5m，试计算其运距。

【解】 人力运土运距＝3×7+5＝26（m）。

【例6-15】 推土机推土重车上坡，坡度8％，坡道长度30m，三类土。

【解】 运距＝30×1.75＝52.5（m）

$$[1-51]H \quad 4137 元/1000m^3。$$

（9）平整场地、沟槽、基坑和一般土石方的划分　厚度≤30cm的就地挖、填土按平整场地计算；底宽≤7m，且底长＞3倍底宽按沟槽计算；底长≤3倍底宽，且基坑底面积≤150m²按基坑计算。超出上述范围则为土、石方。

【例6-16】 某长方形建筑物，长25m，宽15m，试计算其人工平整场地的工程量。

【解】 平整场地工程量按建筑物外墙外边线每边各增加2m来计算面积。

$$S_平 = S_底 + 2L_外 + 16 = 25×15 + 2×(25×2 + 15×2) + 16 = 551.00（m^2）$$

【例6-17】 某建筑物底面为封闭的环"口"形，尺寸如图6-1所示，试计算其平整场地的工程量。

【解】

$$S_平 = S_底 + 2L_外（封闭环的内周边长 A' ≥ 4m, B' ≥ 4m）$$
$$= 10×7 - 8×5 + 2×(10 + 7 + 3 + 5)×2$$
$$= 150.00（m^2）$$

【例6-18】 一基础底部尺寸为30m×40m，埋深为−3.70m，如图6-2所示，基坑底部尺寸每边比基础底部放宽0.8m，原地面线平均标高为−0.530m，地下水位为−1.500m，已知−8.000m以上为黏质粉土，−8.000m以下为不透水黏土层，基坑开挖为四面放坡，边坡坡度为 1 : 0.25。采用轻型井点降水，试计算该基础的挖土方工程量。

【解】
$$V = [40 + 2 \times 0.8 + 0.25 \times (3.7 - 0.53)]$$
$$\times [30 + 2 \times 0.8 + 0.25 \times (3.7 - 0.53)]$$
$$\times (3.7 - 0.53) + \frac{1}{3} \times 0.25^2 \times (3.7 - 0.53)^3$$
$$= 4353.70 (\text{m}^3)$$

说明：采用井点降水的土方应按干土计算。

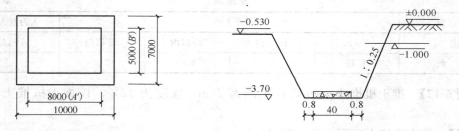

图 6-1 场地平整示意图   图 6-2 基坑示意图（单位：图）

（10）机械挖沟槽、基坑土方中如需人工辅助开挖（包括切边、修整底边），机械挖土按实挖土量计算，人工挖土土方量按实套相应定额乘以系数 1.25，挖土深度按沟槽、基坑总深确定，但垂直深度不再折合水平运输距离。

【例 6-19】 某排水工程沟槽开挖，采用机械开挖（沿沟槽方向），人工清底。土壤类别为三类，原地面平均标高 3.80m，设计槽坑底平均标高为 1.60m，设计槽坑底宽（含工作面）为 1.8m，沟槽全长 1km，机械挖土挖至基底标高以上 20cm 处，其余为人工开挖。试分别计算该工程机械及人工土方数量。

【解】 该工程土方开挖深度为 2.2m，土壤类别为三类，需放坡，查定额得放坡系数为 0.25。

土石方总量 $V_{总} = (1.8 + 0.25 \times 2.2) \times 2.2 \times 1000 \times 1.025 = 5299 (\text{m}^3)$

其中 人工辅助开挖量 $V_{人工} = (1.8 + 0.25 \times 0.2) \times 0.2 \times 1000 \times 1.025 = 379 (\text{m}^3)$

机械土方量 $V_{机械} = 5299 - 379 = 4920 (\text{m}^3)$

【例 6-20】 某道路工程需土方外运，运距为 6km，采用 12t 自卸汽车。试计算自卸汽车运土的定额基价。

【解】
$$定额基价 = [1 - 68] + [1 - 69] \times 5$$
$$= 5269 + 1264 \times 5$$
$$= 11589 (元/1000\text{m}^3)$$

（11）人工装土汽车运土时，汽车运土 1km 以内定额中自卸汽车含量乘以系数 1.10。

（12）挖土交接处产生的重复工程量不扣除。此处的挖土交接指不同沟槽管道十字或斜向交叉。但遇不同管道因走向相同，在施工过程中采用联合沟槽开挖的（如图 6-3 所示），土石方工程量应根据实际情况，按实计算。

（13）如在同一断面内遇有数类土壤，其放坡系数可按各类土占全部深度的百分比加权计算。

【**例 6-21**】 如图 6-4 所示，试计算放坡系数。

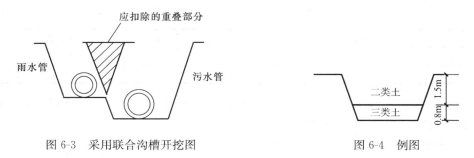

图 6-3 采用联合沟槽开挖图 　　　　　　　图 6-4 例图

【**解**】
$$k = \frac{1.5}{2.3} \times 0.5 + \frac{0.8}{2.3} \times 0.33 = 0.44$$

【**例 6-22**】 某沟槽开挖时，土质有二类土、三类土和四类土，沟槽长 200m，沟槽断面如图 6-5 所示，试计算其人工挖土工程量。

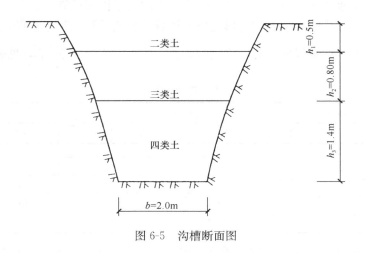

图 6-5 沟槽断面图

【**解**】
二类土放坡系数： $k_1 = 0.5$
三类土放坡系数： $k_2 = 0.33$
四类土放坡系数： $k_3 = 0.25$
则其综合放坡系数：

$$k = \frac{k_1 h_1 + k_2 h_2 + k_3 h_3}{\sum h} = \frac{0.5 \times 0.5 + 0.33 \times 0.8 + 0.25 \times 1.4}{0.5 + 0.8 + 1.4} = 0.32$$

$$V = (b + kh)hl$$
$$= [1.5 + 0.32 \times (0.5 + 0.8 + 1.4)] \times (0.5 + 0.8 + 1.4) \times 200$$
$$= 1276.56 (\text{m}^3)$$

（14）UPVC 管道铺设沟槽开挖底宽度，若设计中有规定的按设计规定计算，设计未明确的按下列规定计算：无支撑沟槽开挖，工作面按管道结构宽每侧加 30cm 计算；有支撑沟槽开挖，按表 6-5 计算。

有支撑沟槽开挖计算表　　　　　　　　　　　表 6-5

深度/m ＼ 管径/mm	DN1500	DN225	DN300	DN400	DN500	DN600	DN800	DN1000
≤3.00	800	900	1000	1100	1200	1300	1500	1700
≤4.00	—	1100	1200	1300	1400	1500	1700	1900
>4.00	—	—	—	1400	1500	1600	1800	2000

UPVC 管顶最大覆土高度为：$DN225 \sim 3.0m$；$DN300 \sim 3.5m$；$DN400 \sim 4.0m$。无支撑沟槽开挖时，槽底净宽 $B = D_外 + 600$。

(15) 沟槽回填工程量（m³），见公式：

$$V_{回填} = V_{挖} \times 1.025 - V_{应扣}$$

式中，$V_{应扣}$指各种管道、基础、垫层与构筑物所占体积。

6.1.1.3　土石方工程量的计算

1. 道路、排水工程土石方量计算

一般道路、排水工程土石方量按设计纵横断面图及平面图计算。

(1) 公式法　按横断面图上多边形近似值用数学公式计算出每个横断面的面积，再将相邻两个横断面平均后乘以两个断面之间的距离，$V = \dfrac{1}{2}(F_1 + F_2) \times L$，见表 6-6。

土方量计算表　　　　　　　　　　　表 6-6

桩　号	土方面积/m² 挖方	土方面积/m² 填方	平均面积/m² 挖方	平均面积/m² 填方	距离/m	土方量/m³ 挖方	土方量/m³ 填方
0+000	11.5	3.2					
0+050	14.8	0	13.15	1.60	50	657.5	80
0+090	8.2	6.1	11.50	3.05	40	460	122
0+135	13.4		10.80	3.05	45	486	137.25
合计			1603.5				339.55

【例 6-23】　桩号 0+000 的挖方横断面积为 11.5m²，填方横断面积为 3.2m²；0+050 的挖方横断面积为 14.8m²，填方横断面积为 0，见表 6-6，计算填挖方量。

【解】　$V_{挖方} = \dfrac{1}{2} \times (11.5 + 14.8) \times 50 = 657.5(m³)$

$V_{填方} = \dfrac{1}{2} \times (3.2 + 0) \times 50 = 80(m³)$

(2) 积距法　此种方法计算迅速，常为工程技术人员广泛采用，如图 6-6 所示，先将挖土方面积分为若干个宽度 L 相等的三角形或梯形，用两脚规量取各三角形、梯形的平均高度的累计值，将累计值乘以宽度 1，即得本断面的总面积。如果断面图画在坐标纸上，比例为 1:100，两脚规量取的累计高度在长尺上一量，长尺上的读数，就是本断面的面积。如图 6-3 所示，ad 至 h 的高度

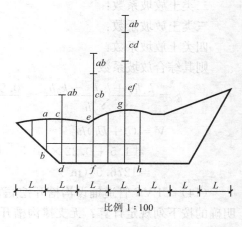

比例 1:100

图 6-6　积距法

为 6.3cm，它的面积就是 6.3cm²。如果该图的比例为 1：200，1cm 见方的格子面积为 4cm²，那么高度为 6.3cm 时，它的面积为 6.3×4＝25.2cm²。

$$A = (ab + cd + ef + hg + \cdots)L = 积距 \times L$$

式中　A——断面面积，m²；

　　　L——横断面所分划的等距宽度。

计算方法：先用两脚规量取 ab 长，随即移至 c 点，向上方量距等于 ab 长，固定上方的一脚，将在 c 点的小脚移至 d 点，即得 $ab+cd$ 长。用此法将整个断面量完，最后累计所得长度即为该断面之积距，并乘以 L，即为面积。

（3）计算道路路基（路槽）时，路基（路槽）宽度按设计要求计算，如设计无要求时，按道路结构宽度每边加宽 40cm 考虑。

（4）在排水工程上面接着做道路工程，挖土方、填土方不能重复计算或漏算，如图 6-7 所示。

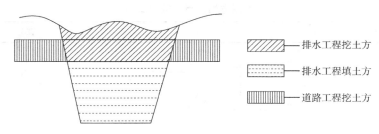

图 6-7　挖土方、填土方示意图

2. 广场及大面积场地平整或挖填方的计算

大面积挖填方一般采用方格网法计算，根据地形起伏情况或精度要求，可选择适当的方格网，有 5m×5m、10m×10m、20m×20m、50m×50m、100m×100m 的方格，方格分得小，计算的准确性就高，方格分得大，计算的准确性就差些。方格网法即可用实测，也可在图上进行。

在图上进行，就是用施工区域已有 1：500 或 1：1000 近期测定的比较准确的地形图，选择适当的方格按比例绘制到地形图上，按等高线求算每方格点地面高程（此过程相当于实测过程），然后按坐标关系将设计标高套到方格网上，也算出每方格点的设计高程，根据地面高和设计高，求出每点施工高，标出正负，以示挖填。地面高大于设计高的，为挖方；地面高小于设计高的，为填方。从方格点和方格边上找出挖填零点（即地面标高同设地标高相等，不挖不填的点）连接相邻零点，绘出开挖零点，据此用几何方法按每格（可能是整方格，也可能是三角形或五边形）所围面积乘以各角点的平均高，得每格体积，按挖填分别相加汇总即得总工程量。图 6-8 实测方格网的区别在于按坐标在现场放出方格网，用水准或三角高程测定每个方格点的地面高程，其余步骤均与上法（在地形图上定格网）相同。

计算零点边长公式如下：

$$x = \frac{ah_1}{h_1 + h_2}$$

计算方格挖填工程量，见表 6-7。

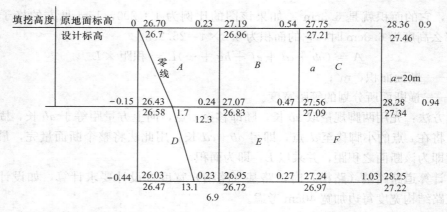

图 6-8　某工程挖填土方

常用方格网点计算公式　　　　　　　　　　　　　　　表 6-7

项　目	图　式	计算公式
一点填土方或挖土方（三角形）		$V = \dfrac{1}{2}bc\dfrac{\sum h}{3} = bch_3$ 当 $b=c=a$ 时，$V = \dfrac{a^2 h_3}{6}$
二点填土方或挖土方（梯形）		$V_+ = \dfrac{b+c}{2}a\dfrac{\sum h}{4} = \dfrac{a}{8}(b+c)(h_1+h_3)$ $V_- = \dfrac{b+e}{2}a\dfrac{\sum h}{4} = \dfrac{a}{8}(b+e)(h_2+h_4)$
二点填土方或挖土方（五角形）		$V = \left(a^2 - \dfrac{bc}{2}\right)\dfrac{\sum h}{5}$ $= \left(a^2 - \dfrac{bc}{2}\right)\dfrac{h_1+h_2+h_4}{5}$
二点填土方或挖土方（正方形）		$V = \dfrac{a^2}{4}\sum h = \dfrac{a^2}{4}(h_1+h_2+h_3+h_4)$

注：1. a——方格网的边长（m）；b、c——零点到一角的边长（m）；h_1、h_2、h_3、h_4——方格网四角点的施工高程（m），用绝对值代入；$\sum h$——填方或挖方施工高程的总和（m），用绝对值代入；V——挖方或填方体积（m³）。

2. 本表公式是按各计算图形底面积乘以平均施工高程而得出的。

【**例 6-24**】　如图 6-3 所示，计算某工程挖填土方工程量，方格网 20×20。

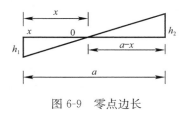

图 6-9 零点边长

【解】（1）计算零点位置（图 6-9）

方格 A：$h_1 = -0.15$，$h_2 = 0.24$，$a = 20$

代入式 $x = \dfrac{ah_1}{h_1 + h_2} = \dfrac{20 \times 0.15}{0.15 + 0.24} = 7.7$（m）

$$a - x = 20 - 7.7 = 12.3 \text{（m）}$$

方格 D：$x = \dfrac{20 \times 0.44}{0.44 + 0.23} = 13.1$（m），$a - x = 20 -$

13.1 = 6.9（m）

将各零点标示图上，并将零点线连接起来。

（2）计算土方量（表 6-8）

方格网土方量计算法   表 6-8

方格编号	底面图形及位置	挖方/m³	填方/m³
A	三角形（填）梯形（挖）	$\dfrac{20 + 12.3}{2} \times 20 \times \dfrac{0.23 + 0.24}{4} = 37.95$	$\dfrac{0.15}{3} \times \dfrac{20 \times 7.7}{2} = 3.85$
B	正方形	$\dfrac{20^2}{4}(0.23 + 0.24 + 0.47 + 0.54) = 148$	
C	正方形	$\dfrac{20^2}{4}(0.54 + 0.47 + 0.9 + 0.94) = 285$	
D	梯形	$\dfrac{12.3 + 6.9}{2} \times 20 \times \dfrac{0.15 + 0.44}{4} = 30.68$	$\dfrac{7.7 + 13.1}{2} \times 20 \times \dfrac{0.15 + 0.44}{4} = 30.68$
E	正方形	$\dfrac{20^2}{4}(0.24 + 0.23 + 0.47 + 0.27) = 121$	
F	正方形	$\dfrac{20^2}{4}(0.47 + 0.27 + 0.94 + 1.03) = 271$	
小计		885	34.53

3. 结构工程土石方计算

结构工程：如泵站、水厂、桥涵、地下通管、防洪堤防等工程深挖土方时，应有较完整的地质资料。深度、放坡系数、底部尺寸按设计图纸注明尺寸和要求开挖，如设计图未明确，按经设计单位、建设单位（甲方）审定后的施工组织设计计算。因施工方案不同，土方的工程量及工作量也有较大差异。

地槽坑挖土体积公式：

（1）地槽：
$$V = (B + KH + 2C)HL$$

有湿土时：
$$V_湿 = (B + KH_湿 + 2C)H_湿 L$$
$$V_干 = V - V_湿$$

（2）地坑：（方形）$V = (B + KH + 2C)(L + KH + 2C)H + \dfrac{K^2 H^3}{3}$

（圆形）$V = \dfrac{\pi H}{3}[(R + C)^2 + (R + C)(R + C + KH) + (R + C + KH)^2]$

（通用）$V = \dfrac{H}{6}(S_上 + S_下 + 4S_中)$

式中 V——挖土体积，m³；

B——槽坑底宽度，m；

R——坑底半径，m；

L——槽坑长度，m；

K——放坡系数；

C——工作面宽度，m；

H——槽坑深度，m。

【例 6-25】　某段 D500 钢筋混凝土管道沟槽（放坡）支护开挖如图 6-10 所示，已知混凝土基础宽度 $B_1=0.7$m，垫层宽 $B_2=0.9$m，沟槽长 $L=100$m，沟槽底平均标高 $h=1.000$m，原地面平均标高 $H=4.000$m。试分别计算该段管道沟槽挖方清单工程量、定额工程量、施工工程量。

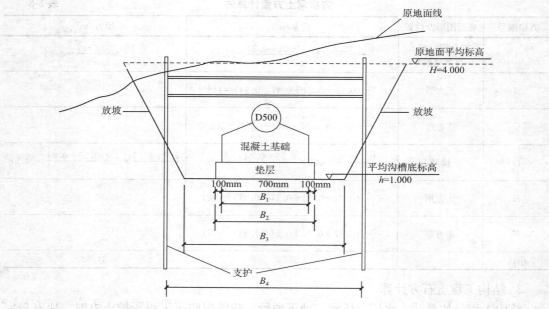

图 6-10　管道沟槽放坡（支护）开挖示意图

【解】　① 清单工程量

按"挖沟槽土方"清单项目工程量计算规定计算。

$$V = B_2L(H-h) = 0.9 \times 100 \times (4.000-1.000) = 270(\text{m}^3)$$

② 定额（报价）工程量

定额计价或综合单价分析计算时按定额时计算规则计算。当放坡开时，设边坡为 1：0.5，每侧工作面宽度为 0.5m。

$$沟槽底宽 B_3 = B_1 + 2 \times 0.5 = 1.7(\text{m})$$

$$V = [B_2 + m(H-h)](H-h)L$$

$$= [1.7 + 0.5 \times (4.000-1.000)] \times (4.000-1.000) \times 100$$

$$= 960(\text{m}^2)$$

当支护开挖时，沟槽底宽 $B_4 = B_1 + 2 \times 0.5 + 0.2 = 1.9$ （m）

$$V = B_4(H-h)L = 1.9 \times (4.000-1.000) \times 100 = 570(\text{m}^3)$$

③ 施工工程量

根据工程实际情况、施工方案确定的开挖方法、工作面宽度计算。根据现场情况，采用支护开挖，两侧工作面宽度为 0.45m，则

$$V = (0.7 + 2 \times 0.45) \times (4.000 - 1.000) \times 100 = 480 (\text{m}^3)$$

6.1.2 打拔工具桩

6.1.2.1 说明

（1）打拔桩土质类别根据《全国市政工程统一劳动定额》划分为甲、乙、丙三级土。定额仅列甲、乙两级土的打拔工具桩项目，如遇丙级土时，按乙级土的人工及机械乘以 1.43。

（2）定额中所指的水上作业，是以距岸线 1.5m 以外或者水深在 2m 以上的打拔桩。距岸线 1.5m 以内时，水深在 1m 以内者，按陆上作业考虑。如水深在 1m 以上 2m 以内者，其工程量则按水、陆各 50% 计算。岸线指施工期间最高水位时，水面与河岸的相交线。

（3）打拔工具桩均以直桩为准，如遇打斜桩（包括俯打、仰打）按相应定额人工、机械乘以系数 1.35。

【例 6-26】 水上柴油打桩机打圆木桩（斜桩），乙级土，桩长 5m，确定定额编号及基价。

【解】 $[1-172]H$ 基价 $= 3869 + (1158.12 + 1135.82) \times (1.35 - 1) = 4672$ （元/10m³）

【例 6-27】 水上卷扬机疏打槽型钢板斜桩，桩长 9m，乙级土，确定定额编号及基价。

【解】 $[1-162]H$ 基价 $= 2381 + 535.35 \times (1.35 \times 1.05 - 1) + 765.5 \times 0.35 = 2872$ （元/10m²）

【例 6-28】 水上卷扬机打拔圆木桩（斜桩），6m 长，乙类土，确定定额编号及基价。

【解】 打桩 $[1-154]H$ 基价 $= 3253 + (993.73 + 812.21) \times (1.35 - 1) = 3885.08$ （元/10m³）

拔桩 $[1-158]H$ 基价 $= 1461 + (888.38 + 572.18) \times (1.35 - 1) = 1972.20$ （元/10m³）

（4）简易打桩架、简易拔桩架均按木制考虑，并包括卷扬机。

（5）圆木桩按疏打计算，钢制桩按密打计算；如钢板桩需疏打时，按相应定额人工乘以 1.05 的系数。

（6）打拔桩架 90°调面及超运距移动已综合考虑。

（7）水上打拔工具桩按两艘驳船捆扎成船台作业，驳船捆扎和拆除费用按第三册《桥涵工程》相应定额执行。

（8）导桩及导桩夹木的制作、安装、拆除，已包括在相应定额中。

（9）拔桩后如需桩孔回填的，应按实际回填材料及其数量进行计算。如实际需用砂填充，拔圆木桩每 10m³ 增加中粗砂 7.29m³，人工 2.3 工日；拔槽型钢板桩每 10t 增加中粗砂 1.63m³，人工 0.63 工日。

（10）本册定额中，圆木和槽钢为摊销材料，其摊销次数及损耗系数分别为 15 次、1.053 和 50 次、1.064。如使用租赁的钢板桩，则按租赁费计算，计算公式为：

钢板桩使用费 ＝（钢板桩使用量×损耗量）×使用天数×钢板桩使用费标准［元／(t·d)］

考虑到钢板桩在实际施工中为可周转材料，故钢板桩使用量应为实际投入量，而非定额用量。钢板桩的实际投入量及使用天数应根据现场签证或施工记录进行确定。

（11）钢板桩和木桩的防腐费用等，已包括在其他材料费中。

6.1.2.2　工程量计算规则

（1）圆木桩按设计桩长 L（检尺长）和圆木桩小头直径 D（检尺经）查 "木材、立木材积速算表"，计算圆木桩体积。

（2）凡打断、打弯的桩，均需拔除重打，但不重复计算工程量。

（3）竖、拆打拔桩架次数，按施工组织设计规定计算。如无规定时按打桩的进行方向：双排桩每 100 延长米、单排桩每 200 延长米计算一次，不足一次者均各计算一次。

（4）打拔桩土质类别的划分，见打拔桩土质类别划分表。

6.1.3　围堰工程

6.1.3.1　说明

（1）围堰工程 50m 范围以内取土、砂、砂砾，均不计土方和砂、砂砾的材料价格。取 50m 范围以外的土方、砂、砂砾，应计算土方和砂、砂砾材料的挖、运或外购费用，另行处理，可按商品价格计价，也可按相应的挖、运、填土项目定额执行但应扣除定额中土方现场挖运的人工：55.5 工日／100m³ 黏土。定额括号中所列黏土数量为取自然土方数量，结算中可按取土的实际情况调整。

【例 6-29】　编织袋围堰（黏土外购 20 元／m³）人工每 100m³ 黏土 55.5 工日，确定定额编号及基价。

【解】　[1—182]H　基价＝6847＋93×20－93×0.555×43＝6488（元／100m³）

（2）围堰定额中的各种木桩、钢桩均按水上打拔工具桩的相应定额执行，数量按实计算。定额括号中所列打拔工具桩数量仅供参考。

（3）编织袋围堰定额中如使用麻袋装土围筑，应按麻袋的规格、单价换算，但人工、机械和其他材料消耗量按定额规定执行。

（4）围堰施工中若未使用驳船，而是搭设了栈桥，则应扣除定额中驳船费用而套用相应的脚手架子目。

（5）各种围堰定额均是按正常情况考虑的，如遇潮汛、洪汛，每过一次潮汛、洪汛，除执行围堰定额外，还应根据实际情况增加养护费用。

（6）定额围堰尺寸的取定

1）土草围堰的堰顶宽为 1～2m，堰高为 4m 以内。

2）土石混合围堰的堰顶宽为 2m，堰高为 6m 以内。

3）圆木桩混合围堰的堰顶宽为 2～2.5m，堰高为 5m 以内。

4）钢桩混合围堰的堰顶宽为 2.5～3m，堰高为 6m 以内。

5）钢板桩混合围堰的堰顶宽为 2.5～3m，堰高为 6m 以内。

6）竹笼围堰竹笼间黏土填心的宽度为 2～2.5m，堰高为 5m 以内。

7）木笼围堰的堰顶宽度为 2.4m，堰高为 4m 以内。

（7）筑岛填心子目是指在围堰围成的区域内填土、砂及砂砾石。

（8）双层竹笼围堰竹笼间黏土填心宽度超过 2.5m，则超出部分可套筑岛填心子目。

（9）施工围堰的尺寸按有关设计施工规范确定。堰内坡脚至堰内基坑边缘距离根据河床土质及基坑深度而定，但不得小于 1m。

6.1.3.2 工程量计算规则

（1）围堰工程分别采用立方米和延长米计量。

（2）用立方米计算的围堰工程按围堰的施工断面乘以围堰中心线的长度。

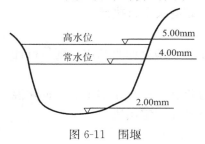

图 6-11 围堰

（3）以延长米计算的围堰工程按围堰中心线的长度计算。

（4）围堰高度按施工期内的最高临水面加 0.5m 计算（图 6-11）：

$$H_1 = 5.00 - 2.00 + 0.5 = 3.50 (\text{m})$$

如有淤泥 0.5m，则堰高应为 $H_2 = 3.5 + 0.5 = 4.00$（m）。

6.1.4 支撑工程

6.1.4.1 说明

（1）本章定额适用于沟槽、基坑、工作坑及检查井的支撑。

（2）挡土板间距不同时，不作调整。

（3）除槽钢挡土板外，本章定额均按横板、竖撑计算，如采用竖板、横撑时，其人工工日乘以系数 1.2。

（4）定额中挡土板支撑按槽坑两侧同时支撑挡土板考虑，支撑面积为两侧挡土板面积之和，支撑宽度为 4.1m 以内。如槽坑宽度超过 4.1m 时，其两侧均按一侧支撑挡土板考虑。按槽坑一侧支撑挡土板面积计算时，工日数乘以系数 1.33，除挡土板外，其他材料乘以系数 2。

【例 6-30】 某工程沟槽采用一侧密支撑木挡土板，其支撑高度为 1.5m，长度 40m，计算挡土板工程量。

【解】 其单面支撑挡土板工程量为 $1.5 \times 40 = 60$（m^2）

【例 6-31】 沟槽开挖，宽 4.5m，采用木挡土板（密撑、支撑）竖板横撑，确定定额编号及基价。

【解】 $[1-203]H$ 基价 $= 1532 + 689.72 \times (1.2 \times 1.33 - 1) + (826.25 - 0.395 \times 1000) \times (2-1) = 2374$（元）

或基价 $= 689.72 \times 1.2 \times 1.33 + 826.25 \times 2 - 0.395 \times 1000 = 2358$(元)

（5）放坡开挖不得再计算挡土板，如遇上层放坡、下层支撑则按实际支撑面积计算。

（6）钢桩挡土板中的槽钢桩设计以"吨"为单位，按第二章"打、拔工具桩"相应定额执行。

（7）如采用井字支撑时，按疏撑乘以系数 0.61。

【例 6-32】 （井字型）木挡土板，钢支撑，一侧支挡土板，确定定额编号及基价。

【解】 $[1-204]H$

基价 $= [1230 + 524.6 \times (1.33-1) + (688.99 - 1000 \times 0.395) \times (2-1) + 16.1]$

$$\times 0.61 = 1045.06(元/100\text{m}^2)$$

6.1.4.2　工程量计算规则

支撑工程按施工组织设计确定的支撑面积以"平方米"计算。

6.1.5　拆除工程

6.1.5.1　说明

（1）本章定额拆除均不包括挖土方，挖土方按本册第一章有关子目执行。

（2）机械拆除项目中包括人工配合作业。

（3）拆除后的旧料应整理干净就近堆放整齐。如需运至指定地点回收利用，则另行计算运费和回收价值。

（4）管道拆除要求拆除后的旧管保持基本完好，破坏性拆除不得套用本定额。拆除混凝土管道未包括拆除基础及垫层用工。基础及垫层拆除按本章相应定额执行。

（5）拆除工程定额中未考虑地下水因素，若发生则另行计算。

（6）人工拆除二渣、三渣基层应根据材料组成情况套无集料多合土或有集料多合土基层拆除子目；机械拆除二渣、三渣基层执行机械拆除混凝土类面层（无筋）子目。

6.1.5.2　工程量计算规则

（1）拆除旧路及人行道按实际拆除面积以"平方米"计算。

（2）拆除侧、平石及各类管道按长度以"米"计算。

（3）拆除构筑物及障碍物按其实体体积以"立方米"计算。

（4）伐树、挖树蔸按实挖数以"棵"计算。

（5）路面凿毛、路面铣刨按施工组织设计的面积以"平方米"计算。铣刨路面厚度大于5cm需分层铣刨。

6.1.6　脚手架及其他工程

6.1.6.1　说明

（1）脚手架定额中钢管脚手架已包括斜道及拐弯平分的搭设。砌筑物高度超过1.2m可计算脚手架搭拆费用。桥梁支架套用第三册《桥涵工程》中"桥梁支架"部分相应子目。

仓面脚手不包括斜道，若发生则另按建筑工程预算定额中脚手架斜道计算；但采用井字架或吊扒杆转运施工材料时，不再计算斜道费用。对无筋或单层布筋的基础和垫层不计算仓面脚手费。

（2）混凝土小型构件是指单件体积在0.04m³以内，质量在100kg以内的各类小型构件。

（3）小型构件、半成品均指现场预制或拌制，不适用于按成品价购入，如预制人行道板、商品混凝土等。

（4）湿土排水费用按所挖湿土方量套定额进行计算，抽水工程量按所需或实际的排水量进行计算。湿土排水定额包括了沟槽、基坑土方开挖期间的所有排水，抽水定额适用于池塘、河道、围堰等排水项目。

（5）抽水定额适用于池塘、河道、围堰等排水项目。

（6）井点降水项目适用于地下水位较高的粉砂土、砂质粉土、黏质粉土或淤泥质夹薄层砂性土的地层。如采用其他降水方法如深井降水、集水井排水等，施工单位可自行补充。

（7）井点降水：轻型井点、喷射井点、大口径井点的采用由施工组织设计确定。一般情况下，降水深度 6m 以内采用轻型井点，6m 以上 30m 以内采用相应的喷射井点，特殊情况下可选用大口径井点。井点使用时间按施工组织设计确定。喷射井点定额包括两根观察孔制作。喷射井管包括了内管和外管。井点材料使用摊销量中已包括井点拆除时的材料损耗量。

井点间距根据地质和降水要求由放工组织设计确定，一般轻型井点管间距为 1.2m，喷射井点管间距为 2.5m，大口径井点管间距为 10m。

（8）井点降水过程中，如需提供资料，则水位监测和资料整理费用另计。

（9）井点降水成孔过程中产生的泥水处理及挖沟排水工作应另行计算。遇有天然水源可用时，不计水费。

（10）井点降水必须保证连续供电，在电源无保证的情况下，使用备用电源的费用另计。

6.1.6.2 工程量计算规则

（1）脚手架工程量按墙面水平边线长度乘以墙面砌筑高度以"平方米"计算。柱形砌体按图示柱结构外围周长另加 3.6m 乘以砌筑高度以"平方米"计算。浇筑混凝土用仓面脚手按仓面的水平面积以"平方米"计算。

（2）小型构件、半成品运输距离按预制、加工场地取料中心至施工现场堆放使用中心的距离计算。

（3）湿土排水工程量按所挖湿土方量进行计算，抽水工程量按所需或实际的排水量进行计算。

（4）轻型井点 50 根为一套；喷射井点 30 根为一套；大口径井点以 10 根为一套。井点使用定额单位为（套，天），一天系按 24h 计算。除轻型井点外，累计根数不足一套者按一套计算；轻型井点尾数 25 根以内的按 0.5 套，超过 25 根的按一套计算。井管的安装、拆除以"根"计算。井点使用天数按施工组织设计规定或现场签证认可的使用天数确定，编制标底时可参考表 6-9 计算。

排水管道采用轻型井点降水使用周期　　　表 6-9

管径（mm 以内）	开槽埋管（天/套）	管径（mm 以内）	开槽埋管（天/套）
600	10	1500	16
800	12	1800	18
1000	13	2000	20
1200	14		

注：UPVC 管开槽埋管，按上表使用量乘以系数 0.7 计算。

（5）彩钢板施工护栏定额子目分基础及护栏，按其垂直投影面积以"平方米"计算。定额中彩钢板摊销按 5 次考虑，护栏基础为单面水泥砂浆粉刷。

【例 6-33】　轻型井点总管长度为 288m，求井点管套数。

【解】　288÷60＝4.8（套），取 5 套。

【例 6-34】 开槽埋管　$D_1 = 1200mm$、$L_1 = 130m$

$$D_2 = 1000mm、\quad L_2 = 170m$$

$$D_3 = 800mm、\quad L_3 = 80m，\quad 求井点管套天数。$$

【解】 $\sum L = L_1 + L_2 + L_3 = 130 + 170 + 80 = 380$（m）

井点根数：$330 \div 1.2 = 317$（根），

井点使用：$317/50 = 6.3$（套），

取 7 套或 $330/60 = 6.3$（套），

井点使用套天计算

$$D_3 = 800mm，\quad 80/60 = 1.3(套)，\quad 1.3 \times 12 = 15.6(套·天)，$$

$$D_2 = 1000mm，\quad 170/60 = 2.8(套)，\quad 2.8 \times 13 = 36.4(套·天)，$$

$$D_1 = 1200mm，\quad 7 - 1.3 - 2.8 - 2.9(套)，\quad 2.9 \times 14 = 40.6(套·天)$$

$$\sum = 92.6(套·天)$$

按 93 套天计算。

6.1.7　护坡、挡土墙

6.1.7.1　说明

(1) 本章适用于市政工程道路、城市内河的护坡和挡土墙工程。

(2) 石笼以钢筋和钢丝制作，每个体积按 $0.5m^3$ 计算，设计的石笼体积或制作材料不同时，可按实调整。

(3) 挡土墙工程需搭脚手架的执行脚手架定额。

(4) 块石如需冲洗时（利用旧料），每立方米块石增加人工 0.24 工日，水 $0.5m^3$。

(5) 护坡、挡土墙的基础、钢筋可套用第三册《桥涵工程》相应子目。

6.1.7.2　工程量计算规则

(1) 抛石工程量按设计断面以"立方米"计算。

(2) 块石护底、护坡按不同平面厚度以"立方米"计算。

(3) 块石护脚砌筑高度超过 1.2m 需搭设脚手架时，可按脚手架工程相应项目计算，块石护脚在自然地面以下砌筑时，不计算脚手架费用。

(4) 浆砌料石、预制块的体积按设计断面以"立方米"计算。

(5) 浆砌台阶以设计断面的实砌体积计算。

(6) 砂石滤沟按设计尺寸以"立方米"计算。

(7) 伸缩缝按缝宽以实际铺设的平方面积计算。

【例 6-35】 如图 6-12 所示，见表 6-10 计算挡土墙各部位结构的工程量、挡墙基坑挖方量及余土外运量。

(1) 挡土墙各部位结构工程量

$$挡土墙平均高度\ H = \frac{\sum A}{\sum L} = \frac{171.5 + 118.63}{91 + 91} = 1.6(m)$$

1) 碎石垫层：$H = 1.6m$，用插入法计算 $B = (1.43 - 1.17)/5 \times 1 + 1.17 = 1.22$（m）

$$垫层体积 = (1.22 + 0.4) \times 0.2 \times 182 = 58.97(m^3)$$

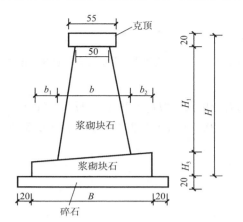

H	100	150	200	250
b_1	0	15	20	30
b_2	6	13	17	21
b	77	89	106	127
B	83	117	143	173
H_1	63	90	130	167
H_2	0	25	30	48
H_3	17	40	50	63

图 6-12　挡土墙

表 6-10

挡墙设置桩号	墙高 H/m	平均墙高/m	间距 L/m	断面积 A
3+224	1.5	1.5	16	1.5×16＝24
240	1.5	1.25	20	1.25×20＝25
260	1.0	1.75	20	1.75×20＝35
280	2.5			
300	2.5	2.5	20	2.5×20＝50
3+315	2.5	2.5	15	2.5×15＝37.5

$$\sum：L＝91\text{m}$$
$$A＝171.5\text{m}^2$$

3+319	1.0	1.0	21	21
340	1.0	1.5	20	30
360	2.0	1.75	15.79	27.63
375.79	1.5			
398.94	1.0	1.25	23.15	28.94
410	1.0	1.0	11.06	11.06

$$\sum：L＝91\text{m}$$
$$A＝118.63\text{m}^2$$

2）浆砌块石基础：内插法 $H_2＝0.26\text{m}$　$H_3＝0.42\text{m}$

$$(0.26＋0.42)/2×1.22×182＝75.49（\text{m}^3）$$

3）墙身：$H_1＝0.98\text{m}$　$b_1＝0.16\text{m}$　$b_2＝0.138\text{m}$

$$(0.5＋0.92)/2×0.98×182＝126.64（\text{m}^3）$$

4）克顶：$0.55×0.2×182＝20.02（\text{m}^3）$

5）水泥砂浆勾缝（挡墙侧面积——暴露部分）

平均高1m的挡墙长度：　　　　21＋11.06＝32.1（m）

平均高1.25m的挡墙长度：　　43.2m

平均高1.5m的挡墙长度：　　　36m

平均高 1.75m 的挡墙长度：　　35.8m

平均高 2.5m 的挡墙长度：　　35m

勾缝：$\sum = 0.63 \times 31.06 + 0.9 \times 36 + 1.67 \times 35 + 0.77 \times 43.2 + 1.1 \times 35.8 = 183$（m²）

6）沉降缝计算　$\overline{H} = 1.6$m

$b_1 = 16$cm，$b_2 = 14$cm，$b = 92$cm，$B = 122$cm，$H_1 = 98$cm，$H_2 = 26$cm，$H_3 = 42$cm

每条沉降缝断面积：$(0.26 + 0.42)/2 \times 1.22$（基）$+ (0.5 + 0.92)/2 \times 0.98$（墙）$+ 0.55 \times 0.2$（顶）$= 1.22$（m²）

每 15m 设一条沉降缝：$(91/15 - 1) \times 2 = 10$（条）

沉降缝面积：$1.22 \times 10 = 12.2$（m²）

（2）基坑挖方量

$$V = \frac{H}{b}[ab + (a + c)(b + d) + cd]$$

挖土方深度 $= (H_3 + H_2)/2 + 0.2 = (0.26 + 0.42)/2 + 0.2 = 0.54$(m)

按二类土：$K = 0.5$，工作面 0.5m，排水沟 0.25m

$$b = B + 0.5 \times 2 + 0.25 \times 2 = 2.72(\text{m})$$
$$a = 182 + 0.5 \times 2 + 0.25 \times 2 = 183.5(\text{m})$$
$$c = a + 2KH = 183.5 + 2 \times 0.5 \times 0.54 = 184.04(\text{m})$$
$$d = b + 2KH = 2.72 + 2 \times 0.5 \times 0.54 = 3.26(\text{m})$$

$V = \dfrac{0.54}{6} \times [183.5 \times 2.72 + (183.5 + 184.04)(2.72 + 3.26) + 184.04 \times 3.26]$

　　$= 296.73(\text{m}^3)$

（3）余土外运

碎石垫层 + 浆砌块石基础 $= 58.97 + 75.49 = 134.46(\text{m}^3)$

回填土 $= 296.73 - 134.46 = 162.27(\text{m}^3)$

分段计算法

1）碎石垫层：$(0.83 + 0.4) \times 0.2 \times 32.1 = 7.9$（m³）

　　　　　　$(1.17 + 0.4) \times 0.2 \times 36 = 11.3(\text{m}^3)$

　　　　　　$(1.73 + 0.4) \times 0.2 \times 35 = 14.91(\text{m}^3)$

　　　　　　$(1 + 0.4) \times 0.2 \times 43.2 = 12.1(\text{m}^3)$

　　　　　　$(1.3 + 0.4) \times 0.2 \times 35.8 = 12.17(\text{m}^3)$

　　　　　　　　$\sum = 58.4(\text{m}^3)$

2）浆砌块石基础：$(H_2 + H_3)/2BL$

　　　　　　$(0 + 0.17)/2 \times 0.83 \times 32.1 = 2.26(\text{m}^3)$

　　　　　　$(0.25 + 0.4)/2 \times 1.17 \times 36 = 13.69(\text{m}^3)$

　　　　　　$(0.48 + 0.63)/2 \times 1.73 \times 35 = 33.61(\text{m}^3)$

　　　　　　$(0.13 + 0.29)/2 \times 1.0 \times 43.2 = 9.07(\text{m}^3)$

　　　　　　$(0.28 + 0.45)/2 \times 1.3 \times 35.8 = 16.99(\text{m}^3)$

　　　　　　　　$\sum = 75.62(\text{m}^3)$

3) 墙身(克顶+b) H_1L：$(0.5+0.77)/2×0.63×32.1=12.84$（$m^3$）

$$(0.5+0.89)/2×0.9×36=22.52(m^3)$$
$$(0.5+1.22)/2×1.67×35=50.27(m^3)$$
$$(0.5+0.83)/2×0.765×43.2=21.98(m^3)$$
$$(0.5+0.975)/2×1.1×35.8=29.04(m^3)$$
$$\sum=136.65(m^3)$$

6.2 土石方工程清单项目及清单编制

6.2.1 土石方工程清单项目设置及清单项目适用范围

1. 土石方工程清单项目设置

《市政工程工程量计算规范》（GB 50857—2013）附录 A 土石方工程中，设置了 4 个小节共 10 个清单项目：挖一般土方、挖沟槽土方、挖基坑土方、暗挖土方、挖淤泥流砂、挖一般石方、挖沟槽石方、挖基坑石方、回填方、余方弃置。

2. 清单项目适用范围

（1）挖沟槽、基坑、一般土（石）方清单项目的适用范围如下所述。

① 底宽 7m 以内、底长大于底宽 3 倍以上应按挖沟槽土（石）方计算。

② 底长小于底宽 3 倍以下，底面积在 150m^2 以内应按挖基坑土（石）方计算。

③ 超过以上范围，应按挖一般土（石）方计算。

（2）暗挖土方清单项目适用于在土质隧道、地铁中除用盾构掘进和竖井挖土方外的其他方法挖洞内土方。

（3）填方清单项目适用于各种不同的填筑材料的填方。

6.2.2 土石方工程清单项目工程量计算规则

1. 挖一般土（石）方

工程量计算规则按设计图示开挖线以体积计算，即按原地面线与设计图示开挖线之间的体积计算。

常见的市政道路工程、大面积场地的挖方通常属于挖一般土（石）方，道路工程一般挖土（石）方工程量可采用横截面法进行计算，大面积场地挖方工程量可采用方格网法进行计算。

（1）横截面法

常见的市政道路工程路基横截面形式有填方路基、挖方路基、半填半挖路基和不填不挖路基，如图 6-13 所示。

根据路基横截面图（道路逐桩横断面图）可以计算每个截面处的挖方面积，取两邻截面挖方面积的平均值乘以相邻截面之间的中心线长度计算相邻两截面间的挖方工程量，合计可得整条道路的挖方工程量。

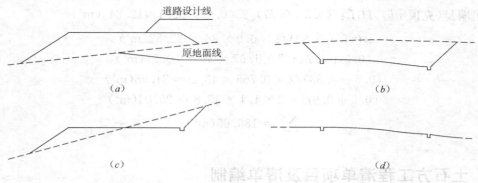

图 6-13　路基横截面形式

(a) 路堤（填方路基）；(b) 路堑（挖方路基）；(c) 半填半挖路基；(d) 不填不挖路基

$$V = \sum \frac{(F_i + F_j)}{2} \times L_{ij} \tag{6-1}$$

式中　V——道路挖方总体积；

　F_i、F_j——道路相邻两截面的挖方面积；

　　L_{ij}——道路相邻两截面的中心线长度。

横截面法又称为积距法。在计算时，通常可利用道路工程逐桩横断面图或土方计算表进行土（石）方工程量的计算。

（2）方格网法

方格网法计算挖（填）方量的步骤如下。

1）根据场地大小，将场地划分为 10m×10m 或 20m×20m 的方格网。将各方格网及方格网各角点分别加以编号。方格网编号可标注在中间；角点编号标注在角点左下方。

2）在方格网各角点右上方标注原地面标高、在方格网各角点右下方标注设计路基标高，并计算方格网各角点的施工高度，并将其标注在角点左上方。

施工高度 ＝ 原地面标高 － 设计路基（开挖线）标高

计算结果为正数需挖方；计算结果为负数需填方。

3）计算确定每个方格网各条边零点的位置，并将相邻两边的零点连接得到零点线，将各方格网挖方、填方区域进行划分。

零点：施工高度为 0 的点，即方格网边上不填不挖的点。

4）计算各方格网挖方或填方的体积。

$$V = F \times H \tag{6-2}$$

式中　V——各方格网挖方或填方的体积；

　F——各方格网挖方或填方部分的底面积；

　H——各方格网挖方或填方部分的平均挖深或填高。

5）合计各方格网挖方或填方的体积，可得到整个场地的挖方或填方工程量。

2. 挖沟槽土（石）方

工程量计算规则按（设计图示尺寸以基础垫层底面积）乘以挖土深度（原地面平均标高至沟槽底平均标高的高度）以体积计算。

常见的市政排水管道工程的挖方一般属于挖沟槽土（石）方，工程量计算时，根据管道管径大小、管道基础形式、挖土深度将管道划分成若干管段，分段计算挖方量并合计，如图 6-14 所示。

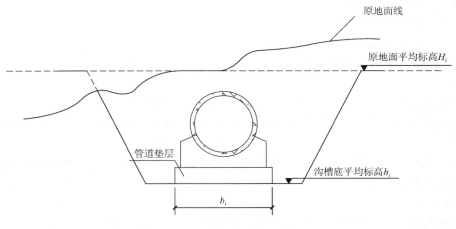

图 6-14　沟槽挖方示意图

$$V = \sum l_i \times b_i \times (H_i - h_i) \tag{6-3}$$

式中　V——沟槽挖方体积（清单工程量）；

$\quad\quad$ l_i——各管段管道垫层长度，取各管段管道中心线的长度；

$\quad\quad$ b_i——各管段管道垫层宽度；

$\quad\quad$ H_i——各管段范围内原地面平均标高；

$\quad\quad$ h_i——各管段范围内沟槽底平均标高。

由于管道沟槽挖方计算时管道垫层长度按管道中心线的长度计算，所以排水管道中各种井的井位处挖方清单工程量计算时，需扣除与管道挖方重叠部分的土方量。

3. 挖基坑土（石）方

工程量计算规则按（按设计图示尺寸以基础垫层底面积）乘以挖土深度（原地面平均标高至基坑底平均标高的高度）以体积计算。

常见的市政桥梁工程的挖方一般属于挖基坑土（石）方，如图 6-15 所示。

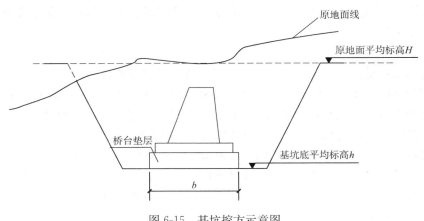

图 6-15　基坑挖方示意图

$$V = a \times b \times (H - h) \tag{6-4}$$

式中　V——基坑挖方体积；

a——桥台垫层长度；

b——桥台垫层宽度；

H——桥台原地面平均标高；

h——桥台基坑底平均标高。

4. 回填方

道路工程填方工程量的计算规则按设计图示尺寸以体积计算。

道路工程填方工程量可采用横截面法进行计算；大面积场地填方工程量可采用方格网法进行计算，计算方法同挖一般土（石）方工程量的计算。

沟槽、基坑填方工程量按挖方清单项目工程量减基础、构筑物埋入体积加原地面线至设计要求标高间的体积计算。

5. 余方弃置

工程量按挖方清单项目工程量减利用回填方体积（正数）计算。

土石方工程量的计算按照计价方法、计价阶段、计价目的的不同，可分为土石方清单工程量、定额（报价）工程量、施工工程量。

（1）清单工程量

清单工程量按照《建设工程工程量清单计价规范》清单工程量计算规则计算，计算的范围以设计图样为依据，用于工程量清单编制和计价。

（2）定额工程量

定额工程量按《市政工程预算定额》规定的工程量计算规则计算，以设计图样为基础，结合施工方法、定额规定进行计算，用于定额计价及清单计价中综合单价分析计算。

（3）施工工程量

施工工程量根据施工组织设计确定的施工方法、技术措施，按实际的范围、尺寸及相关的影响因素计算，用于清单计价综合单价的分析。挖方时的临时支撑围护、安全所需的放坡和工作面所需的加宽部分的挖方，在综合单价中一并考虑。

【例6-36】　某段D500钢筋混凝土管道沟槽（放坡）支护开挖如图6-16所示，已知混凝土基础宽度$B1 = 0.7$m，垫层宽$B2 = 0.9$m，沟槽长$L = 100$m，沟槽底平均标高$h = 1.000$m，原地面平均标高$H = 4.000$m。试分别计算该段管道沟槽挖方清单工程量、定额工程量、施工工程量。

【解】

（1）清单工程量：按挖沟槽土方清单项目工程量计算规则计算。

$$V = B2 \times L \times (H - h) = 0.9 \times 100 \times (4.000 - 1.000) = 270(\text{m}^3)$$

（2）定额工程量：定额计价或综合单价分析计算时按定额的计算规则计算。

当放坡开挖时，设边坡为1∶0.5，每侧工作面宽度为0.5m

沟槽底宽　　　　　　$B3 = B1 + 2 \times 0.5 = 1.7(\text{m})$

$$\begin{aligned}V &= [B3 + m(H - h)] \times (H - h) \times L \\ &= [1.7 + 0.5 \times (4.000 - 1.000)] \times (4.000 - 1.000) \times 100 \\ &= 960(\text{m}^3)\end{aligned}$$

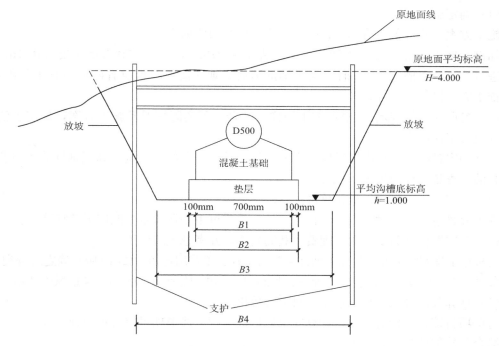

图 6-16　管道沟槽放坡（支护）开挖示意图

当支护开挖时，沟槽底宽 $B4 = B1 + 2 \times 0.5 + 0.2 = 1.9$（m）

$$V = B4 \times (H - h) \times L = 1.9 \times (4.000 - 1.000) \times 100 = 570（\text{m}^3）$$

（3）施工工程量：根据工程实际情况、施工方案确定的开挖方法、工作面宽度计算。根据现场实际情况，采用支护开挖，两侧工作面宽度为 0.45m，则

$$V = (0.7 + 2 \times 0.45) \times (4.000 - 1.000) \times 100 = 480（\text{m}^3）$$

从例 6-36 可以看出：如果同一个施工项目的清单工程量计算规则与定额工程量计算规则不同，计算得到该项目的清单工程量与定额工程量是不同的。在计算项目工程量之前，应先区分清楚是计算清单工程量，还是计算定额工程量，然后按照相应的计算规则进行计算。

6.3　土石方工程清单计价

土石方工程工程量清单计价的程序为分部分项工程量清单计价→措施项目清单计价→其他项目清单计价→工程合价。

6.3.1　分部分项工程量清单计价

分部分项工程量清单计价应根据招标文件中分部分项工程量清单进行。由于分部分项工程量清单是不可调整的闭口清单，分部分项工程量清单与计价表中各清单项目的项目名称、项目编码、工程数量必须与分部分项工程量清单完全一致。

分部分项工程量清单计价的关键是确定分部分项工程量清单项目的综合单价。

分部分项工程量清单计价的步骤如下所述。

（1）确定施工方案。

施工方案是确定各个清单项目的组合工作内容的依据之一。

如例 6-36 中，挖沟槽土方清单项目工程量为 270m³，施工方案考虑主要采用 1m³ 挖掘机进行挖土，距槽底 30cm 时用人工辅助清底。则该清单项目应有两项组合工作内容：人工挖土方、机械挖土方。

（2）参照《计算规范》，根据施工图样、结合工程实际情况及施工方案，确定各清单项目的组合工作内容。

（3）确定各组合工作内容对应的定额子目，并根据定额工程量计算规则计算各组合工作内容的工程量，称为报价工程量。

（4）确定人工、材料、机械单价。

在工程量清单计价时，人工、材料、机械单价可由企业自主参照市场信息确定。

（5）确定取费基数及企业管理费、利润费率，并考虑风险费用。

先根据工程实际情况，参照《浙江省建设工程施工费用定额》（2010 版）确定工程类别，然后参照《费用定额》确定企业管理费、利润费率，并根据企业自身情况考虑风险费用。

（6）计算分部分项工程量清单项目综合单价。

清单项目综合单价需计算，计算完成后形成工程量清单项目综合单价计算表。

综合单价的计算步骤如下。

1）表格中依次填入清单项目名称及其组合工作内容的名称。

2）在清单项目行填入：清单项目编码、清单计量单位、清单工程量。

3）在各组合工作内容行填入：组合工作内容对应的定额子目、定额计量单位、报价工程量；1 个规定定额计量单位的人工费、材料费、机械费。

如果直接套用定额，1 个规定定额计量单位的人工费、材料费、机械费就等于定额子目基价中的人工费、材料费、机械费；如果是换算套用定额，则应对定额子目基价中的人工费、材料费、机械费进行换算。

4）计算各组合工作内容 1 个规定定额计量单位的企业管理费、利润、风险费用，并填写在相应的表格位置。

5）合计清单项目各组合工作内容的人工费，除以清单工程量，计算出 1 个规定计量单位清单项目的人工费。

各组合工作内容的人工费等于该组合工作内容 1 个定额计量单位的人工费乘以其工程量。

6）按同样的方法计算出按同样的方法计算出 1 个规定计量单位清单项目的材料费、机械使用费、企业管理费、利润、风险费用。

7）合计 1 个规定计量单位清单项目的人工费、材料费、机械使用费以及企业管理费、利润、风险费用，即为该清单项目的综合单价。

（7）分部分项工程量清单费用计算。

分部分项工程量清单项目综合单价计算完成后，可进行分部分项工程量清单费用的计算，形成分部分项工程量清单与计价表。

$$分部分项工程量清单项目费 = \sum 分部分项工程量清单项目合价$$

$$= \sum (分部分项工程量清单项目的工程数量 \times 综合单价) \qquad (6-5)$$

6.3.2 措施项目清单计价

措施项目清单计价应根据招标文件提供的措施项目清单进行。由于措施项目清单是可调整的清单，所以在措施项目清单计价时，企业可根据工程实际情况、施工方案等增列措施项目。

措施项目清单计价分为施工组织措施项目计价和施工技术措施项目计价。

1. 施工技术措施项目计价

由于措施项目清单只列项，没有提供施工技术措施项目的工程量，故需计算措施项目工程量及其综合单价后，才能进行措施项目清单计价。

施工技术措施清单项目工程量计算及其综合单价的计算确定，是措施项目清单计价的关键。

施工技术措施项目清单计价的步骤如下。

(1) 参照措施项目清单，根据工程实际情况及施工方案，确定施工技术措施清单项目。

如上例中施工方案考虑道路挖方主要采用挖掘机施工、人工辅助开挖，填方采用压路机碾压密实，水泥混凝土路面浇筑时采用钢模板。所以，该道路工程施工时，施工技术措施项目有挖掘机、压路机等大型机械进出场及安拆、混凝土模板（包括模板安、拆及模板回库维修费、场外运费）。

需注意的是，施工技术措施清单项目的计量单位一般为"项"、工程数量为"1"。

(2) 参照《计算规范》，结合施工方案，确定施工技术措施清单项目所包含的工程内容及其对应的定额子目，按定额计算规则计算施工技术措施项目的报价工程量。

如例 6-36 中挖掘机、压路机进出场按施工方案各考虑 1 个台次，混凝土模板按定额计算规则计算模板与路面混凝土的接触面积。

(3) 确定人工、材料、机械单价。

人工、材料、机械单价可由企业自主参照市场信息确定。

(4) 确定企业管理费、利润费率，并考虑风险费用。

先确定工程类别，然后参照《费用定额》确定企业管理费、利润费率，并根据企业自身情况考虑风险费用。

(5) 计算施工技术措施清单项目综合单价。

施工技术措施清单项目综合单价计算方法与分部分项工程量清单项目综合单价计算方法相同。

计算完成后形成措施项目清单综合单价计算表。

(6) 合计施工技术措施清单项目费用。

施工技术措施清单项目费 $= \sum$ 施工技术措施清单项目合价

$$= \sum (施工技术措施清单项目的工程数量 \times 综合单价) \qquad (6-6)$$

计算完成后形成施工技术措施项目清单与计价表。

2. 施工组织措施项目计价

施工组织措施项目计价步骤如下。

（1）计算取费基数。

取费基数＝分部分项工程量清单项目费中的人工费＋分部分项工程量清单项目费中的机械费＋施工技术措施项目清单费中的人工费＋施工技术措施项目清单费中的机械费。

（2）根据工程实际情况、参照《费用定额》确定各项施工组织措施的费率。

（3）计算各项组织措施费用、合计。

$$施工组织措施清单项目费 = \sum 各项施工组织措施费$$
$$= \sum （取费基数 \times 各项施工组织措施费费率） \tag{6-7}$$

计算完成后，形成施工组织措施项目清单与计价表。

3. 措施项目清单计价

合计施工技术措施清单项目费用、施工组织措施清单项目费用，形成措施项目清单计价表。

6.3.3　其他项目清单计价

其他项目清单与计价表中各项费用按如下计算或填写：

（1）表中暂列金额应按招标人提供的暂列金额明细表的数额填写。

（2）表中专业工程暂估价金额应按招标人提供的专业工程暂估价表的数额填写。

（3）表中总承包服务费金额应按总承包服务费计价表中的合计金额填写。

（4）表中计日工金额应按计日工表中的合计金额填写。

（5）计日工表。

① 表头的工程名称以及表中的序号、名称、计量单位、数量应按业主提供的计日工表的相应内容填写。

② 表中的综合单价参照分部分项工程量清单项目综合单价的计算方法确定。

③ 表中合价＝数量×综合单价。

6.3.4　工程合价

按《费用定额》规定的费用计算程序计算规费、税金，并计算工程造价。

（1）规费＝取费基数×费率　　　　　　　　　　　　　　　　　　　　　　　　　　（6-8）

规费的取费基数与施工组织措施费的取费基数相同。

规费费率根据工程情况按照《费用定额》规定计取。

（2）税金＝（分部分项工程量清单项目费＋措施项目清单费＋其他项目清单费＋规费）
　　　　　×费率　　　　　　　　　　　　　　　　　　　　　　　　　　　　（6-9）

税金费率根据《费用定额》规定计取。

（3）工程造价＝分部分项工程量清单项目费＋措施项目清单费＋其他项目清单费
　　　　　＋规费＋税金　　　　　　　　　　　　　　　　　　　　　　　　（6-10）

6.4　土石方工程定额计量与计价及工程量清单计量与计价实例

土石方工程通常是市政道路、排水、桥涵工程的组成部分，土石方计量与计价实际上是道路、排水、桥涵等市政工程计量与计价的一部分。因而，土石方工程计量与计价必须结合具体的工程项目予以考虑。

本节以道路工程土石方为例，分别介绍定额计价模式、工程量清单计价模式下土石方工程的计量与计价。

【例 6-37】 某市 HCDL 道路土方工程，起讫桩号为 1＋540～1＋840，设计路基宽度为 30m，该路段内有填方，也有挖方，土方计算见表 6-11。土质为三类土，余方要求外运至 5km 处的弃置点，填方密实度要求达到 95％。试分别按定额计价模式、清单计价模式进行该道路土方工程计量与计价。

土方计算表 表 6-11

桩　号	距离/m	填土			挖土		
		断面积/m²	平均断面积/m²	体积/m³	断面积/m²	平均断面积/m²	体积/m³
1＋540		0.017			24.509		
	20		0.026	0.520		26.977	539.540
1＋560		0.035			29.444		
	20		0.033	0.660		30.583	611.660
1＋580		0.031			31.721		
	20		0.495	9.890		30.489	609.780
1＋600		0.958			29.256		
	20		1.311	26.210		27.996	559.920
1＋620		1.663			26.735		
	20		1.756	35.110		25.399	507.980
1＋640		1.848			24.062		
	20		2.283	45.650		23.116	462.320
1＋660		2.717			22.169		
	20		1.195	43.900		22.013	440.260
1＋680		1.673			21.857		
	20		0.942	18.840		23.070	461.400
1＋700		0.211			24.383		
	20		0.108	2.160		25.206	504.120
1＋720		0.005			26.128		
	20		0.003	0.060		27.267	545.340
1＋740		0.000			28.406		
	20		0.000	0.000		29.985	599.700
1＋760		0.000			31.563		
	20		0.000	0.000		33.312	666.240
1＋780		0.000			35.061		
	20		0.000	0.000		36.738	734.760
1＋800		0.000			38.414		
	20		0.000	0.000		37.665	753.300
1＋820		0.000			36.916		
	20		0.006	0.120		35.539	710.780
1＋840		0.011			34.162		
合　计		183.120			8707.100		

6.4.1 定额计价模式下土方工程计量与计价

1. 确定施工方案

（1）挖土：主要采用挖掘机挖土并装车，机械作业不到的地方用人工开挖，人工挖方量按总挖方量的 5％考虑；用机动车翻斗车运土进行场地土方平衡，由土方计算表可知土方平衡场内运距在 300m 内。

（2）填土：采用内燃压路机碾压密实，每层厚度不超过 30cm，并分层检验密实度，保证每层密实度≥95％。

（3）余方弃置：采用自卸汽车运土，运距 5km。人工所挖土方如需外运，用人工将土方装至自卸汽车。

2. 人材机单价及管理费、利润费率的取定

(1) 例 6-37 中的工程按《浙江省市政工程预算定额》(2010 版) 进行综合单价分析，人工、材料、机械台班单价按定额单价取定。

(2) 管理费按人工费＋机械费的 20％ 计取，利润按人工费＋机械费的 15％ 计取。

(3) 民工工伤保险费、危险作业意外伤害保险费暂不考虑。

3. 分部分项工程项目计量与计价

(1) 分部分项工程项目计量，即计算分部分项工程项目的工程量。

根据表 6-11 可知：挖方为 8707.10m³、填方为 183.12m³，经场地土方平衡后，有多余土方须外运，余方为 8707.10－183.12×1.15≈8496.51 (m³)。根据施工方案，工程量计算方法见表 6-12。

分部分项工程项目工程量计算表　　　　　表 6-12

序　号	分部分项工程项目	工程量计算式
1	人工挖土方（三类土）	8707.10×5%≈435.36 (m³)
2	机动翻斗车运土（运距 300m 内）	183.12×1.15＝210.59 (m³)
3	人工装汽车土方	435.36－210.59＝224.77 (m³)
4	自卸车运土（运距 5km 内，人工装土）	435.36－210.59＝224.77 (m³)
5	机械挖土并装车（三类土）	8707.10×95%＝8271.75 (m³)
6	自卸车运土（运距 5km）	8707.10×95%＝8271.75 (m³)
7	填土（压路机碾压密实）	183.12m³

(2) 分部分项工程项目计价，即计算直接工程费。

根据《浙江省市政工程预算定额》(2010 版)，先确定各分部分项工程对应的定额子目编号，再确定其工料单价，然后计算直接工程费。

$$直接工程费 = \sum（分部分项工程量 × 工料单价）\qquad (6-11)$$

例 6-37 的直接工程费计算方法见表 6-13。

市政工程预算书　　　　　表 6-13

工程名称：某市 HCDL 道路土方工程　　　　　　　　　　　　　　　　　第 1 页　共 1 页

序号	编号	名　　称	单位	数量	单价/元	人工费/元	材料费/元	机械费/元	合价/元
1	1－2	人工挖土方（三类土）	100m³	4.354	682	2967.69	0.00	0.00	2967.69
2	1－32＋1－33	机动翻斗车运土（运距 300m 内）	100m³	2.106	1367	761.53	0.00	2119.10	2880.63
3	1－34	人工装汽车土方	100m³	2.248	451	1014.30	0.00	0.00	1014.30
4	1－68H＋1－69×4	自卸车运土（运距 5km 内，人工装土）	1000m³	0.225	10825	0.00	7.97	2427.47	2435.44
5	1－60	机械挖土并装车（三类土）	1000m³	8.272	3812	1588.22	0.00	29945.30	31533.52
6	1－68＋1－69×4	自卸车运土（运距 5km）	1000m³	8.272	10325	0.00	292.83	85105.73	85398.56
7	1－82	填土（压路机碾压密实）	1000m³	0.183	2350	35.14	2.70	392.25	430.09
		合计				6366.88	303.50	119989.85	126660.23

4. 施工技术措施项目计量与计价

(1) 施工技术措施项目计量，即计算施工技术措施项目的工程量。

例 6-37 中的土方工程挖土主要采用挖掘机进行，填方密实采用压路机进行，施工技术措施主要考虑大型机械进出场及安、拆。工程量如下。

1m³ 以内挖掘机场外运输：1 台次

压路机场外运输：1 台次

（2）施工技术措施项目计价，即计算施工技术措施费。

根据《浙江省市政工程预算定额》（2010 版），先确定施工技术措施项目对应的定额子目编号，再确定其工料单价，然后计算施工技术措施费。

$$施工技术措施费 = \sum (技术措施项目工程量 \times 工料单价) \qquad (6\text{-}12)$$

例 6-37 中的施工技术措施费计算方法见表 6-14。

市政工程预算书　　　　　　　　　　　　　　　　　　　　表 **6-14**

工程名称：某市 HCDL 道路土方工程　　　　　　　　　　　　　　　　第 1 页　共 1 页

序号	编　号	名　称	单位	数量	单价/元	人工费/元	材料费/元	机械费/元	合价/元
1		技术措施							
2	3001	1m³ 以内挖掘机场外运输	台次	1	2954.58	516	1115.31	1323.27	2954.58
3	3010	压路机场外运输	台次	1	2560.33	215	1022.06	1323.27	2560.33
4									
5									
		合计				731	2137.37	2646.54	5514.91

5. 计算施工组织措施费

$$施工组织措施费 = \sum (取费基数 \times 各项施工组织措施费率) \qquad (6\text{-}13)$$

例 6-37 中的取费基数计算如下：

$$取费基数 = 6366.88 + 119989.85 + 731 + 2646.54 = 129734.27 \ 元$$

注：取费基数是预算定额分部分项工程费中的人工费、机械费之和。包括直接工程费中的人工费、机械费与施工技术措施费中的人工费、机械费。

例 6-37 的各项施工组织措施费费率按《费用定额》（2010 版）规定的费率范围的中值确定。

例 6-37 的施工组织措施费计算表 6-15。

措施项目费计算表　　　　　　　　　　　　　　　　　　　表 **6-15**

序　号	项目名称	单　位	计算式	金额/元
1	安全文明施工费	项	129734.27×4.46%	5786.15
2	检验试验费	项	129734.27×1.23%	1595.73
3	夜间施工增加费	项	129734.27×0.03%	38.92
4	已完工程及设备保护费	项	129734.27×0.04%	51.89
5	行车、行人干扰增加费	项	129734.27×2.50%	3243.36
6	合计	项	(1+2+3+4+5)	10716.05

6. 计算企业管理费、利润

$$企业管理费 = 取费基数 \times 管理费费率 \qquad (6\text{-}14)$$

$$利润 = 取费基数 \times 利润费率 \tag{6-15}$$
$$综合费用 = 取费基数 \times (管理费费率 + 利润率) \tag{6-16}$$

例 6-37 中，管理费按人工费 + 机械费的 20％ 计取，利润按人工费 + 机械费的 15％ 计取，取费基数为直接工程费中的人工费、机械费与施工技术措施费中的人工费、机械费之和。本例取费基数计算如下：

$$取费基数 = 6366.88 + 119989.85 + 731 + 2646.54 = 129734.27(元)$$
$$企业管理费 = 129734.27 \times 20％ \approx 25946.85(元)$$
$$利润 = 129734.27 \times 15％ \approx 19460(元)$$

7. 计算规费、税金，并计算工程造价

$$规费 = 取费基数 \times 相应费率 \tag{6-17}$$
$$\begin{aligned}税金 = &(直接工程费 + 施工技术措施费 + 施工组织措施费\\&+ 企业管理费 + 利润 + 规费) \times 相应费率\end{aligned} \tag{6-18}$$
$$\begin{aligned}工程造价 = &直接工程费 + 施工技术措施费 + 施工组织措施费\\&+ 企业管理费 + 利润 + 规费 + 税金\end{aligned} \tag{6-19}$$

例 6-37 中的工程造价计算见表 6-16。

工程费用计算程序表　　　　　　　　　表 6-16

序　号	费用名称	费用计算表达式	金额/元
一	直接工程费	$\sum$(分部分项工程量 × 工料单价)	126660.23
	1. 人工费		6366.88
	2. 机械费		119989.85
二	施工技术措施费	$\sum$(措施项目工程量 × 工料单价)	5514.91
	3. 人工费		731
	4. 机械费		2646.54
三	施工组织措施费	$\sum[(1+2+3+4) \times 相应费率]$	10716.05
四	企业管理费	$(1+2+3+4) \times 相应费率$	25946.85
五	利润	$(1+2+3+4) \times 相应费率$	19460
六	规费	(一+二+三+四) × 相应费率	9470.60
七	税金	(一+二+三+四+五) × 相应费率	7074.18
八	建设工程总造价	(一+二+三+四+五+六)	204842.82

6.4.2　工程量清单计价模式下土方工程计量与计价

1. 工程量清单编制

根据道路土方计算表可知：挖方为 8707.10m³、填方为 183.12m³，经场地土方平衡后，有多余土方需外运，余方为 8707.10−183.12×1.15≈8496.51（m³）。可知有 3 个分部分项清单项目：挖一般土方、填方、余方弃置。

（1）分部分项工程量清单与计价表

例 6-37 的道路土方工程分部分项工程量清单与计价表见表 6-17。

分部分项工程量清单与计价表　　　　　　　　　　表 6-17

单位及专业工程名称：某市 HCDL 道路土方工程　　　　　　　　　　　　　第 1 页　共 1 页

序号	项目编码	项目名称	项目特征	计量单位	工程量	综合单价/元	合价/元	其中/元		备注
								人工费	机械费	
1	040101001001	挖一般土方	三类土	m³	8707.10					
2	040103001001	回填方	密实度 95%	m³	183.12					
3	040103002001	余方弃置	运距 5km	m³	8496.51					
		本页小计								
		合计								

（2）措施项目清单与计价表

例 6-37 土方工程挖土主要采用挖掘机进行，填方密实采用压路机进行，技术措施主要考虑大型机械进出场。

1）组织措施项目清单见表 6-18。

措施项目清单与计价表（一）　　　　　　　　　　表 6-18

单位及专业工程名称：某市 HCDL 道路土方工程　　　　　　　　　　　　　第 1 页　共 1 页

序号	项目名称	计算基础	费率/%	金额/元
1	安全文明施工费	人工费＋机械费		
2	检验试验费	人工费＋机械费		
3	夜间施工增加费	人工费＋机械费		
4	已完工程及设备保护费	人工费＋机械费		
5	行车、行人干扰增加费	人工费＋机械费		
	合计			

2）技术措施项目清单见表 6-19。

措施项目清单与计价表（二）　　　　　　　　　　表 6-19

单位及专业工程名称：某市 HCDL 道路土方工程　　　　　　　　　　　　　第 1 页　共 1 页

序号	项目编码	项目名称	项目特征	计量单位	工程量	综合单价/元	合价/元	其中/元		备注
								人工费	机械费	
1	041106001001	大型机械进出场		项	1					
		本页小计								
		合计								

（3）其他项目清单与计价表以及相关明细表格

例 6-37 的其他项目暂不考虑，其他项目清单与计价表以及相关明细表格按空白表格形式编制。

2. 工程量清单计价

工程量清单计价关键是分析确定各清单项目综合单价，首先要确定施工方案，从而确定各清单项目的组合工作内容，并按照各工作内容对应的定额计算规则计算报价工程量，再根据工程类别和《费用定额》确定管理费、利润的费率，确定人工、材料、机械台班单价，最后计算各清单项目的综合单价。然后根据《费用定额》的费用计算程序计算分部分项工程量清单项目费、措施项目清单费、其他项目清单费、规费、税金，最后合计得到工程造价。

（1）施工方案

1）挖土：主要采用挖掘机挖土并装车，机械作业不到的地方用人工开挖，人工挖方量按总挖方量的 5% 考虑；用机动翻斗车运土进行场地土方平衡，由土方计算表可知土方平衡场内运距在 300m 内。

2）填土：采用内燃压路机碾压密实，每层厚度不超过 30cm，并分层检验密实度，保证每层密实度≥95%。

3）余方弃置：采用自卸汽车运土，运距 5km；人工所挖土方如需外运，用人工将土方装至自卸汽车。

（2）人材机单价及管理费、利润费率的取定

1）本工程按《浙江省市政工程预算定额》（2010 版）进行综合单价分析，人工、材料、机械台班单价按定额单价取定。

2）管理费按人工费＋机械费的 20% 计取，利润按人工费＋机械费的 15% 计取。

3）民工工伤保险费、危险作业意外伤害保险费暂不考虑。

（3）清单项目细化分解

根据施工方案、施工图样等确定各清单项目的组合工作内容，并确定对应的定额子目，见表 6-20。

（4）计算各组合工作内容的报价工程量

按照相应的定额计算规则计算各组合工作内容的工程量，即报价工程量，见表 6-20。

清单项目组合工作内容及其报价工程量表　　　　表 6-20

清单项目	组合工作内容	定额子目	报价工程量
挖一般土方（三类土）	人工挖土方（三类土）	1—2	8707.10×0.05≈435.36（m³）
	挖掘机挖土并装车（三类土）	1—60	8707.10×0.95≈8271.75（m³）
填方	机动翻斗车运土（运距 300m 内）	1—32+1—33	183.12×1.15≈210.59（m³）
	填土压路机碾压密实	1—82	183.12m³
余方弃置（运距 5km）	人工装汽车土方	1—34	435.36−210.59≈224.77（m³）
	自卸车运土（运距 5km 内，人工装土）	1—68H+1—69×4	435.36−210.59≈224.77（m³）
余方弃置（运距 5km）	自卸车运土（运距 5km）	1—68+1—69×4	8707.10×95%≈8271.75（m³）
大型机械进出场及安、拆	1m³ 以内挖掘机场外运输	3001	1 台次
	压路机场外运输	3010	1 台次

（5）计算分部分项清单各清单项目的综合单价

填表计算分部分项工程量清单各清单项目的综合单价，见表 6-21。

如清单项目挖一般土方（三类土）综合单价组成中的各项费用计算如下：

人工费 = (681.60×4.354＋192.00×8.272)/8707.1≈0.52(元)

材料费 = (0.00×4.354＋0.00×8.272)/8707.1≈0.00(元)

机械费 = (0.00×4.354＋3620.07×8.272)/8707.1≈3.44(元)

企业管理费 = (136.32×4.354＋762.41×8.272)/8707.1≈0.79(元)

$$利润 = (102.24 \times 4.354 + 571.81 \times 8.272)/8707.1 \approx 0.59(元)$$
$$风险费用 = 0.00$$
$$综合单价 = 0.52 + 0.00 + 3.44 + 0.79 + 0.59 + 0.00 = 5.34(元/m^3)$$

工程量清单综合单价计算表　　　　　　　　　　　　　　　　　　　表 6-21

单位及专业工程名称：某市 HCDL 道路土方工程　　　　　　　　　　　　第 1 页 共 1 页

序号	编号	名称	计量单位	数量	综合单价/元							合计/元
					人工费	材料费	机械费	管理费	利润	风险费用	小计	
1	040101001001	挖一般土方（三类土）	m³	8707.1	0.52	0.00	3.44	0.79	0.59	0.00	5.34	46496
	1-2	人工挖土方三类土	100m³	4.354	681.60	0.00	0.00	136.32	102.24	0.00	920.16	4006
	1-60	挖掘机挖三类土装车	1000m³	8.272	192.00	0.00	3620.07	762.41	571.81	0.00	5146.29	42569
2	040103001001	回填方	m³	183.12	4.35	0.01	13.72	3.61	2.71	0.00	24.40	4468
	1-82	内燃压路机填土碾压	1000m³	0.183	192.00	14.75	2143.41	467.08	350.31	0.00	3167.55	580
	1-32	机动翻斗车运土运距200m内	100m³	2.106	361.60	0.00	876.75	247.67	185.75	0.00	1671.77	3521
	1-33	机动翻斗车运土 3000m 内每增加200m	100m³	2.106	0.00	0.00	129.48	25.90	19.42	0.00	174.80	368
3	040103002001	余方弃置（运距5km）	m³	8496.51	0.12	0.04	10.30	2.08	1.56	0.00	14.10	119801
	1-34	人工装汽车运土方	100m³	2.248	451.20	0.00	0.00	90.24	67.68	0.00	609.12	1369
	1-68H	自卸汽车运土运距 1km 以内	1000m³	0.225	0.00	35.40	5736.22	1147.24	860.43	0.00	7779.29	1749
	1-69×j4	自卸汽车运土运距每增加 1km	1000m³	0.225	0.00	0.00	5055.05	1011.01	758.26	0.00	6824.32	1534
	1-68	自卸汽车运土运距 1km 以内	1000m³	8.272	0.00	35.40	5233.30	1046.66	785.00	0.00	7100.36	58732
	1-69×4	自卸汽车运土运距每增加 1km	1000m³	8.272	0.00	0.00	5055.05	1011.01	758.26	0.00	6824.32	56449
					合计							170765

（6）计算分部分项工程量清单项目费

填表计算分部分项工程量清单项目费，见表 6-22。

分部分项工程量清单与计价表   表 6-22

单位及专业工程名称：某市 HCDL 道路土方工程   第1页 共1页

| 序号 | 项目编码 | 项目名称 | 项目特征 | 计量单位 | 工程量 | 综合单价/元 | 合价/元 | 其中/元 ||
								人工费	机械费
1	040101001001	挖一般土方	三类土	m³	8707.1	5.34	46496	4528	29952
2	040103001001	回填方		m³	183.12	24.40	4468	797	2512
3	040103002001	余方弃置	运距 5km	m³	8496.51	14.10	119801	1020	87514
				本页小计			170765	6345	119978
				合计			170765	6345	119978

1）表中"项目编码"、"项目名称"、"计量单位"、"工程数量"与"分部分项工程量清单"完全一致。

2）分部分项清单项目的综合单价根据分部分项工程量清单综合单价计算表填写。

3）分部分项工程量清单项目合价＝分部分项工程量清单项目的工程数量

$$×综合单价 \quad\quad (6-20)$$

4）分部分项工程量清单项目费＝∑ 分部分项工程量清单项目合价

$$=∑（分部分项工程量清单项目的工程数量$$

$$×综合单价） \quad\quad (6-21)$$

（7）填表计算措施项目清单费

1）计算施工技术措施项目清单费。

$$施工技术措施项目清单费 =∑（措施项目清单技术措施项目的工程数量$$

$$×综合单价） \quad\quad (6-22)$$

施工技术措施项目综合单价的计算方法与分部分项工程量清单项目综合单价的计算方法相同。

例 6-37 中，施工技术措施考虑大型机械进出场，主要是 1m³ 以内的履带式挖掘机 1 个台次、压路机 1 个台次，其综合单价计算见表 6-23。

施工技术措施项目清单费见表 6-24。

措施项目清单综合单价计算表   表 6-23

单位及专业工程名称：某市 HCDL 道路土方工程   第1页 共1页

| 序号 | 编 号 | 名 称 | 计量单位 | 数量 | 综合单价/元 |||||| 合计/元 |
					人工费	材料费	机械费	管理费	利润	风险费用	小计	
1	041106001001	特、大型机械进出场费	项	1	731.00	2137.37	2646.52	675.50	506.63	0.00	6697.02	6697
	土 3001	履带式挖掘机 1m³ 以内场外运输费用	台班	1000	516.00	1115.31	1323.26	367.85	275.89	0.00	3598.31	3598
	土 3010	压路机场外运输费用	台班	1000	215.00	1022.06	1323.26	307.65	230.74	0.00	3098.71	3099
		合计										6697

措施项目清单与计价表（一）　　　　　　　　　　　　表 6-24

单位及专业工程名称：某市 HCDL 道路土方工程　　　　　　　　　第 1 页　共 1 页

序号	项目编码	项目名称	项目特征	计量单位	工程量	综合单价/元	合价/元	其中/元		备注
								人工费	机械费	
1	041106001001	特、大型机械进出场费		项	1	6697.02	6697	731	2647	
		本页小计					6697	731	2647	
		合计					6697	731	2647	

2）计算施工组织措施项目清单费。

$$各项施工组织措施项目费用 = 取费基数 \times 施工组织措施费率 \qquad (6\text{-}23)$$
$$施工组织措施项目清单费 = \sum (取费基数 \times 各项施工组织措施费率) \qquad (6\text{-}24)$$

取费基数为分部分项清单项目中的人工费、机械费与施工技术措施项目中的人工费、机械费之和。例 6-2 中各项施工组织措施费费率按《费用定额》规定的费率范围的中值确定。

施工组织措施费计算见表 6-25。

措施项目清单与计价表（二）　　　　　　　　　　　　表 6-25

单位及专业工程名称：某市 HCDL 道路土方工程　　　　　　　　　第 1 页　共 1 页

序　号	项目名称	计算基数	费率/%	金额/元
1	安全文明施工费	人工＋机械	4.46	5785
2	建设工程检验试验费	人工＋机械	1.23	1595
3	其他组织措施费			3334
3.1	冬期、雨期施工增加费	人工＋机械	0	0
3.2	夜间施工增加费	人工＋机械	0.03	39
3.3	已完工程及设备保护费	人工＋机械	0.04	52
3.4	二次搬运费	人工＋机械	0	0
3.5	行车、行人干扰增加费	人工＋机械	2.5	3243
	合计			10714

3）计算措施项目清单费。

$$措施项目清单费 = 施工技术措施项目清单费 + 施工组织措施项目清单费 \qquad (6\text{-}25)$$

（8）计算其他项目清单费

例 6-37 中，其他项目暂不考虑，故其他项目清单费为 0 元。

（9）计算规费、税金，并计算工程造价

$$规费 = 取费基数 \times 费率 \qquad (6\text{-}26)$$
$$税金 = (分部分项工程量清单项目费 + 措施项目清单费$$
$$+ 其他项目清单费 + 规费) \times 规费 \qquad (6\text{-}27)$$
$$工程造价 = 分部分项工程量清单项目费 + 措施项目清单费$$
$$+ 其他项目清单费 + 规费 + 税金 \qquad (6\text{-}28)$$

例 6-37 的土方工程造价计算见表 6-26。

工程项目投标报价计算表　　　　　　　　　　　　　　　　　　**表 6-26**

单位及专业工程名称：某市 HCDL 道路土方工程　　　　　　　　　　第 1 页 共 1 页

序　号	费用名称	计算公式	金额/元
1	分部分项工程		170765
2	措施项目		17411
2.1	施工技术措施项目		6697
2.2	施工组织措施项目		10714
其中	安全文明施工费		5785
	建设工程检验试验费		1595
	其他措施项目费		3334
3	其他项目费		0
3.1	暂列金额		0
3.2	暂估价		0
3.3	计日工		0
3.4	总承包服务费		0
4	规费		9468
5	税金	(1＋2＋3＋4)×3.577%	7070
	合计	1＋2＋3＋4＋5	204714

第7章 道路工程计量与计价

7.1 道路工程预算定额应用

本定额是市政工程预算定额的第二册。包括路基处理、道路基层、道路面层、人行道侧平石及其他，共4章250个子目。适用于市政新建、改建、扩建工程，不适用于城市基础设施中的大、中、小修及养护工程。

（1）定额中施工用水均考虑以自来水为供水来源，如采用其他水源，允许调整换算。

（2）半成品、材料其规格、重量和配合比与定额不同时可以调整换算，但人工、机械消耗量不变。

（3）定额中使用的半成品材料（除沥青混凝土、商品混凝土等采用成品价购入的以外）均不包括其运至施工作业地所需的运费，计算时，套用第一册《通用项目》相关定额。

（4）道路工程中如遇到土石方工程、拆除工程、挡土墙及护坡工程等可套用第一册《通用项目》的相关定额。

（5）定额中的工序、人工、机械、材料等均系综合取定。

（6）定额的多合土项目按现场拌合考虑，部分多合土项目考虑了厂拌。

（7）定额凡使用石灰的子目，均不包括消解石灰的工作内容。编制预算中，应先计算出石灰总用量，然后套用消解石灰子目。

（8）道路工程中的排水项目，可按《排水工程》相应定额执行。

7.1.1 路基处理

7.1.1.1 说明

（1）本章包括路床（槽）整形、路基盲沟、基础弹软处理等，共28个子目。

（2）路床（槽）整形项目的内容，包括平均厚度10cm以内的人工挖高填低、整平路床，使之形成设计要求的纵横坡度，并应经压路机碾压密实。

（3）边沟成型，综合考虑了边沟挖土的土类和边沟两侧边坡培整面积所需的挖土、培土、修整边坡及余土抛出沟外的全过程所需人工。边坡所出余土弃运路基50m以外。

（4）混凝土滤管盲沟定额中不含滤管外滤层材料。

（5）土工布铺设定额子目按铺设形式分平铺和斜铺两种情况，定额中未考虑块石、钢筋锚固因素，如实际发生可按实计算有关费用。定额中土工布按针缝计算，如采用搭接，土工布含量乘系数1.05。土工布按$300g/m^2$取定，如实际规格为$150g/m^2$、$200g/m^2$、$400g/m^2$时，定额人工分别乘以系数0.7、0.8、1.2。

　　(6) 道路工程路床（槽）碾压按设计道路基层宽度加加宽值计算。加宽值在无明确规定时按底层两侧各加 25cm 计算，人行道碾压加宽按一侧计算。"无明确规定"指无设计注明或经批准的施工组织设计中无明确规定。

　　(7) 砂石盲沟定额断面按 40mm×40mm 确定，如设计断面不同时，定额按比例换算。

7.1.1.2　工程量计算规则

　　(1) 道路工程路床（槽）碾压宽度应按设计道路底层宽度加加宽值计算，加宽值无明确规定时按底层两侧各加 25cm 计算，人行道碾压加宽按一侧计算。

　　(2) 路床（槽）整形项目的内容，包括平均厚 10cm 以内的人工挖高填低平整路床，并用重型压路机碾压密实。路床碾压检验一般称为整车行道路基，指平侧石基础面积和道路基层面积之和。人行道整形碾压一般称为整人行道路基。

　　(3) 整理土路肩、绿化带套用平整场地子目，一般套用人工平整场地。

　　(4) 在道路土方工程完成后均计算一次整理路床工程量面积：道路基层面积＋平侧石＋人行道铺装面积。车行道宽度包括平石宽，人行道宽度包括侧石宽。

　　【例 7-1】　如图 7-1 所示，计算整理路床工程量（沥青路面长 100m）。

　　【解】　路床整形　[17.5+(0.5+0.25)×2]×100=1900（m²）

　　路床人行道整形　(6+0.25)×2×100=1250（m²）。

　　道路工程路基填筑应按填筑体积以"立方米"计算。

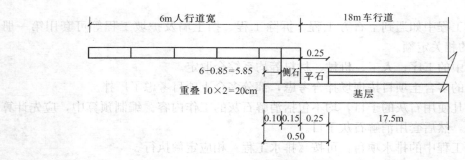

图 7-1　整理路床工程量

7.1.2　道路基层

7.1.2.1　说明

　　(1) 内容包括各种级配的多合土基层，共 108 个子目。

　　(2) 厂拌道路基层如采用沥青混凝土摊铺机摊铺，可套用厂拌粉煤灰三渣基层（沥青混凝土摊铺机摊铺）定额子目，材料换算，其他不变。

　　(3) 增加了水泥稳定碎石砂基层、水泥稳定碎石基层 5％、6％ 水泥含量的定额子目。定额中水泥稳定基层采用现场搅拌、人工摊铺、压路机碾压。

　　(4) 混合料基层多层次铺筑时，其基础顶层需进行养生，养生期按 7d 考虑，其用水量已综合在顶层多合土养生定额内，使用时不得重复计算用水量。养生面积按基层顶面积计算。

（5）各种材料的底基层材料消耗中如做面层封顶时不包括水的使用量，当作为面层封顶时如需加水碾压，加水量可另行计算。

（6）多合土基层中各种材料是按常用的配合比编制的，当设计配合比与定额不符时，有关的材料消耗量可以调整，但人工和机械台班的消耗不得调整。

（7）基层混合料中的石灰均为生石灰的消耗量，土为松方用量。

（8）道路基层定额中设有"每增减"的子目，适用于压实厚度20cm以内，压实厚度在20cm以上的应按两层结构层铺筑。

【例7-2】 某道路基层设计为现拌5‰水泥稳定碎石砂基层，设计厚度为36cm，试套用定额。

【解】 根据道路基层压实厚度在20cm以上的应按两层结构层铺筑。

套定额 $[2-128]\times2-[2-129]\times4$

基价 $3065\times2-147\times4=5542$（元/100m²）

【例7-3】 若上例中道路结构层改为36cm厚三渣基层，采用厂拌粉煤灰三渣，用沥青摊铺机铺筑。试套用定额。

【解】 沥青摊铺机摊铺厂拌粉煤灰三渣子目分20cm和每减1cm两项，应按两层结构层铺筑。

套定额 $[2-49]\times2-[2-50]\times4$

基价 $1939\times2-91\times4=3514$（元/100m²）

7.1.2.2 工程量计算规则

（1）道路路基面积按设计道路基层图示尺寸以"平方米"计算。

（2）道路工程多合土养生面积计算，按设计基层的顶层面积计算。

（3）道路基层计算不扣除各种井所占的面积。

7.1.3 道路面层

7.1.3.1 说明

（1）内容包括简易路面、沥青表面处治、沥青贯入式路面、黑色碎石路面、沥青混凝土路面及水泥混凝土路面等79个子目。

（2）黑色碎石路面所需要的面层熟料实行定点搅拌时，其运至作业面所需的运费不包括在该项目中，需另行计算。

【例7-4】 某道路水泥混凝土路面面层厚度分别为17cm和23cm，（采用现拌混凝土）试确定定额编号及基价。

【解】

1）17cm厚度路面：套[2-193]厚度20cm子目，另套减[2-194]×3。

$$基价=5571-259\times3=4794(元/m²)。$$

2）23cm厚度路面：套[2-193]厚度20cm子目，另套增[2-194]×3。

$$基价=5571+259\times3=6348(元/100m²)。$$

（3）粗、中粒式沥青混凝土路面在发生厚度"增减0.5cm"时，定额子目按"每增减1cm"子目减半套用。

【例 7-5】 机械摊铺某道路工程中粒式沥青混凝土路面，面层厚度 5.5cm，试套用定额。

【解】 根据粗、中粒式沥青混凝土路面在发生厚度"增减 0.5cm"时，定额子目按"每增减 1cm"子目减半套用的原则，定额套用如下：

5.5cm 中粒式沥青混凝土路面：套[2−184]+[2−186]×0.5

$$3509 + 687 \times 0.5 = 3852.5(元/100m^2)$$

(4) 水泥混凝土路面，综合考虑了前台的运输工具不同所影响的工效及有筋无筋等不同的工效。水泥混凝土路面中未包括钢筋。施工中无论有无钢筋及出料机具如何，使用本定额均不得换算。水泥混凝土路面钢筋单列子目，如设计混凝土路面有筋时，可套用水泥混凝土路面钢筋制作项目。

(5) 水泥混凝土路面定额按现场搅拌机搅拌和商品混凝土分别套用定额。

(6) 喷洒沥青油料定额中，分别列有石油沥青和乳化沥青两种油料，应根据设计要求套用相应项目。如果设计喷油量不同，沥青油料含量换算。

(7) 水泥混凝土路面定额中未考虑路面刻防滑槽及路面锯缝机锯缝子目，如实际发生，套用本章相应定额。

【例 7-6】 现浇水泥混凝土路面，厚度 23cm，混凝土抗折强度 5.0MPa，试确定定额编号及基价。

【解】 [2−193]H+8[2−194]H

基价 $= 5571 + 256.4 \times 3 + (242.55 - 219.75) \times (20.3 + 1.015 \times 3) = 6872(元)$

【例 7-7】 现浇自拌混凝土面 4.5MPa，厚 19cm，采用企口形式，试确定定额编号及基价。

【解】 [2−193]H−[2−194]H

基价 $= 5571 - 256.4 + (964.92 - 28.38) \times 0.01 + (20.3 - 1.015) \times (228.78 - 219.75)$
$\qquad = 5498(元)$

7.1.3.2　工程量计算规则

(1) 水泥混凝土路面以平口为准，如设计为企口时，混凝土路面浇筑定额人工乘以系数 1.01。

(2) 道路工程沥青混凝土、水泥混凝土及其他类型路面工程量，以设计长乘以设计宽，以"平方米"计算（包括转弯面积），带平石的面层应扣除平石面积，不扣除各类井所占面积。

(3) 伸缩缝以面积为计量单位。此面积为缝的断面积，即设计缝长×设计缝深。

(4) 锯缝机锯缝按设计图示尺寸以"延长米"计算。

(5) 水泥混凝土路面模板工程量根据施工实际情况，按与混凝土接触面积以"平方米"计算。

(6) 转角路口面积计算，如图 7-2 所示。

当道路直交时，每个转角的路口面积 $= 0.2146R^2$；

当道路斜交时，每个转角的路口面积 $= R^2 \left(\tan \frac{\alpha}{2} - 0.00873\alpha \right)$。

相邻的两个转角的圆心角是互为补角的，即一个中心角是 α，另一个中心角是（$180° - \alpha$），R 是每个路口的转角半径。

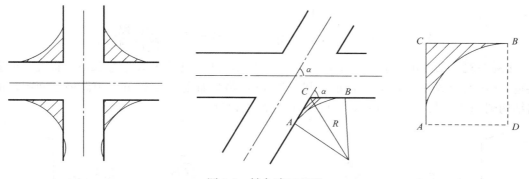

图 7-2 转角路口面积

7.1.4 人行道及其他

7.1.4.1 说明

（1）内容包括人行道基础、人行道板、草坪砖、石材面层、广场砖、侧平石安砌、砌筑树池等 35 个子目。

（2）人行道板安砌项目中人行道板如采用异型板，其定额人工乘以系数 1.1。

（3）本章所采用的人行道板、侧平石、花岗石等砌料及垫层配合比、厚度如与设计不同时，可按设计要求进行调整，但人工、机械不变。

（4）如现场浇筑侧平石，套用现浇侧平石子目。

（5）定额中侧石高度大于 40cm 的异型侧石按高侧石子目套用。

（6）预制成品侧石安砌中，如其弧形转弯处为现场浇筑，则套用现浇侧石子目。

（7）现场预制侧平石制作定额套用《浙江省市政预算定额》第三册《桥涵工程》相应定额子目。

（8）石材面层安砌定额中板材厚度按 4cm 以内编制，如设计厚度在 6cm 以内时，定额人工乘以系数 1.2。

7.1.4.2 工程量计算规则

（1）人行道板、草坪砖、花岗石板、广场砖铺设按设计图示尺寸以"平方米"计算，不扣除各种检查井、雨水井等所占面积，但应扣除侧石、树池及单个面积大于 $0.3m^2$ 以上矩形盖板等所占的面积。

（2）侧平石安砌、砌筑树池等项目按设计长度以"延长米"计算，不扣除侧向进水口长度；现浇侧石项目按"立方米"计算。

（3）转角转弯平侧石长度计算，如图 7-3 所示。

当道路正交时，每个转角的转弯平侧石长度 = $1.5708R$；

当道路斜交时，每个转角的转弯平侧石长度 = $0.01745R \cdot \alpha$。

相邻的两个转角的圆心角是互为补角的，即一个中心角是 α，另一个中心角是（$180° - \alpha$），R 是每个路口的转角半径。

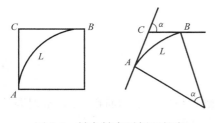

图 7-3 转角转弯平侧石长度

（4）材料规格不同时，定额需换算。

$$换算基价 = 原基价 \times 换算系数 \left(换算系数 = \frac{设计规格}{定额规格} \right)$$

【例7-8】 某城市干道宽为32m，长为1990m，其中机动车道宽为12m，非机动车道共宽7m，人行道各宽4m，树池前后间距为5m，路基加宽值为30cm，道路横断面图、道路结构图如图7-4、图7-5所示，试计算道路的工程量。

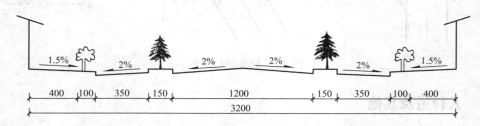

图7-4 道路横断面图（单位：cm）

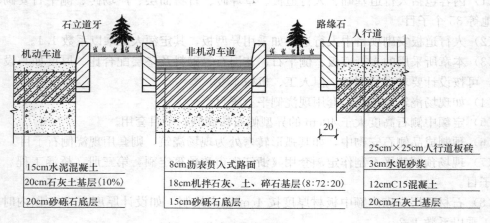

图7-5 道路结构图（单位：cm）

【解】 砂砾石底层的面积：1990×（12+3.5×2）=37810.00（m²）

石灰土基层面积：1990×（12+2×4+0.6）=40994.00（m²）

水泥混凝土面积：1990×12=23880.00（m²）

机拌碎石、土、石灰基层（20：72：8）面积：1990×2×3.5=13930.00（m²）

沥青贯入式路面面积：1990×2×3.5=13930.00（m²）

混凝土面积：1990×2×（4+0.3）=17114.00（m²）

水泥砂浆的体积：1990×2×（4+0.3）×0.03=513.42（m³）

人行道板的面积：1990×2×4=15920.00（m²）

石立道牙的长度：1990×6=11940.00（m）

缘石长度：1990×2=3980.00（m）

树池个数：（1990/5+1）×4=1596（个）

【例7-9】 如图7-6所示200m道路工程量，求：1）侧石长度、基础面积；2）水泥混凝土路面面积；3）块件人行道板面积（包括分隔带上铺筑面积）。

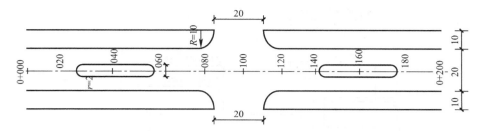

平面示意图 路口转角半径R=10m，分隔带半径r=2m

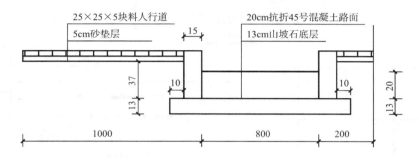

有分隔带段水泥混凝土路面结构 单位：cm

图 7-6 200m 道路工程量

【解】 1）侧石长度：（200－40）×2＋3.14×10×2＋（40－4）×4＋3.14×2×2×2＝551.92（m）

基础面积：551.92×0.25＝137.98（m²）

2）水泥混凝土路面面积：200×20－（36×4＋3.14×2²）×2＋20×10×2＋0.2146×10²×4＝4172.72（m²）

3）人行道板面积：（200－40）×（10－0.15）×2＋3.14×9.85²＋（40－4）×3.7×2＋3.14×1.85²×2＝3744.54（m²）

【例 7-10】 如图 7-7 所示，见表 7-1 计算水泥混凝土道路土方工程、路面工程和辅助项目。

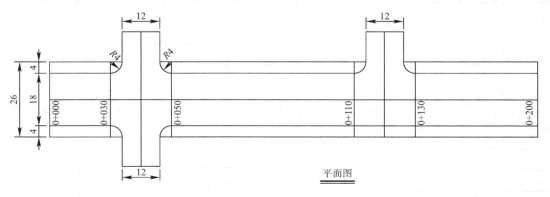

平面图

图 7-7 水泥混凝土道路（一）

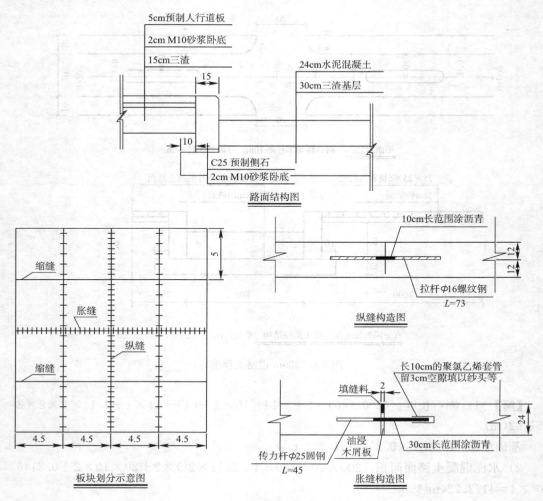

图 7-7　水泥混凝土道路（二）

水泥混凝土道路土方工程、路面工程和辅助项目计算表　　表 7-1

桩　号	距离/m	面积/m²		土方/m³		累计土方/m³	
		填方	挖方	填方	挖方	填方	挖方
0+000	20	2.00		50			
0+020	20	3.00		40	20		
0+040	20	1.00	2.00	10	60		
0+060	20		4.00		100		
0+080	20		6.00		140		
0+100	20		8.00				
0+120	20	2.00	2.00	20	100	∑填=450	∑挖=530
0+140	20	4.00	1.00	60	30		
0+160	20	6.00		100	10		
0+180	20	4.00	2.00	100	20		
0+200	20	3.00	3.00	70	50		

【解】 1. 土方工程

$$V_填 = V_2 + V_4 + V_6 + V_{12} + V_{14} + V_{16} + V_{18} + V_{20}$$
$$= 50 + 40 + 10 + 20 + 60 + 100 + 100 + 70 = 450 (\text{m}^3)$$
$$V_挖 = V_4 + V_6 + V_8 + V_{10} + V_{12} + V_{14} + V_{16} + V_{18} + V_{20}$$
$$= 20 + 60 + 100 + 140 + 100 + 30 + 10 + 20 + 50 = 530 (\text{m}^3)$$

余土外运 $\qquad V_外运 = 530 - 450 = 80 (\text{m}^3)$

2. 路面工程量

平直段：$200 \times 13 = 3600$ （m^2）

支路：$12 \times (10 + 4) \times 3 = 504$ （m^2）

交叉口：$0.2146 \times 4^2 \times 6 = 20.6$ （m^2）

道路面积：$3600 + 21 + 504 = 4125$ （m^2）

侧石长度：$200 \times 2 - (4 + 12 + 4) \times 3 + 1.5 \times 2 \times \pi \times 4 + 10 \times 6 = 433$ （m）

人行道面积：$200 \times 4 \times 2 - 12 \times 4 \times 3 - 0.2146 \times 4^2 \times 6 - 438 \times 0.15 + 10 \times 2 \times 3 \times 4 = 1610$ （m^2）

混凝土面三渣基层：$4125 + 438 \times 0.25 = 4235$ （m^3）

总三渣基层：$4235 \times 0.3 + 1610 \times 0.15 = 1512$ （m^3）

混凝土路面厚（24cm）：$4125 \times 0.24 = 990$ （m^3）

砂浆垫层：$0.15 \times 0.02 \times 438 + 1610 \times 0.02 = 33.5$ （m^3）

3. 辅助项目

（1）纵缝拉杆（$\phi16$）：
$$0.73 \times (5 \times 2 + 9) \times 200/5 \times 1.578 = 875 (\text{kg})$$

（2）胀缝滑动传力杆（$\phi28$）：
$$11 \times 4 \times 0.45 \times 4.33 = 96 (\text{kg})$$

（3）长 10cm 小套子：
$$11 \times 4 = 44 (\text{只})$$

（4）传力杆涂沥青：
$$(2\pi \times 0.028/2 \times 0.25 + \pi \times 0.014^2) \times 44 = 1 (\text{m}^2)$$

（5）胀缝预制沥青浸木板：
$$S = 0.16 \times 4.5 \times 4 = 2.9 (\text{m}^2)$$

（6）缩缝：
$$(100/5 - 1) \times 2 \times 18 = 684 (\text{m})$$

（7）沥青玛琋脂填缝：
$$胀缝：0.04 \times 0.02 \times 18 = 0.014 (\text{m}^3)$$
$$缩缝：684 \times 0.05 \times 0.005 = 0.17 (\text{m}^3)$$

（8）纵缝涂沥青：$\qquad 200 \times 0.24 \times 3 = 144$ （m^2）

【例 7-11】 某道路工程采用水泥混凝土路面，现施工 K0+000～K0+200 段，道路平面图、横断面图如图 7-8 所示，试计算其路床整形清单工程量、定额工程量。

【解】 1. 清单工程量：
$$路床宽度 = 14 + 2 \times (0.2 + 0.1 + 0.4) = 15.4 \text{ (m)}$$

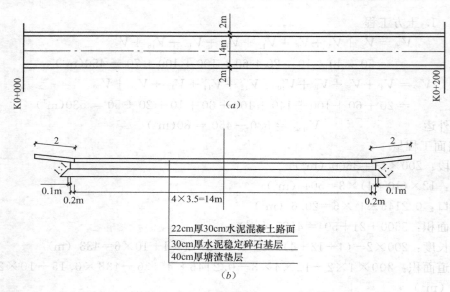

图 7-8　水泥混凝土道路平面、横断面图

(a) 道路平面图；(b) 道路横断面图

$$路床长度 = 200 （m）$$
$$路床整形面积 = 15.4 \times 200 = 3080 （m^2）$$

2. 定额工程量：

路床整形碾压宽度按设计道路底层宽度加加宽值计算，加宽值无明确规定时，按底层两侧各加 25cm 计算。

$$路床宽度 = [14 + 2 \times (0.2 + 0.1 + 0.4)] + 2 \times 0.25 = 15.9 （m）$$
$$路床长度 = 200 （m）$$
$$路床整形面积 = 15.9 \times 200 = 3180 （m^2）$$

【例 7-12】　某道路工程采用水泥混凝土路面，现施工 K0+000～K0+200 段，道路平面图、横断面图如图 7-8 所示，试计算其基层清单工程量。

【解】　本例有两层基层，基层材料、厚度不同，需分别计算其工程量。

(1) 30cm 厚水泥稳定碎石基层。

$$基层宽度 = 14 + 2 \times 0.2 = 14.4(m)$$
$$基层长度 = 200(m)$$
$$基层面积 = 14.4 \times 200 = 2880(m^2)$$

(2) 40cm 厚塘渣基层。

塘渣基层摊铺边坡为 1:1，基层的宽度是变化的，计算时可取 1/2 层厚处的宽度。

$$基层宽度 = 14 + 2 \times 0.2 + 2 \times 0.1 + 2 \times 0.2 = 15(m)$$
$$基层长度 = 200(m)$$
$$基层面积 = 15 \times 200 = 3000(m^2)$$

【例 7-13】　某道路工程采用水泥混凝土路面，现施工 K0+000～K0+200 段，道路平面图、横断面图如图 7-8 所示，试计算其面层清单工程量。

【解】　　　　　　　　$$道路面层宽度 = 14 （m）$$

$$道路面层长度＝200（m）$$
$$道路面层面积＝14×200=2800（m^2）$$

【例 7-14】 某道路工程采用沥青混凝土路面，现施工 K0＋000～K0＋200 段，道路平面图、横断面图如图 7-9 所示，试计算其面层清单工程量。

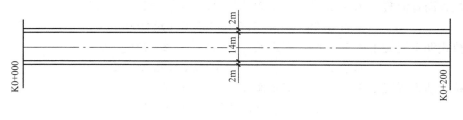

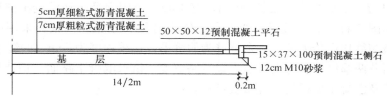

图 7-9 沥青混凝土道路平面、横断面图

沥青混凝土路面带有平石，计算时应扣除平石所占面积。

【解】
$$道路面层宽度＝14-0.5×2=13（m）$$
$$道路面层长度＝200（m）$$
$$道路面层面积＝13×200=2600（m^2）$$

【例 7-15】 某道路结构图如图 7-10 所示，沥青路面部分采用机械摊铺，试套用沥青路面定额。

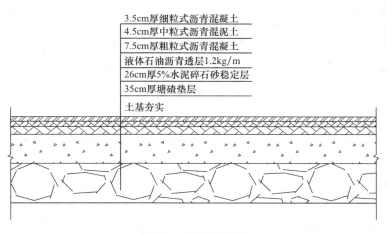

图 7-10 道路结构图

【解】 1. 透油层

根据设计喷油量不同，沥青油料含量按上表进行换算。

水泥稳定层上浇洒石油沥青作为透层油料定额考虑石油沥青用量为 $0.8kg/m^2$，现设计采用石油沥青用量为 $1.2kg/m^2$，则石油沥青定额消耗量调整为 $1.2×0.082/0.8=0.123$（t）。

套定额 2-147 换基价：$340+(0.123-0.082)\times 3720=492.52$（元/100m²）

2. 沥青层

粗、中粒式沥青混凝土路面在发生厚度"增减0.5cm"时，定额子目按"每增减1cm"子目减半套用的原则，定额套用如下：

粗粒式沥青混凝土 7.5cm 厚：套定额 [2-175]+[2-176]×1.5

基价 $3766+613\times 1.5=4685.5$（元/100m²）

中粒式沥青混凝土 4.5cm 厚：套定额 [2-183]+[2-186]×0.5

基价 $2825+687\times 0.5=3168.5$（元/100m²）

细粒式沥青混凝土 4.5cm 厚：套定额 [2-191]+[2-192]

基价 $2368+411=2779$（元/100m²）

【例 7-16】 某道路施工段长 200m，宽 16m，采用商品水泥混凝土路面，板厚 24cm，板块划分如图 7-11 所示。设计要求在起、终点各设一条胀缝，胀缝采用沥青木板，靠近胀缝的三条缩缝均设传力杆，其余缩缝为假缝形，锯缝深度为 5cm，嵌缝料为 PG 道路胶。施工时路面分两幅浇筑，每次浇筑半幅道路宽度。试求混凝土路面、构造钢筋、锯缝机锯缝、伸缩缝及混凝土模板的工程量及定额套用。

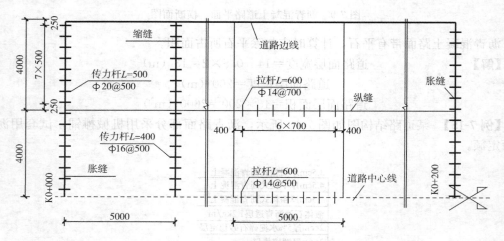

图 7-11 混凝土道路板块划分图

【解】 1. 商品混凝土路面 24cm 厚：$200\times 16=3200$（m²）

套定额：[2-195]+[196×4] 基价：$6882+334\times 4=8218$（元/100m²）

定额直接费$=32\times 8218=262976$（元）

2. 构造钢筋

(1) 横缝处传力杆钢筋长度

① 缩缝（带传力杆的共 6 条） Φ16：$(7+1)\times 4\times 6\times 0.4=76.8$（m）

② 胀缝（2 条） Φ20：$(7+1)\times 4\times 2\times 0.5=32$（m）

(2) 纵缝处拉杆钢筋长度：

纵缝（3 条） Φ14：$(6+1)\times(200\div 5)\times 3\times 0.6=504$(m)

(3) 构造钢筋重量（包括传力杆及拉杆）：

$0.617\times(76.8\times 1.6^2+32\times 2^2+504\times 1.4^2)\div 1000=0.810$(t)

套定额：2－208　基价：4207 元/t

定额直接费＝0.810×4207＝3408（元）

3. 锯缝机锯缝

缩缝 39 条，纵缝 2 条（纵向施工缝不用锯缝）　锯缝长度：39×16＋2×200＝1024(m) 套定额：2－203　基价 40 元/10m。

定额直接费＝102.4×40＝4096（元）

4. 伸缩缝嵌缝

伸缝（胀缝）2×16×0.24＝7.68（m²）

套定额：　　　　2－198　基价 658 元/10m²

定额直接费＝0.768×658＝505（元）

缩缝嵌缝 1024×0.05＝51.2（m²）

套定额：　　　　2－202　基价 1325 元/10m²

定额直接费＝5.12×1325＝6784（元）

5. 混凝土模板

道路分两幅浇筑，纵向共设三道模板；横向施工起点与原施工段直接相接不设模板，仅在施工终了断面处设一处横向模板。

模板工程量　　200×3×0.24＋16×0.24＝99.84（m²）

套定额：　　　　2－197　基价 3164（元/100m²）

定额直接费＝0.9984×3164＝3159（元）

7.2　道路工程清单项目及清单编制

7.2.1 道路工程清单项目设置

《市政工程工程量计算规范》（GB 50857—2013）附录 B 道路工程中，设置了 5 个小节 80 个清单项目，节的设置基本是按照道路工程施工的先后顺序编排的。

1. B.1 路基处理

本节主要按照路基处理方式的不同，设置了 23 个清单项目：预压地基、强夯地基、振冲密实、掺石灰、掺干土、掺石、抛石挤淤、袋装砂井、塑料排水板、振冲桩、砂石桩、水泥粉煤灰、碎石桩、粉喷桩、深层水泥搅拌桩、高压水泥旋喷桩、石灰桩、灰土挤密桩、桩锤冲扩桩、地基注浆、褥垫层、土工合成材料、排（截）水沟、盲沟。

2. B.2 道路基层

本节主要按照基层材料的不同，设置了 16 个清单项目：路床（槽）整形、石灰稳定土、水泥稳定土、石灰粉煤灰土、石灰碎石土、石灰粉煤灰碎（砾）石、粉煤灰、砂砾石、卵石、碎石、块石、山皮石、粉煤灰三渣、水泥稳定碎（砾）石、沥青稳定碎石、矿渣。

3. B.3 道路面层

本节主要按照道路面层材料的不同，设置了 9 个清单项目：沥青表面处理、沥青贯入式、透层、粘层、封层、黑色碎石、沥青混凝土、水泥混凝土、块料面层、弹性面层。

4. B.4 人行道及其他

本节主要按照不同的道路附属构筑物设置了 8 个清单项目：人行道整形碾压、人行道块料铺设、现浇混凝土人行道及进口坡、安砌侧（平、缘）石，现浇侧（平、缘）石、检查井升降、树池砌筑、预制电缆沟铺设。

5. B.5 交通管理设施

本节按不同的交通管理设计设置了 24 个清单项目。

7.2.2　道路工程清单项目工程量计算规则

1. 路基处理

工程量计算规则

路基处理方法不同，清单项目工程量计算规则及工程量计量单位不同。

强夯土方、土工布、路床（槽）整形：按设计图示尺寸以面积计算，计量单位为 m^2。

掺石灰、掺干土、掺石、抛石挤淤：按设计图示尺寸以体积计算，计量单位为 m^3。

袋装砂井、塑料排水板、石灰砂桩、碎石桩、喷粉桩、深层搅拌桩、排（截）水沟、盲沟：按设计图示以长度计算。

注意事项：

路床整形是指道路车行道路床的整形、碾压，不包括人行道部分，工程量按设计道路底基层图示尺寸以面积计算，不扣除各种井所占面积。路床宽度按设计道路面层另增两侧加宽值，加宽值按设计图样计算；路床长度等于道路中线长度，按道路平面图中的桩号计算。

无交叉口路段按下列公式计算：

$$路床整形面积 = 路床宽度 \times 道路中线长度 \tag{7-1}$$

交叉口路段按平面交叉的设计图样计算面积，具体方法参阅后述道路面层工程量的计算方法。

【例 7-17】　某道路工程采用水泥混凝土路面，现施工 K0＋000～K0＋200 段，道路平面图、横断面图如图 7-12 所示，试计算其路床整形清单工程量。

【解】　路床宽度＝14＋2×（0.2＋0.1＋0.4）＝15.4（m）

路床长度＝200m

路床整形面积＝15.4×200＝3080（m^2）

【例 7-18】　某道路工程采用水泥混凝土路面，现施工 K0＋000～K0＋200 段，道路平面图、横断面图如图 7-12 所示，试计算其路床整形定额工程量。

【解】　根据《浙江省市政工程预算定额》（2010 版）第 2 册道路工程工程量计算规则规定，路床整形碾压宽度按设计道路底层宽度加加宽值计算，加宽值无明确规定时，按底层两侧各加 25cm 计算。

路床宽度＝[14＋2×（0.2＋0.1＋0.4）]＋2×0.25＝15.9（m）

路床长度＝200m

路床整形面积＝15.9×200＝3180（m^2）

由于路床整形项目清单工程量计算规则与定额工程量计算规则不同，其清单工程量与定额工程量是不同的。

2. 道路基层

工程量计算规则

不同材料的道路基层，工程量计算规则相同，均按设计图示基层尺寸以面积计算，不扣除各种井所占面积，计量单位为 m²。如设计截面为梯形时，按其截面平均宽度计算面积，并在项目特征中对截面参数加以描述。

基层宽度按设计道路面层另增两侧加宽值，加宽值按设计图样计算；基层长度等于道路中线长度，按道路平面图中的桩号计算。

无交叉口路段按下列公式计算：

$$基层面积 = 基层宽度 \times 道路中线长度 \tag{7-2}$$

交叉口路段按平面交叉的设计图样计算面积。

【例 7-19】 某道路工程采用水泥混凝土路面，现施工 K0＋000～K0＋200 段，道路平面图、横断面图如图 7-12 所示，试计算其基层清单工程量。

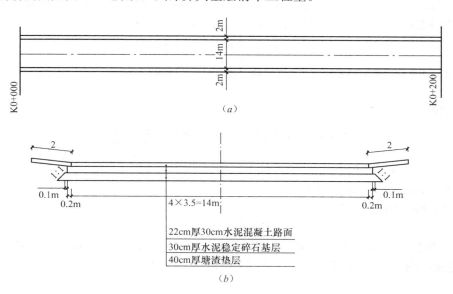

图 7-12 水泥混凝土道路平面、横断面图
（a）道路平面图；（b）道路横断面图

【解】 本例有两层基层，基层材料、厚度不同，需分别计算其工程量。

（1）30cm 厚水泥稳定碎石基层。

$$基层宽度 = 14 + 2 \times 0.2 = 14.4 (m)$$
$$基层长度 = 200m$$
$$基层面积 = 14.4 \times 200 = 2880 (m^2)$$

（2）40cm 厚塘渣基层。

塘渣基层摊铺边坡为 1：1，基层的截面是梯形，取其最大宽度计算。

$$基层宽度 = 14 + 2 \times 0.2 + 2 \times 0.1 + 2 \times 0.4/2 = 15 (m)$$
$$基层长度 = 200m$$
$$基层面积 = 15 \times 200 = 3000 (m^2)$$

3. 道路面层

工程量计算规则

不同材料的道路面层，工程量计算规则相同，均按设计图示面层尺寸以面积计算，不扣除各种井所占面积，带平石的面层应扣除平石所占面积，计量单位为 m²。

注意事项：

面层宽度按设计图样计算；面层长度等于道路中线长度，按道路平面图中的桩号计算。

（1）无交叉口路段：

$$面层面积 = 面层设计宽度 \times 道路中线长度 \tag{7-3}$$

沥青混凝土路面带有平石，计算时应扣除平石所占面积。

（2）有交叉口路段。

有交叉口路段道路面积除直线段路面面积外，还应包括转弯处增加的面积，按下列公式计算。

$$有交叉口路段路面面积 = 直线段路面面积 + 交叉口转弯处增加的面积 \tag{7-4}$$

直线段路面计算方法同无交叉口路段。

交叉口转弯处增加的面积，一般交叉口两侧计算至转弯圆弧的切点处，如图 7-13 中的阴影所示。

① 道路正交时，交叉口 1 个转弯处增加的面积计算公式如下。

$$S = R^2 - \frac{\pi}{4}R^2 \approx 0.2146R^2 \tag{7-5}$$

当交叉口 4 个转弯处半径相同时，交叉口转弯处增加的总面积：

$$F = 4S \approx 4 \times 0.2146R^2 = 0.8584R^2 \tag{7-6}$$

② 道路斜交时，转弯处增加的面积计算公式如下：

$$半径为 R_1 处转弯增加面积 S_1 = R_1^2\left(\tan\frac{\alpha}{2} - \frac{\alpha\pi}{360°}\right) \tag{7-7}$$

$$半径为 R_2 处转弯增加面积 S_2 = R_2^2\left(\tan\frac{180° - \alpha}{2} - \frac{(180° - \alpha)\pi}{360°}\right) \tag{7-8}$$

公式中 α 为道路斜交的角度，单位以度（°）计。

交叉口 4 个转弯处增加的总面积：

$$F = 2(S_1 + S_2) \tag{7-9}$$

【例 7-20】　某道路工程采用水泥混凝土路面，现施工 K0＋000～K0＋200 段，道路平面图、横断面图如图 7-13 所示，试计算其面层清单工程量。

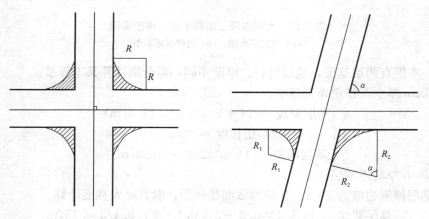

图 7-13　交叉口转弯处增加面积示意图

【解】　面层宽度＝14（m）

面层长度＝200（m）

面层面积＝14×200＝2800（m²）

【例 7-21】　某道路工程采用沥青混凝土路面，现施工 K0＋000～K0＋200 段，道路平面图、横断面图如图 7-14 所示，试计算其面层清单工程量。

【解】
$$面层宽度＝14－0.5×2＝13（m）$$
$$面层长度＝200m$$
$$面层面积＝13×200＝2600（m^2）$$

4. 人行道、平侧石及其他

工程量计算规则

（1）人行道工程量按设计图示尺寸以面积计算，不扣除各种井所占面积，但应扣除侧石、树池所占面积，计量单位为 m^2。

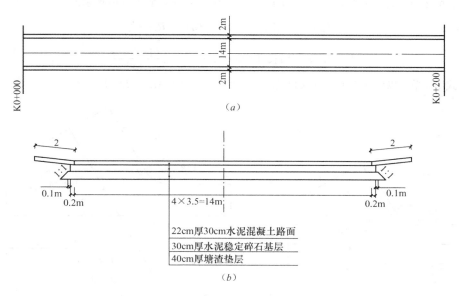

图 7-14　沥青混凝土道路平面、横断面图
(a) 道路平面图；(b) 道路横断面图

（2）平侧石工程量按设计图示中心线长度计算，计量单位为 m。

注意事项：

① 直线段：
$$人行道铺设面积 ＝ 设计长度×（设计人行道宽度－侧石宽度）\qquad(7-10)$$

② 交叉口转弯处（计算至切点）：
$$人行道铺设面积 ＝ 设计长度×（设计人行道宽度－侧石宽度）\qquad(7-11)$$

交叉口转弯处人行道设计长度应按人行道内、外两侧半径的平均值计算：
$$设计长度 ＝ \frac{人行道内侧半径＋人行道外侧半径}{2}×\frac{转弯圆心角度}{180°}π$$
$$＝\frac{人行道内侧半径＋人行道外侧半径}{2}×转弯圆心角弧度\qquad(7-12)$$

【例 7-22】　某交叉道路，如图 7-15 所示，两条道路斜交，交角为 60°，已知交叉口一侧人行道外侧半径 $R_1＝12m$，人行道内侧半径 $R_2＝9m$，人行道宽 3m，侧石宽 15cm，试计算交叉口转弯处该侧人行道面积。

【解】　该侧转弯处人行道实际铺设宽度＝3－0.15＝2.85（m）

$$人行道设计长度＝\frac{(12＋9)}{2}×\frac{60°}{180°}π≈11.00（m）$$

该侧转弯处人行道面积＝2.85×11＝31.35（m²）

平侧石工程量计算方法如下：

① 直线段：

$$平侧石长度 = 设计长度 \tag{7-13}$$

设计长度等于道路中线长度，按道路平面图桩号计算。

② 交叉口转弯处（计算至切点）：

$$平侧石长度 = 设计长度 \tag{7-14}$$

设计长度按转弯处圆弧长度计算，等于转弯半径乘以圆心角，如图 7-16 所示。

$$半径 R_1 处圆弧长度 AB = GH = R_1\pi\frac{\alpha}{180°}$$

$$半径 R_2 处圆弧长度 CD = EF = R_2\pi\frac{(180°-\alpha)}{180°}$$

上两式中 α 单位以度（°）计，交叉口转弯处平侧石总长度＝$AB+CD+EF+GH$。

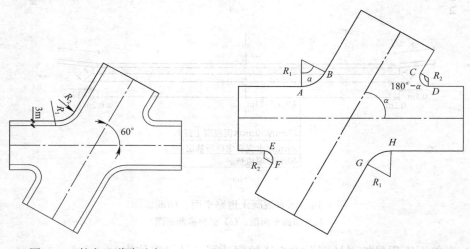

图 7-15　某交叉道路示意　　　　图 7-16　交叉口转弯处平侧石长度计算

7.2.3　道路工程量清单编制

道路工程量清单编制按照《计价规范》规定的工程量清单统一格式进行编制，主要是分部分项工程量清单、措施项目清单、其他项目清单这三大清单的编制。

1. 分部分项工程量清单的编制

道路工程分部分项工程量清单应根据《市政工程工程量计算规范》附录 B 规定的统一的项目编码、项目名称、计量单位、工程量计算规则进行编制。

分部分项工程量清单编制的步骤如下：清单项目列项、编码→清单项目工程量计算→分部分项工程量清单编制。

（1）清单项目列项、编码

应依据《计价规范》附录中规定的清单项目及其编码，根据招标文件的要求，结合施工图设计文件、施工现场等条件进行道路工程清单项目列项、编码。

清单项目列项、编码可按下列顺序进行。

1）明确道路工程的招标范围及其他相关内容。

2) 审读图样、列出施工项目。

道路工程施工图样主要有道路平面图、道路纵断面图、道路标准横断面图、道路逐桩横断面图、道路结构图、交叉口设计图、附属工程（挡墙、涵洞等）结构设计图等。

编制分部分项工程量清单，必须认真阅读全套施工图样，了解工程的总体情况，明确各部分的工程构造，并结合工程施工方法，按照工程的施工工序，逐个列出工程施工项目。

如某道路工程，根据施工图样可知车行道结构层采用 22cm 厚的水泥混凝土路面＋35cm 厚 6％水泥稳定碎石，水泥混凝土路面设纵缝、伸（胀）缝、缩缝，纵缝设拉杆、伸缝设传力杆，伸缩缝均采用沥青玛蹄脂嵌缝；人行道结构层采用 25cm×25cm×5cm 人行道预制块＋2cm 厚 M10 水泥砂浆＋15cm 5％水泥稳定碎石，工程总挖方量为 8000m³，填方量为 3500m³。

由于工程总挖方量大于总填方量，所以有多余土方需外运，该工程外运距离为 10km。

上述道路工程的基本施工工序为：土石方工程（挖方、填方、余方外运）→车行道路床整形→车行道水泥稳定层→车行道水泥混凝土路面→人行道路床整形→人性道水泥稳定层→人行道预制块铺设。

由于施工规范要求水泥稳定层一次摊铺碾压施工厚度不得超过 20cm，所以 35cm 厚水泥稳定层分两层摊铺、碾压密实，第一层厚 20cm、第二层厚 15cm。

根据工程的施工工序、施工方法列出工程施工项目表见表 7-2。

施工项目表 表 7-2

序 号	施工项目	
1	挖方	
2	填方	
3	余方外运（10km）	
4	车行道路床整形	
5	车行道 6％水泥稳定碎石层	第一层：20cm 厚
6		第二层：15cm 厚
7	车行道 22cm 厚水泥混凝土路面	模板安、拆
8		钢筋制作安装 纵缝拉杆
9		伸缝传力杆
10		浇筑水泥混凝土
11		伸缝嵌缝
12		缩缝锯缝
13		缩缝嵌缝
14		混凝土路面刻防滑槽
15		混凝土路面养生
16	人行道路床整形	
17	人行道 15cm 厚 5％水泥稳定碎石层	
18	人行道预制块铺设（2cm 厚 M10 水泥砂浆垫层）	

3) 对照《计算规范》附录，按其规定的清单项目列项、编码。

根据列出的施工项目表，对照《计算规范》附录各清单项目的工程内容，确定清单项目的项目名称、项目编码。这是正确编制分部分项工程量清单的关键。

下列的清单项目、编码见表 7-3。

清单项目 表 7-3

序号	清单项目名称	项目编码	备 注
1	挖一般土方	040101001001	表 7-2 第 1 项施工项目
2	填方	040103001001	表 7-2 第 2 项施工项目
3	余方弃置（运距 10km）	040103002001	表 7-2 第 3 项施工项目
4	路床整形	040202001001	表 7-2 第 4 项施工项目
5	35cm 6％水泥稳定碎石基层	040202015001	表 7-2 第 5、6 施工项目
6	现浇构件钢筋（传力杆、拉杆）	040901001001	表 7-2 第 8、9 施工项目
7	22cm 厚水泥混凝土面层	040203007001	表 7-2 第 7、10、11、12、13、14、15 项施工项目
8	人行道整形碾压	040204001001	表 7-2 第 16 项施工项目
9	25cm×25cm×5cm 人行道预制块铺设（2cm M10 水泥砂浆垫层、15cm 厚 5％水泥稳定碎石基础）	040204001001	表 7-2 第 17、18 项施工项目

在进行清单项目列项编码时，应注意以下几点。

① 施工项目与清单项目不是一一对应的：有的清单项目就是施工项目，有的清单项目包括几个施工项目，这主要根据《计算规范》中规定的清单项目所包含的"工程内容"。

如"22cm 厚水泥混凝土面层"清单项目，根据《计算规范》规定其"工程内容"包括：模板制作安装、拆除、混凝土浇筑、拉毛或压痕、伸缝、缩缝、锯缝、嵌缝、路面养生，所以这个清单项目就包括了表 7-2 中第 7、10、11、12、13、14、15 项施工项目。

表 7-2 第 7 项"模板安、拆"不包含在"水泥混凝土面层"清单项目的"工程内容"中，它属于施工技术措施项目，技术措施项目名称为"混凝土、钢筋混凝土模板及支架"。

又如"25cm×25cm×5cm 人行道预制块铺设"清单项目，根据《计算规范》规定其"工程内容"包括整形碾压、垫层、基础铺筑、块料铺设，所以这个清单项目包括了表 7-2 中第 16、17、18 项施工项目。

② 清单项目名称应按《计算规范》中的项目名称（可称为基本名称），结合实际工程的项目特征综合确定，形成具体的项目名称。

如上例中"人行道块料铺设"为基本名称，项目特征包括材质、尺寸、垫层材料品种、厚度、强度、图形。结合工程实际情况，具体的项目名称为"25cm×25cm×5cm 人行道预制块铺设（2cm M10 水泥砂浆垫层、15cm 厚 5％水泥稳定碎石基础）"。

③ 清单项目编码由 12 位数字组成，第 1～9 位项目编码根据项目"基本名称"按《计价规范》统一编制，第 10～12 位项目编码由清单编制人根据"项目特征"由 001 起按顺序编制。

如果清单项目的"基本名称"相同，则 1～9 位项目编码相同；如果清单项目的某一个"项目特征"不同，则具体的清单项目名称就不同，清单项目第 10～12 位项目编码也不同。

一个完整的道路工程分部分项工程量清单，一般包括《市政工程工程量计算规范》附录 A 土石方工程、B 道路工程中的有关清单项目，还可能包括厂钢筋工程中的有关清单项目。如果是改建道路工程，还应包括 K 拆除工程中的有关清单项目。如果道路工程包括挡墙等工作内容，还应包括 C 桥涵护岸工程中的有关清单项目。

（2）清单项目工程量计算

清单项目列项后，根据施工图样，按照清单项目的工程量计算规则、计算方法计算各清单项目的工程量。

清单项目工程量计算时，要注意计量单位。

（3）编制分部分项工程量清单

按照分部分项工程量清单的统一格式，编制分部分项工程量清单与计价表。

2. 措施项目清单的编制

措施项目清单的编制应根据工程招标文件、施工设计图样、施工方法确定旋工措施项目，包括施工组织措施项目、施工技术措施项目，并按照《计价规范》规定的统一格式编制。

措施项目清单编制的步骤如下：施工组织措施项目列项→施工技术措施项目列项→措施项目清单编制。

（1）施工组织措施项目列项

施工组织措施项目主要有安全文明施工费、检验试验费、夜间施工增加费、提前竣工增加费、材料二次搬运费、冬雨期施工费、行车行人干扰增加费、已完工程及设备保护费等。

（2）施工技术措施项目列项

施工技术措施项目主要有大型机械设备进出场及安拆、混凝土、钢筋混凝土模板及支架、脚手架、施工排水、降水、围堰、现场施工围栏、便道、便桥等。

（3）编制措施项目清单

按照《计价规范》规定的统一的格式，编制措施项目清单与计价表（一）、（二）。

1）施工组织措施项目主要根据招标文件的要求、工程实际情况确定列项。其中"安全文明施工费"、"检验试验费"必需计取；其他组织措施项目根据工程具体情况确定。如工程施工现场场地狭窄需发生二次搬运时，需列项；如工程现场宽敞，不需发生二次搬运，就不需列项。夜间施工增加费与提前竣工增加费不能同时计取。

2）施工技术措施项目主要根据施工图样、施工方法确定列项。每个工程的施工内容、施工方法不同，采取的施工技术措施项目也不相同。

3）编制措施项目清单时，只需要列项，不需要计算相关措施项目的工程量。

3. 其他项目清单及其包括项目对应的明细表

其他项目清单中的项目应根据拟建工程的具体情况列项，按《计价规范》规定的统一格式编制。

（1）暂列金额：如需发生，将其项目名称、暂定金额填写在暂列金额明细表，并汇总至其他项目清单与计价汇总表。如不需发生，暂列金额明细表为空白表格。

（2）材料暂估价：如需发生，将其材料名称、规格、型号、计量单位、单价填写在材料暂估价表。如不需发生，材料暂估价表为空白表格。

（3）专业工程暂估价：如需发生，将其工程名称、工程内容、金额填写在专业工程暂估价表，并汇总至其他项目清单与计价汇总表。如不需发生，专业工程暂估价表为空白表格。

（4）计日工：如需发生，将其人工、材料、机械的单位和暂定数量填写在计日工表。如不需发生，计日工表为空白表格。

对分项单位价值较高项目的工程量计算结果除钢材（以 t 为计量单位）、木材（以 m^3 为计量单位）取三位小数外，一般项目水泥、混凝土可取小数点后两位或一位，对分项价值低项如土方、人行道板等可取整数。

在计算工程量时，要注意将计算所得的工程量中的计量单位（米、平方米、立方米或千克等）按照预算定额的计算单位（100m、100m²、100m³ 或 10m、10m²、10m³ 或吨）进行调整，使其相同。

工程量计算完毕后必须进行自我检查复核，检查其列项、单位、计算式、数据等有无遗漏或错误。如发现错误，应及时更正。

（5）工程量计算顺序

一般有以下几种：

1）按施工顺序计算：即按工程施工顺序先后计算工程量。

2）按顺时针方向计算：即先从图纸的左上角开始，按顺时针方向依次进行计算到右上角。

3）按"先横后直"计算：即在图纸上按"先横后直"、从上到下、从左到右顺序进行计算。

7.3　道路工程定额计量与计价及工程量清单计量与计价实例

7.3.1　定额计价模式下工程计量与计价

【例 7-23】　　（图 7-17）

（1）工程概述施工方案及编制要求

某新建城市道路次干道，设计路段桩号 K0+000～K0+260，横断面路幅宽度 26m；其中车行道宽度为 16m，两侧人行道宽度各为 5m。南侧有一十字交叉口（斜交）。路面结构层次依次为：面层为 3cm 细粒式沥青混凝土、4cm 中粒式沥青混凝土、7cm 粗粒式沥青混凝土；基层为 22cm 粉煤灰三渣，25cm 塘渣，具体如图所示。

（2）施工方案如下：

1）全线均为挖方路段，土方外运，运距为 5km。

2）施工机械中的大型机械有：履带式挖掘机、履带式推土机各 1 台，压路机 2 台。

3）粉煤灰三渣采用整幅沥青摊铺机摊铺，施工时两侧立侧模。

4）在粉煤灰三渣基层与粗粒式沥青混凝土之间需喷洒石油沥青粘结层（喷油量 1kg/m²）。

5）沥青混凝土、粉煤灰三渣、人行道板以及平、侧石均按成品考虑。

（3）编制要求：

1）施工组织措施费、综合费用按《浙江省建设工程施工取费定额（2010 版）》弹性区间费率的中值计取。

2）根据工程类别划分，道路为二类工程。

3）投标报价按《浙江省市政工程预算定额（2010 版）》进行编制。

4）材料价格采用某地区建设工程造价信息（2013 年×月）。

【解】　工程量计算

根据图纸计算出基本数据如下：

道路面积：　　　　　　　$S_{直行} = 260 \times 16 = 4160 m^2$

$$S_{交叉口} = (60.5 - 16/\sin 85.53°) \times 16 + \{20 \times [tg(85.53°/2) - 0.00873 \times 85.53]$$
$$\times 2 + 20 \times [tg(94.47°/2) - 0.00873 \times 94.47] \times 2\} \times 20 = 1058.98 m^2$$
$$S = S_{直行} + S_{交叉口} = 5218.98 m^2$$

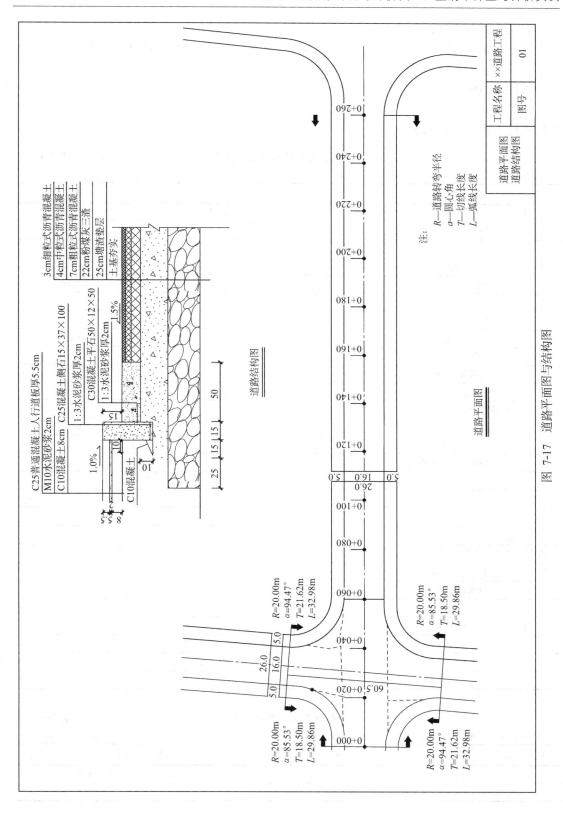

图 7-17 道路平面图与结构图

混凝土侧石长度：

$$L = [260 - (21.62 + 16/\sin85.53° + 18.5) + 29.86 + 32.98] \times 2$$
$$= 533.34 + 8.66 = 542m$$

人行道面积：

$$S = 542 \times 5 = 2710m^2$$

其他项目工程量计算见表7-4。

专业工程招标控制计算程序表　　　　　　　　　　表 7-4

单位工程（专业）：某新建城市道路工程（道路工程）　　　　　　第　页　共　页

序号	费用名称	计算方法	金额（元）
一	直接费	1+2+3+4+5	1485261
1	其中定额人工费		58008
2	其中人工价差		44536
3	其中材料费		1288220
4	其中定额机械费		77151
5	其中机械费价差		17346
二	施工组织措施费	6+7+8+9+10+11+12+13	12381
6	安全文明施工费	(1+4)×4.46%	6028
7	检验试验费	(1+4)×1.23%	1662
8	冬雨期施工增加费	(1+4)×0.19%	257
9	夜间施工增加费	(1+4)×0.03%	41
10	已完工程及设备保护费	(1+4)×0.04%	54
11	二次搬运费	(1+4)×0.71%	960
12	行车、行人干扰增加费	(1+4)×2.5%	3379
13	提前竣工增加费	(1+4)×0	0
三	企业管理费	(1+4)×16.5%	22301
四	利润	(1+4)×12%	16219
五	规费	14+15+16	12186
14	排污费、社保费、公积金	(1+4)×7.3%	9867
15	危险作业意外伤害保险费		0
16	民工工伤保险费	（一+二+三+四+14+15）×0.15%	2319
六	总承包服务费		0
七	风险费	（一+二+三+四+五+六）×0	0
八	暂列金额		0
九	税金	（一+二+三+四+五+六+七+八）×3.577%	55384
十	造价下浮	（一+二+三+四+五+六+七+八+九）×0	0
十一	建设工程造价	一+二+三+四+五+六+七+八+九一十	1603732

分部分项工程费计算表　　　　　　　　　　表 7-5

单位工程（专业）：某新建城市道路工程（道路工程）　　　　　　第　页　共　页

序号	编号	名　称	单位	数量	单价（元）	合价（元）
		第一册通用项目		1.000	27176.86	27176.86
1	1-59	挖掘机挖土装车一、二类土	m³	1627.270	3.89	6326.23

续表

序号	编号	名称	单位	数量	单价（元）	合价（元）
2	1-68	自卸汽车运土方运距 1km 以内	m³	1627.270	6.56	10677.04
3	1-69×4 换	自卸汽车运土方运距每增加 1km	m³	1627.270	6.25	10173.59
		第二册道路工程		1.000	1445334.47	1445334.47
4	2-1	路床碾压检验	m²	5652.580	1.49	8443.00
5	2-101	人机配合铺装塘渣底层厚度 25cm	m²	5517.080	17.04	94008.83
6	2-49	粉煤灰三渣基层沥青混凝土摊铺机摊铺厚 20cm	m²	5307.671	23.04	122283.52
7	2-50×2 换	粉煤灰三渣基层沥青混凝土摊铺机摊铺增 2cm	m²	5307.671	2.10	11161.61
8	2-51	洒水车洒水	m²	5307.671	0.35	1852.31
9	2-197	水泥混凝土道路模板	m²	238.480	44.03	10500.48
10	2-147	半刚性基层石油沥青透层	m²	4947.980	4.44	21969.40
11	2-175	机械摊铺粗粒式沥青混凝土路面厚度 6cm	m²	4947.980	73.82	365249.36
12	2-176	机械摊铺粗粒式沥青混凝土路面厚度每增 1cm	m²	4947.980	12.12	59982.96
13	2-183	机械摊铺中粒式沥青混凝土路面厚度 4cm	m²	4947.980	53.19	263196.26
14	2-191	机械摊铺细粒式沥青混凝土路面厚度 3cm	m²	4947.980	43.62	215837.66
15	2-2	人行道整形碾压	m²	2628.700	1.32	3471.49
16	2-211 换	C10 现拌混凝土人行道基础厚度 10cm	m²	2628.700	35.09	92246.90
17	2-212×2 换	C10 现拌混凝土人行道基础减 2cm	m²	−2628.700	6.41	−16845.91
18	2-215 换	人行道板安砌砂浆垫层厚度 2cm 水泥砂浆 M10.0	m²	2628.700	59.06	155257.27
19	2-225 换	C10 人工铺装侧平石混凝土垫层	m³	2.710	338.44	917.18
20	2-227 换	人工铺装侧平石砂浆粘结层 水泥砂浆 1∶3	m³	7.046	360.35	2539.06
21	2-228	混凝土侧石安砌	m	542.000	28.90	15664.87
22	2-230	混凝土平石安砌	m	542.000	32.47	17598.21
		附录		1.000	12750.00	12750.00
23	3001	履带式挖掘机 1m³ 以内场外运输费用	台次	1.000	3771.55	3771.55
24	3003	履带式推土机 90kW 以内场外运输费用	台次	1.000	2817.87	2817.87
25	3010	压路机场外运输费用	台次	2.000	3080.30	6160.59
		本页小计				1485261.33
		合　计				1485261.33

工程量计算书　　　　　　　　　　　　　表 7-6

单位及专业工程名称：某新建城市道路工程-道路工程

第　页　共　页

序号	项目编号	项目名称	单位	数量	计算式
1	1-59	挖掘机挖土装车一、二类土	m³	1627.270	1627.27
2	1-68	自卸汽车运土方运距 1km 以内	m³	1627.270	1627.27
3	1-69×4 换	自卸汽车运土方运距每增加 1km	m³	1627.270	1627.27
4	2-1	路床碾压检验	m²	5652.580	5218.98＋542×(0.55＋0.25)

续表

序号	项目编号	项目名称	单位	数　量	计算式
5	2-101	人机配合铺装塘渣底层厚度 25cm	m²	5517.080	5218.98＋542×(0.3＋0.25)
6	2-49	粉煤灰三渣基层沥青混凝土摊铺机摊铺厚 20cm	m²	5307.671	5218.98＋542×0.3×0.12/0.22
7	2-50×2 换	粉煤灰三渣基层沥青混凝土摊铺机摊铺增 2cm	m²	5307.671	5218.98＋542×0.3×0.12/0.22
8	2-51	洒水车洒水	m²	5307.671	5218.98＋542×0.3×0.12/0.22
9	2-197	水泥混凝土道路模板	m²	238.480	542×0.22×2
10	2-147	半刚性基层石油沥青透层	m²	4947.980	5218.98－542×0.5
11	2-175	机械摊铺粗粒式沥青混凝土路面厚度 6cm	m²	4947.980	5218.98－542×0.5
12	2-176	机械摊铺粗粒式沥青混凝土路面厚度每增 1cm	m²	4947.980	5218.98－542×0.5
13	2-183	机械摊铺中粒式沥青混凝土路面厚度 4cm	m²	4947.980	5218.98－542×0.5
14	2-191	机械摊铺细粒式沥青混凝土路面厚度 3cm	m²	4947.980	5218.98－542×0.5
15	2-2	人行道整形碾压	m²	2628.700	2710－542×0.15
16	2-211 换	C10 现拌混凝土人行道基础厚度 10cm	m²	2628.700	2710－542×0.15
17	2-212×2 换	C10 现拌混凝土人行道基础减 2cm	m²	－2628.700	－(2710－542×0.15)
18	2-215 换	人行道板安砌砂浆垫层厚度 2cm 水泥砂浆 M10	m²	2628.700	2710－542×0.15
19	2-225 换	C10 人工铺装侧平石混凝土垫层	m³	2.710	0.005×542
20	2-227 换	人工铺装侧平石砂浆粘结层水泥砂浆 1：3	m³	7.046	[GCLMX]
		侧石下		1.626	542×0.15×0.02
		平石下		5.42	542×0.5×0.02
21	2-228	混凝土侧石安砌	m	542.000	542
22	2-230	混凝土平石安砌	m	542.000	542
23	3001	履带式挖掘机 1m³ 以内场外运输费用	台次	1.000	1
24	3003	履带式推土机 90kW 以内场外运输费用	台次	1.000	1
25	3010	压路机场外运输费用	台次	2.000	2

7.3.2　工程量清单计价模式下工程计量与计价

某新建城市道路工程

招标控制价

招标控制价（小写）：<u>1603753 元</u>

（大写）：<u>壹佰陆拾万叁仟柒佰伍拾叁元整</u>

招标人：＿＿＿＿＿＿＿＿＿＿＿

（单位盖章）

工程造价
咨　询　人：＿＿＿＿＿＿＿＿＿＿＿

（单位资质专用章）

法定代表人
或其授权人：＿＿＿＿＿＿＿＿＿

（签字或盖章）

法定代表人
或其授权人：＿＿＿＿＿＿＿＿＿

（签字或盖章）

编　制　人：＿＿＿＿＿＿＿＿＿

（造价人员签字盖专用章）

复　核　人：＿＿＿＿＿＿＿＿＿

（造价工程师签字盖专用章）

编制时间：

复核时间：

招标控制价编制说明

工程名称：某新建城市道路工程　　　　　　　　　　　　　　　　　　　　　　　　第　页　共　页

1. 《建设工程工程量清单计价规范》（GB 50500—2013）。
2. 《浙江省市政工程预算定额》（2010 版）。
3. 施工组织措施费、综合费用按《浙江省建设工程施工取费定额》（2010 版）弹性区间费率的中值，道路二类工程计取。
4. 材料价格采用××地区建设工程造价信息（2013 年×月）。

工程项目招标控制价汇总表

表 7-7

工程名称：某新建城市道路工程

第 页 共 页

序号	单位工程名称	金额（元）	其 中		
			安全文明施工费（元）	检验试验费（元）	规费（元）
一	某新建城市道路工程	1603753	6025	1662	12180
1	道路工程	1603753	6025	1662	12180
	合计	1603753	6025	1662	12180

专业工程招标控制价计算程序表

表 7-8

单位工程（专业）：某新建城市道路工程-道路工程

单位：元

序 号	汇总内容	费用计算表达式	金额（元）
一	分部分项工程		1497603
1	其中定额人工费		53562
2	其中人工价差		41133
3	其中定额机械费		71141
4	其中机械费价差		16334
二	措施项目		38585
5	施工组织措施项目费		12374
5.1	安全文明施工费		6025
5.2	检验试验费		1662
6	施工技术措施项目费		26211
6.1	其中定额人工费		4464
6.2	其中人工价差		3428
6.3	其中定额机械费		5918
6.4	其中机械费价差		1119
三	其他项目		
四	规费	7＋8＋9	12180
7	排污费、社保费、公积金	[1＋3＋6.1＋6.3]×7.3%	9861
8	危险作业意外伤害保险费		
9	农民工工伤保险费	[一＋二＋7＋8]×0.15%	2319
五	税金	[一＋二＋三＋四]×3.577%	55385
	招标控制价合计＝一＋二＋三＋四＋五		1603753

分部分项工程量清单与计价表

表 7-9

单位工程（专业）：某新建城市道路工程-道路工程

第　页　共　页

序号	项目编码	项目名称	项目特征	计量单位	工程量	综合单价（元）	合价（元）	其中（元）				备注
								定额人工费	人工费价差	定额机械费	机械费价差	
1	040101001001	挖一般土方	1. 土壤类别：一、二类土 2. 挖土深度：按道路设计横断面	m³	1627.27	4.81	7827.17	309.18	260.36	4963.17	797.36	
2	040103002001	余方弃置	1. 废弃料品种：路基土方 2. 运距：5km	m³	1627.27	15.74	25613.23			16744.61	3970.54	
3	040202001001	路床（槽）整形	1. 部位：车行道 2. 范围：K0+000~K0+260	m²	5652.58	1.83	10344.22	791.36	621.78	5709.11	1356.62	
4	040202013001	山皮石（塘渣）垫层	1. 石料规格：按图纸设计要求 2. 厚度：25cm	m²	5517.08	17.55	96824.75	2317.17	1765.47	7558.40	1710.29	
5	040202014001	粉煤灰三渣	1. 配合比：按图纸设计要求 2. 厚度：22cm	m²	5307.67	25.96	137787.11	5307.67	4033.83	3503.06	796.15	
6	040203003001	透层、粘层	1. 材料品种：石油沥青 2. 喷油量：1kg/m²	m²	4947.98	4.49	22216.43	346.36	296.88	643.24	98.96	
7	040203006001	沥青混凝土	1. 沥青品种：进口沥青 2. 沥青混凝土种类：粗粒式沥青混凝土 3. 石料粒径：按设计要求 4. 掺合料：按设计要求 5. 厚度：7cm	m²	4947.98	86.87	429831.02	2325.55	1781.27	13755.38	2919.31	
8	040203006002	沥青混凝土	1. 沥青品种：进口沥青 2. 沥青混凝土种类：中粒式沥青混凝土 3. 石料粒径：按设计要求 4. 掺合料：按设计要求 5. 厚度：4cm	m²	4947.98	53.72	265805.49	1632.83	1286.47	7471.45	1632.83	

续表

序号	项目编码	项目名称	项目特征	计量单位	工程量	综合单价(元)	合价(元)	其中(元) 定额人工费	人工费价差	定额机械费	机械费价差	备注
9	040203006003	沥青混凝土	1. 沥青品种：进口沥青 2. 沥青混凝土种类：细粒式沥青混凝土 3. 石料粒径：按设计要求 4. 掺和料：按设计要求 5. 厚度：cm	m^2	4947.98	44.14	218403.84	1632.83	1237.00	7323.01	1632.83	
10	040204001001	人行道整形碾压	1. 部位：人行道 2. 范围：K0+000～k0+260	m^2	2628.70	1.54	4048.20	1761.23	1340.64	289.16	78.86	
11	040204002001	人行道块料铺设	1. 块料品种、规格：C25普通混凝土，尺寸为250×250×5.5 2. 基础、垫层：材料品种，厚度：2cm厚M10水泥砂浆卧底，8cm厚C10混凝土基础 3. 图形：按设计图纸	m^2	2628.70	91.68	240999.22	33121.62	25419.53	3180.73	1340.64	
12	040204004001	安砌侧石	1. 材料品种、规格：C25预制混凝土侧石，尺寸37×15×100 2. 基础、垫层：材料品种，厚度：2cm厚1:3水泥砂浆卧底，C10混凝土靠背	m	542.00	33.07	17923.94	2509.46	1929.52			
13	040204004002	安砌平石	1. 材料品种、规格：C25预制混凝土侧石，尺寸50×12×50 2. 基础、垫层：材料品种，厚度：2cm厚1:3水泥砂浆卧底	m	542.00	36.86	19978.12	1506.76	1159.88			
		合计					1497603	53562	41133	71141	16334	

施工组织措施项目清单与计价表

表 7-10

单位工程（专业）：某新建城市道路工程-道路工程　　　　　　　　　第　页　共　页

序号	项目名称	计算基础	费率（%）	金额（元）
1	安全文明施工费	定额人工费＋定额机械费	4.46	6025
2	检验试验费	定额人工费＋定额机械费	1.23	1662
3	冬雨期施工增加费	定额人工费＋定额机械费	0.19	257
4	夜间施工增加费	定额人工费＋定额机械费	0.03	41
5	已完成工程及设备保护费	定额人工费＋定额机械费	0.04	54
6	二次搬运费	定额人工费＋定额机械费	0.71	959
7	行车、行人干扰增加费	定额人工费＋定额机械费	2.5	3377
8	提前竣工增加费	定额人工费＋定额机械费		
	合计			12374

施工技术措施项目清单与计价表

表 7-11

单位工程（专业）：某新建城市道路工程-道路工程　　　　　　　　　第　页　共　页

序号	项目编码	项目名称	项目特征	计量单位	工程量	综合单价（元）	合价（元）	其中（元）				备注
								定额人工费	人工费价差	定额机械费	机械费价差	
1	041102001001	垫层模板	1. 构件类型：粉煤灰三渣	m²	238.48	48.68	11609	3260.02	2504.04	624.82	90.62	
2	041106001001	大型机械设备进出场及安拆		台·次	1	14601.67	14602	1204.00	924.00	5293.08	1027.88	
		本页小计					26211	4464	3428	5918	1119	
		合计					26211	4464	3428	5918	1119	

工程人工费汇总表

表 7-12

单位工程（专业）：某新建城市道路工程-道路工程　　　　　　　　　第　页　共　页

序号	编码	人工	单位	数量	单价（元）	合价（元）
1	0000001	一类人工	工日	7.81	73.00	570.20
2	0000011	二类人工	工日	1341.76	76.00	101973.81
		合计				102544

工程材料费汇总表

表 7-13

单位工程（专业）：某新建城市道路工程-道路工程　　　　　　　　　第　页　共　页

序号	编码	材料名称	规格型号	单位	数量	单价（元）	合价（元）
1	0201031	橡胶板	δ2	m²	0.78	10.33	8.06
2	0233011	草袋		个	40.00	1.50	60.00

序号	编 码	材料名称	规格型号	单位	数 量	单价（元）	合价（元）
3	0351001	圆钉		kg	3.17	7.50	23.79
4	0357101	镀锌铁丝		kg	14.00	7.00	98.00
5	0359001	铁件		kg	429.26	6.00	2575.58
6	0401031	水泥	42.5	kg	51147.91	0.45	23016.56
7	0403043	黄砂（净砂）	综合	t	308.30	72.00	22197.64
8	0405001	碎石	综合	t	259.67	69.00	17916.94
9	0405081	石屑		t	2.13	43.00	91.49
10	0407001	塘渣		t	2816.52	28.00	78862.69
11	0407071	厂拌粉煤灰三渣		m³	1191.04	100.00	119104.11
12	0433071	细粒式沥青商品混凝土		m³	149.92	1350.00	202397.12
13	0433072	中粒式沥青商品混凝土		m³	199.90	1250.00	249872.99
14	0433073	粗粒式沥青商品混凝土		m³	349.82	1150.00	402295.51
15	0503041	枕木		m³	0.32	2000.00	640.00
16	1043011	养护毯		m²	1104.05	3.30	3643.38
17	1155021	石油沥青		t	4.06	4900.00	19880.98
18	1201011	柴油		kg	410.68	8.21	3371.70
19	1233041	隔离剂		kg	23.85	2.83	67.49
20	3115001	水		m³	965.40	7.00	6757.78
21	3115051	煤		t	0.79	750.00	593.76
22	3201011	钢模板		kg	157.80	6.20	978.37
23	3201021	木模板		m³	0.10	1500.00	143.09
24	3305061	人行道板	250×250×55	m²	2707.56	37.00	100179.76
25	3307001	混凝土平石	500×500×120	m	550.13	28.00	15403.64
26	3307011	道路侧石	370×150×1000	m	550.13	21.00	11552.73
		合计					1281733

工程机械台班费汇总表　　　　表 7-14

单位工程（专业）：某新建城市道路工程-道路工程

序号	编 码	机械设备名称	单位	数 量	单价（元）	合价（元）
1	9901043	履带式单斗挖掘机（液压）1m³	台班	3.16	1228.56	3878.45
2	9901003	履带式推土机 90kW	台班	2.21	848.40	1877.58
3	9904017	自卸汽车 12t	台班	25.39	797.44	20243.36
4	9904034	洒水汽车 4000L	台班	3.10	481.97	1493.82
5	9901057	内燃光轮压路机 12t	台班	8.02	475.37	3814.30
6	9901002	履带式推土机 75kW	台班	5.09	709.94	3611.68
7	9901056	内燃光轮压路机 8t	台班	23.74	338.14	8027.51
8	9901058	内燃光轮压路机 15t	台班	29.92	591.71	17703.56
9	9901020	平地机 90kW	台班	7.01	558.47	3913.01
10	9901083	沥青混凝土摊铺机 8t	台班	17.08	930.40	15894.16
11	9901061	振动压路机 8t	台班	3.40	512.83	1742.05
12	9901079	汽车式沥青喷洒机 4000L	台班	0.69	722.18	500.27
13	9906006	双锥反转出料混凝土搅拌机 350L	台班	7.02	133.72	938.52

续表

序号	编 码	机械设备名称	单位	数 量	单价（元）	合价（元）
14	9913032	混凝土振捣器平板式 BLL	台班	7.02	17.93	125.85
15	9904030	机动翻斗车 1t	台班	16.95	153.95	2610.22
16	9906016	灰浆搅拌机 200L	台班	9.20	92.36	849.76
17	9907012	木工圆锯机 ϕ500	台班	11.28	27.59	311.22
18	9907016	木工平刨床 300	台班	11.28	13.56	152.92
19	9904004	载货汽车 4t	台班	0.38	371.50	141.75
20	9903017	汽车式起重机 5t	台班	4.26	414.48	1766.63
21	9904024	平板拖车组 40t	台班	4.00	1165.76	4663.04
		合计				94260

工程量计算书 表 7-15

单位工程（专业）：某新建城市道路工程-道路工程 第 页 共 页

序号	项目编号	项目名称	单位	计算式	数量
1	040101001001	挖一般土方：1. 土壤类别：一、二类土 2. 挖土深度：按道路设计横断面	m^3	1627.270	1627.27
	1-59	挖掘机挖土装车一、二类土	m^3	Q	1627.27
2	040103002001	余方弃置：1. 废弃料品种：路基土方 2. 运距：5km	m^3	1627.270	1627.27
	1-68 换	自卸汽车运土方运距 5km 内	m^3	Q	1627.27
3	040202001001	路床（槽）整形：1. 部位：车行道 2. 范围：K0+000～K0+260	m^2	5218.98+542×(0.55+0.25)	5652.58
	2-1	路床碾压检验	m^2	Q	5652.58
4	040202013001	山皮石（塘渣）垫层：1. 石料规格：按图纸设计要求 2. 厚度：25cm	m^2	5218.98+542×(0.3+0.25)	5517.08
	2-101	人机配合铺装塘渣底层厚度 25cm	m^2	Q	5517.08
5	040202014001	粉煤灰三渣：1. 配合比：按图纸设计要求 2. 厚度：22cm	m^2	5218.98+542×0.3×0.12/0.22	5307.67
	2-49 换	沥青混凝土摊铺机摊铺厚 22cm	m^2	Q	5307.67
	2-51	洒水车洒水	m^2	Q	5307.67
6	040203003001	透层、粘层：1. 材料品种：石油沥青 2. 喷油量：1kg/m^2	m^2	5218.98−542×0.5	4947.98
	2-147	半刚性基层石油沥青透层	m^2	Q	4947.98
7	040203006001	沥青混凝土：1. 沥青品种：进口沥青 2. 沥青混凝土种类：粗粒式沥青混凝土 3. 石料粒径：按设计要求 4. 掺合料：按设计要求 5. 厚度：7cm	m^2	5218.98−542×0.5	4947.98

续表

序号	项目编号	项目名称	单位	计算式	数量
	2-175 换	机械摊铺粗粒式沥青混凝土路面厚 7cm	m²	Q	4947.98
8	040203006002	沥青混凝土：1. 沥青品种：进口沥青 2. 沥青混凝土种类：中粒式沥青混凝土 3. 石料粒径：按设计要求 4. 掺合料：按设计要求 5. 厚度：4cm	m²	$5218.98-542\times0.5$	4947.98
	2-183	机械摊铺中粒式沥青混凝土路面厚度 4cm	m²	Q	4947.98
9	040203006003	沥青混凝土：1. 沥青品种：进口沥青 2. 沥青混凝土种类：细粒式沥青混凝土 3. 石料粒径：按设计要求 4. 掺合料：按设计要求 5. 厚度：cm	m²	$5218.98-542\times0.5$	4947.98
	2-191	机械摊铺细粒式沥青混凝土路面厚度 3cm	m²	Q	4947.98
10	040204001001	人行道整形碾压：1. 部位：人行道 2. 范围：K0+000~K0+260	m²	$2710-542\times0.15$	2628.70
	2-2	人行道整形碾压	m²	Q	2628.70
11	040204002001	人行道块料表铺设：1. 块料品种、规格：C25 普通混凝土，尺寸为 250×250×5.5 2. 基础、垫层：材料品种、厚度：2cm M10 水泥砂浆卧底，8cm 厚 C10 混凝土基础 3. 图形：按设计图纸	m²	$2710-542\times0.15$	2628.70
	2-211 换	人行道现拌混凝土基础厚 8cm	m²	Q	2628.70
	2-215 换	人行道板安砌砂浆垫层厚度 2cm～水泥砂浆 M10.0	m²	Q	2628.70
12	040204004001	安砌侧石：1. 材料品种、规格：C25 预制混凝土侧石，尺寸 37×15×100 2. 基础、垫层：材料品种、厚度为 2cm 厚 1：3 水泥砂浆卧底，C10 混凝土靠背	m	542.000	542.00
	2-228	混凝土侧石安砌	m	Q	542.00
	2-227 换	人工铺装侧平石砂浆粘结层水泥砂浆 1：3	m³	$0.15\times Q\times0.02$	1.63
	2-225	人工铺装侧平石混凝土垫层	m³	$0.005\times Q$	2.71

续表

序号	项目编号	项目名称	单位	计算式	数量
13	040204004002	安砌平石：1. 材料品种、规格：C25 预制混凝土侧石，尺寸 50×12×50 2. 基础、垫层：材料品种、厚度为 2cm 厚 1∶3 水泥砂浆卧底	m	542.000	542.00
	2-230	混凝土平石安砌	m	Q	542.00
	2-227 换	人工铺装侧平石砂浆粘结层水泥砂浆 1∶3	m³	0.5×0.02×Q	5.42
14	41102001001	垫层模板：1. 构件类型：粉煤灰三渣	m²	542×0.22×2	238.48
	2-197	水泥混凝土道路模板	m²	Q	238.48
15	41106001001	大型机械设备进出场及安拆	台·次	1.000	1
		履带式挖掘机 1m³ 以内场外运输费用	台·次	1.000	1.000
		履带式推土机 90kW 以内场外运输费用	台·次	1.000	1.000
		压路机场外运输费用	台·次	2.000	2.000

第8章 桥涵工程计量与计价

8.1 桥涵工程预算定额应用

本章说明：

（1）《桥涵工程》包括打桩工程、钻孔灌注桩工程、砌筑工程、钢筋工程、现浇混凝土工程、预制混凝土工程、立交箱涵工程、安装工程、临时工程及装饰工程，共 10 章 593 个子目。

（2）适用范围：

1）单跨 100m 以内的城市钢筋混凝土及预应力钢筋混凝土桥梁工程。

2）单跨 5m 以内的各种板涵、拱涵工程。圆管涵套用第六册《排水工程》定额，其中管道敷设及基础项目人工、机械费乘以 1.25 系数。

3）穿越城市道路及铁路的立交箱涵工程。

（3）本册定额有关说明：

1）预制混凝土及钢筋混凝土构件均属现场预制，不适用于独立核算、执行产品出厂价格的构件厂所生产的构配件。

2）本册定额中提升高度按原地面标高至梁底标高 8m 为界，若超过 8m 时，应考虑超高因素（悬浇箱梁除外）。

① 现浇混凝土项目按提升高度不同将全桥划分为若干段，以超高段承台顶面以上混凝土（不含泵送混凝土）、模板、钢筋的工程量，按下表调整相应定额中起重机械的规格及人工、起重机台班的消耗量分段计算；

② 陆上安装梁可按表 8-1 调整相应定额中的人工及起重机台班的消耗量，但起重机械的规格不做调整；

现浇混凝土与陆上安装梁 表 8-1

项　目	现浇混凝土			陆上安装梁	
	人工	5t 履带式电动起重机		人工	起重机械
提升高度 H/m	消耗量系数	消耗量系数	规格调整为	消耗量系数	消耗量系数
$H \leqslant 15$	1.02	1.02	15t 履带式起重机	1.10	1.10
$H \leqslant 22$	1.05	1.05	25t 履带式起重机	1.25	1.25
$H > 22$	1.10	1.10	40t 履带式起重机	1.50	1.50

③ 本册定额河道水深取定为 3m；

④ 本册定额中均未包括各类操作脚手架，发生时按《通用项目》相应定额执行；

⑤ 本册定额未包括预制构件的场外运输。

8.1.1 打桩工程

8.1.1.1 说明

(1) 本章定额内容包括打木制桩、打钢筋混凝土桩、打钢管桩、送桩、接桩等项目共11节104个子目。

(2) 定额中土质类别均按甲级土考虑。

(3) 本章定额均为打直桩，如打斜桩（包括俯打、仰打）斜率在1:6以内时，人工乘以1.33，机械乘以1.43。

(4) 本章定额均考虑在已搭置的支架平台上操作，但不包括支架平台，其支架平台的搭设与拆除应按本册第九章有关项目计算。

(5) 陆上打桩采用履带式柴油打桩机时，不计陆上工作平台费，可计20cm碎石垫层，面积按陆上工作平台面积计算。

(6) 船上打桩定额按两艘船只拼搭、捆绑考虑。

(7) 打板桩定额中，均已包括打、拔导向桩内容，不得重复计算。

(8) 陆上、支架上、船上打桩定额中均未包括运桩。

(9) 本章定额打基础圆木桩不同于第一册《通用项目》的打木制工具桩。

(10) 送桩定额按送4m为界，如实际超过4m时，按相应定额乘以下列调整系数：

1) 送桩5m以内，乘以1.2系数。

2) 送桩6m以内，乘以1.5系数。

3) 送桩7m以内，乘以2.0系数。

4) 送桩7m以上，以调整后7m为基础、每超过1m递增0.75系数。

(11) 打桩工程机械配备，均按桩长及截面综合考虑。

(12) 打桩机械的安拆、场外运输费用按机械台班费用定额有关规定计算。

(13) 如设计要求需凿除桩顶时，可套用本册第九章"临时工程"有关子目。

(14) 打桩定额中已考虑了150m运桩距离。

(15) 打木桩的桩靴未包括在定额内，由于桩径断面不一，无法单独编制，发生时可套用本册铁件制作安装定额。

(16) 打钢管桩定额中不包括接桩费用，如发生接桩，按实际接头数量套用钢管桩接桩定额。

(17) 打钢管桩送桩，按打桩定额人工、机械数量乘以1.9系数计算。

8.1.1.2 工程量计算规则

1. 打桩

(1) 钢筋混凝土方桩、板桩按桩长度（包括桩尖长度）乘以桩横断面面积计算；

(2) 钢筋混凝土管桩按桩长度（包括桩尖长度）乘以桩横断面面积，减去空心部分体积计算；

(3) 钢管桩按成品桩考虑，按设计长度（设计桩顶至桩底标高）、管径、壁厚以"吨"计算。

计算公式 $\omega = (D - \delta) \times \delta \times 0.0246 \times L / 1000$

式中 ω——钢管桩重量，t；

D——钢管桩直径，mm；

δ——钢管桩壁厚，mm；

L——钢管桩长度，m。

【例 8-1】 某桥采用现场灌注混凝土桩共 65 根，如图 8-1 所示，用柴油打桩机打孔，钢管外径 500mm，桩深 10m，采用扩大桩复打一次。计算灌注混凝土桩的工程量。

【解】 $V=\dfrac{1}{4}\times3.14\times0.5^2\times10\times65\times2=255.13$（m³）

说明：桩采用复打时，定额工程量乘以复打次数。

2. 焊接桩型钢用量可按实调整

3. 送桩

（1）陆上打桩时，以原地面平均标高增加 1m 为界线，界线以下至设计桩顶标高之间的打桩实体积为送桩工程量；

（2）支架上打桩时，以当地施工期间的最高潮水位增加 0.5m 为界线，界线以下至设计桩顶标高之间的打桩实体积为送桩工程量；

（3）船上打桩时，以当地施工期间的平均水位增加 1m 为界线，界线以下至设计桩顶标高之间的打桩实体积为送桩工程量。

【例 8-2】 如图 8-2 所示，自然地坪标高 0.5m，桩顶标高－0.3m，设计桩长 18m（包括桩尖）。桥台基础共有 20 根 C30 预制钢筋混凝土方桩，采用焊接接桩，试计算打桩、接桩与送桩的直接工程费

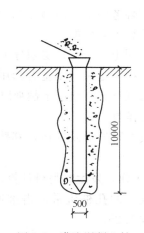

图 8-1 灌注混凝土桩

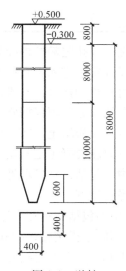

图 8-2 送桩

【解】 （1）打桩：$V=0.4\times0.4\times18\times20=57.6$（m³）

套定额 [3-16] 基价=1607（元/10m³）

直接工程费=160.7×57.6=9256（元）

（2）接桩：$n=20$（个）

套定额 [3-55] 基价=252（元/个）

直接工程费=252×20=5040（元）

（3）送桩：$V=0.4\times0.4\times(1+0.5+0.3)\times20=5.76$（m³）

$$套定额［3-74］　基价=4758（元/10m³）$$

$$直接工程费=475.8\times5.76=2741（元）$$

8.1.2　钻孔灌注桩工程

8.1.2.1　说明

（1）本章定额包括埋设护筒，人工挖孔、回旋钻机钻孔、冲孔桩机带冲抓锤成孔、冲孔桩机带冲击锤成孔及灌注混凝土等项目共 7 节 48 个子目。

（2）本章定额适用于桥涵工程钻孔灌注桩基础工程。

（3）本章定额中涉及的各类土（岩石）层鉴别标准如下：

1）砂、黏土层：粒径在 2～20mm 的颗粒质量不超过总质量 50% 的土层，包括黏土、粉质黏土、粉土、粉砂、细砂、中砂、粗砂、砾砂。

2）碎、卵石层：粒径在 2～20mm 的颗粒质量超过总质量 50% 的土层，包括角砾、圆砾及在 20～200mm 的碎石、卵石、块石、漂石，此外亦包括软石及强风化岩。

3）岩石层：除软石及强风化岩以外的各类坚石，包括次坚石、普坚石和特坚石。

（4）埋设钢护筒定额中钢护筒按摊销量计算。若在深水作业，钢护筒无法拔出时，可按钢护筒实际用量（或参考表 8-2）减去定额数量一次增列计算。

钢护筒实际用量表　　　　　　　　　　　　　表 8-2

桩径/mm	600	800	1000	1200	1500	2000
每米护筒质量/(kg/m)	120.28	155.37	184.96	286.06	345.09	554.99

（5）回旋钻机成孔定额按桩径划分子目，定额已综合考虑了穿越砂、黏土层和碎卵石层的因素。如设计要求进入岩石层时，套用相应定额计算入岩增加费。

（6）冲孔打桩机冲抓（击）锥冲孔定额按桩长及不同土（岩石）层划分子目。

（7）桩孔空钻部分回填根据施工组织设计要求套用相应定额。填土者套用第一册《通用项目》土石方工程松填土定额，填碎石者套用本册第五章碎石垫层定额乘以系数 0.7。

（8）钻孔桩灌注混凝土定额均已包括混凝土灌注充盈量。

（9）定额中未包括：钻机场外运输、截除余桩、废泥浆处理及外运，其费用可套用相应定额和说明另行计算。

（10）定额中不包括在钻孔中遇到障碍必须清除的工作，发生时另行计算。

（11）套用回旋钻机钻孔、冲孔桩机带冲抓锥冲孔、冲孔桩机带冲击锥冲孔定额时，若工程量小于 150m³，打桩定额的人工及机械乘以系数 1.25。

（12）本定额所列桩基础施工机械的规格、型号按常规施工工艺和方法所用机械取定。

（13）人工探桩位等因素已综合考虑在各类桩基定额内，不另行计算。

（14）桩基础工前场地平整、压实地表、地下障碍物处理等，定额均未考虑，发生时可另行计算。

（15）定额中未涉及土（岩石）层的子目，已综合考虑了各类土（岩石）层因素。

（16）人工挖桩孔：1）挖桩孔按深 10m 以内取定；2）土质分为 Ⅰ、Ⅱ、Ⅲ、Ⅳ 类土，孔径不分大小。

8.1.2.2 工程量计算规则

（1）钻孔桩成孔工程量按成孔长度乘以设计桩截面积以"立方米"计算。成孔长度陆上时，为原地面至设计桩底的长度；水上时，为水平面至设计桩底的长度减去水深。入岩工程量按实际入岩数量以"立方米"计算。

【例 8-3】 水上回旋转机钻孔，桩径 $\phi800$，成孔工程量 $150 m^3$，试确定定额编号及基价。

【解】 $[3-120]H$

基价 $=1813+(634.68+1001.47)\times(1.25\times1.2-1)=2631.08$（元/$10 m^3$）。

（2）卷扬机带冲抓（击）锥冲孔工程量按进入各类土层、岩石层的成孔长度乘以设计桩截面积以"立方米"计算。

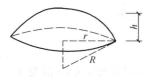

图 8-3 球冠示意图

（3）人工挖桩孔土方工程量按护壁外缘包围的面积乘以深度计算。

人工挖孔桩土方应按图示桩断面积乘以设计桩孔中心线深度计算。挖孔桩的底部一般是球冠体（图 8-3）。

球冠体的体积计算公式为：

$$V = \pi h^2 \left(R - \frac{h}{3} \right)$$

由于施工图中一般只标注 r 的尺寸，无 R 尺寸，所以需变换一下求 R 的公式：

已知 $\qquad\qquad r^2 = R^3 - (R-h)^2$

故 $\qquad\qquad r^2 = 2Rh - h^2$

$$R = \frac{r^2 + h^2}{2h}$$

【例 8-4】 根据图 8-4 中的有关数据和上述计算公式，计算挖孔桩土方工程量。

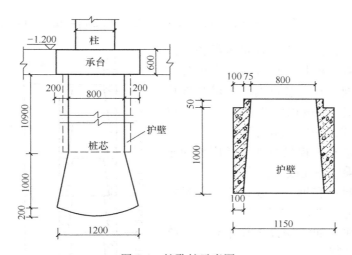

图 8-4 挖孔桩示意图

【解】 （1）桩身部分

$$V = 3.1416 \times \left(\frac{1.15}{2} \right)^2 \times 10.90 = 11.32 (m^3)$$

（2）圆台部分

$$V = \frac{1}{3}\pi h (r^2 + R^2 + rR)$$

$$= \frac{1}{3} \times 3.1416 \times 1.0 \times \left[\left(\frac{0.80}{2}\right)^2 + \left(\frac{1.20}{2}\right)^2 + \frac{0.80}{2} \times \frac{1.20}{2}\right]$$

$$= 1.047 \times (0.16 + 0.36 + 0.24)$$

$$= 1.047 \times 0.76 = 0.80 (\text{m}^3)$$

（3）球冠部分

$$R = \frac{\left(\frac{1.20}{2}\right)^2 + (0.2)^2}{2 \times 0.2} = \frac{0.40}{0.4} = 1.0 (\text{m})$$

$$V = \pi h^2 \left(R - \frac{h}{3}\right) = 3.1416 \times (0.20)^2 \times \left(1.0 - \frac{0.20}{3}\right) = 0.12 (\text{m}^3)$$

挖孔桩体积 $= 11.32 + 0.08 + 0.12 = 12.24 (\text{m}^3)$。

【例 8-5】 某工程挖孔灌注桩工程，如图 8-5 所示，$D = 820\text{mm}$，$\frac{1}{4}$ 砖护壁，C20 混凝土桩芯，桩深 27m，现场搅拌，求单桩工程量。

【解】 挖孔灌注 C20 桩桩芯：

$$V_1 = \frac{1}{3}\pi (R^2 + r^2 + Rr) h$$

$$= \left[\frac{1}{3} \times 3.142 \times 5 \times (0.31^2 + 0.35^2 + 0.31 \times 0.35) \times 4 + \frac{1}{3} \times 3.142 \times 7\right.$$

$$\left. \times (0.31^2 + 0.35^2 + 0.31 \times 0.35)\right]$$

$$= (6.85 + 2.40) = 9.25 (\text{m}^3)$$

红砖护壁：$V_2 = V - V_1 = \left(\frac{1}{4} \times 3.142 \times 0.82^2 \times 27 - 9.25\right) = 5.01 \ (\text{m}^3)$

（4）钻孔灌注桩混凝土工程量按桩长乘以设计桩截面积计算，桩长＝设计桩长＋设计加灌长度。设计未规定加灌长度时，加灌长度按不同设计桩长确定：25m 以内按 0.5m、35m 以内按 0.8m、35m 以上按 1.2m 计算。

（5）桩孔回填土工程量按加灌长度顶面至自然地坪的长度乘以桩孔截面积计算。

（6）泥浆池建造和拆除泥浆运输工程量按成（冲）孔工程量以"立方米"计算。

（7）钻孔灌注桩如需搭设工作平台，按临时工程有关项目计算。

（8）钻孔灌注桩钢筋笼按设计图纸计算，套用钢筋工程有关项目。

（9）钻孔灌注桩需使用预埋铁件时，套钢筋工程有关项目。

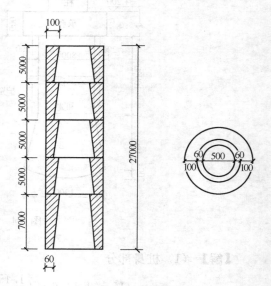

图 8-5 挖孔灌注桩

【例 8-6】 回旋转机水上钻孔，桩径 900mm，试确定定额编号及基价。

【解】 ［3-128］H

基价 $= 1405 + (442.04 + 814.84) \times 1.2 = 2913$（元 $/100m^3$）。

【例 8-7】 钻孔桩 C30 混凝土灌注（回旋转机），试确定定额编号及基价。

【解】 ［3-149］H

基价 $= 3459 + (248.22 - 234.63) \times 12 = 3622.08$（元 $/10m^3$）。

【例 8-8】 某桥涵打桩工程，需打 $\phi200$ 钻孔灌注桩 50 根，设计桩长如图 8-6 所示，入岩深度为 1.2m，采用 C25 商品混凝土，空转部分需回填碎石，试计算工程量并套用定额。

【解】 （1）埋设钢护筒：$50 \times 2 = 100$（m）

套 ［3-108］ $100 \times 1385 \div 10 = 13850$（元）

（2）钻孔桩成孔：

$$25 \times 3.1416 \times (1.2 \div 2)^2 \times 50 = 1413.7（m^3）$$

套 ［3-129］ $1413.7 \times 1148 \div 10 = 162293$（元）

（3）入岩增加量：

$$1.2 \times 3.1416 \times (1.2 \div 2)^2 \times 50 = 67.9（m^3）$$

套 ［3-133］ $67.9 \times 5077 \div 10 = 34473$（元）

（4）泥浆池搭拆：

工程量等于成孔工程量 $= 1413.7（m^3）$

套 ［3-144］ $1413.7 \times 35 \div 10 = 4948$（元）

（5）灌注预拌混凝土 C25：$(25 - 1 + 0.5) \times 3.1416 \times (1.2 \div 2)^2 \times 50 = 1385.45（m^3）$

套 ［3-150］ $1385.45 \times 4244 \div 10 = 587985$（元）

（6）桩孔回填：$(1 - 0.5) \times 3.1416 \times (1.2 \div 21)^2 \times 50 = 28.3（m^3）$

套 ［3-207］ $28.3 \times 1128 \times 0.7 \div 10 = 2235$（元）

【例 8-9】 某钻孔灌注桩，桩高 $h = 30m$，桩径设计为 1.5m，地质条件上部为普通土，下部要求入岩，如图 8-7 所示，试计算该桩的成孔工程量、灌注混凝土工程量、入岩增加量及泥浆运输工程量。

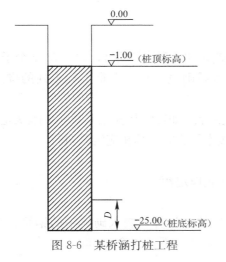

图 8-6 某桥涵打桩工程

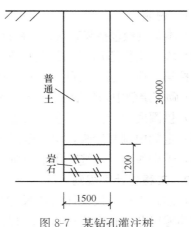

图 8-7 某钻孔灌注桩

【解】

(1) 钻孔桩成孔工程量：

$$V_1 = 30 \times \left(\frac{1.5}{2}\right)^2 \times \pi = 52.99 (\text{m}^3)$$

(2) 灌注混凝土工程量：

$$V_2 = (30 + 0.5) \times \left(\frac{1.5}{2}\right)^2 \times \pi = 53.9 (\text{m}^3)$$

(3) 入岩增加量：

$$V_3 = 1.2 \times \left(\frac{1.5}{2}\right)^2 \times \pi = 2.12 (\text{m}^3)$$

(4) 泥浆运输工程量：

$$V_4 = 30 \times \left(\frac{1.5}{2}\right)^2 \times \pi = 52.99 (\text{m}^3)$$

【例 8-10】 某桥梁钻孔灌注桩基础如图 8-8 所示，采用正循环钻孔桩工艺，桩径为 1.2m，桩顶设计标高 0.00m，桩底设计标高为 -29.50m，桩底要求入岩，桩身采用 C25 钢筋混凝土。试计算桩基清单工程量和定额工程量（钻机成孔、灌注混凝土的工程量。）

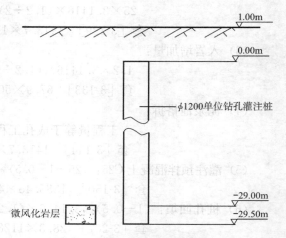

图 8-8 某桥梁钻孔灌注桩基础图

【解】

(1) 清单项目为机械成孔灌注桩（ϕ1200、C25），项目编号为 040301007001

清单工程量 $= 0.00 - (-29.50) = 29.50 (\text{m})$

(2) 定额钻机孔工程量 $= [1.00 - (-29.50)] \times (1.2/2)^2 \times \pi = 34.49$ （m³）

(3) 定额灌注混凝土工程量 $= [0.00 - (-29.50) + 0.8] \times (1.2/2)^2 \times \pi = 34.27$ （m³）

8.1.3 砌筑工程

8.1.3.1 说明

(1) 本章定额包括浆砌块石、料石、混凝土预制块和砖砌体等项目，共 5 节 22 个子目。

(2) 本章定额适用于砌筑高度在 8m 以内的桥涵砌筑工程。本章定额未列的砌筑项目，可按第一册《通用项目》相应定额。

(3) 砌筑定额中未包括垫层、拱背和台背的填充项目，如发生上述项目，可套用有关定额。

(4) 拱圈底模定额中不包括拱盔和支架，可按本册临时工程相应定额执行。

(5) 定额中调制砂浆，均按砂浆拌合机拌合。

(6) 干砌块石、勾缝套用第一册《通用项目》相应定额。

8.1.3.2 工程量计算规则

(1) 砌筑工程量按设计砌体尺寸以"立方米"体积计算，嵌入砌体中的钢管、沉降缝、伸缩缝以及单孔面积在 0.3m² 以内的预留孔所占体积不予扣除。

（2）拱圈底模工程量按模板接触砌体的面积计算。

【**例 8-11**】 M10 水泥砂浆砌筑混凝土预制块墩台，试确定定额编号及基价。

【**解**】 ［3-162］*H*

$$基价 = 3386 + (174.77 - 168.17) \times 0.92 = 3392.07（元/10m^3）$$

【**例 8-12**】 某桥梁重力式桥台，台身采用 M10 水泥砂浆砌块石，台帽采用 M10 水泥砂浆料石，如图 8-9 所示，基础及勾缝不计，共二个台座，长度 12m，试计算台身及台帽工程量并套用定额。

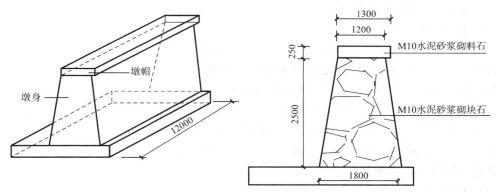

图 8-9 某桥梁重力式桥台

【**解**】 （1）墩身工程量：$(1.8 + 1.2) \div 2 \times 2.5 \times 12 \times 2 = 90$（m³）

套 ［3-153］ 换 基价 $= 2266 + 3.67 \times (174.77 - 168.17) = 2290$（元/10m³）

直接工程费 $= 90 \times 229 = 20610$（元）

（2）墩帽工程量：$1.3 \times 0.25 \times 12 \times 2 = 7.8$（m³）

套 ［3-159］ 换 基价 $= 3248 + 0.92 \times (174.77 - 168.17) = 3254$（元/10m³）

直接工程费 $= 7.8 \times 325.4 = 2538$（元）

8.1.4 钢筋工程

8.1.4.1 说明

（1）本章定额包括桥涵工程各种钢筋、高强钢丝、钢绞线、预埋铁件及声测管、钢梁的制作安装等项目，共 6 节 32 个子目。

（2）定额中钢筋按圆钢及螺纹钢两种分别，圆钢采用 HPB235 钢，螺纹钢采用 HRB335，钢板均按 A3 钢计列，预应力筋采用Ⅳ级钢、钢绞线和高强钢丝。因设计要求采用钢材与定额不符时，可以调整。

（3）因束道长度不等，故定额中未列锚具数量，但已包括锚具安装的人工费。

（4）压浆管道定额中的钢管、波纹管均已包括套管及三通管安装费用，但未包括三通管费用，可另行计算。

（5）本章定额中钢绞线按 $\phi 15.24mm$ 考虑。

（6）本章先张法预应力钢筋及钢绞线的定额中已将张拉设备综合考虑，但人工时效未列入定额内。

（7）本章后张法预应力张拉时未包括张拉脚手架，发生时另行计算。

（8）预应力钢筋制作安装定额中所列预应力筋的品种、规格如与设计要求不同时可以调整。先张法预应力筋的制作安装定额未包括张拉分座摊销，可另行计算。

（9）普通钢筋的定额损耗统一调整为2%，有关钢筋工程量计算规则，设计无规定时可参照本省建筑工程预算定额有关规定执行。

8.1.4.2　工程量计算规则

（1）钢筋按设计数量套用相应定额计算（损耗量已包括在定额中）。

（2）T形梁连接钢板项目按设计图纸，以"吨"为单位计算。

（3）锚具工程量按设计用量计算。

（4）管道压浆不扣除钢筋体积。

（5）理论质量计算：

$$钢筋单位质量 = 0.00617 \times d^2$$

式中，d 以 mm 为单位，钢筋单位质量单位为 kg/m。

如：$\phi 12$ 质量 $= 0.00617 \times 12^2 = 0.888$（kg/m）

$$钢板单位质量 = 7.85 \times 厚度(mm)$$

式中，厚度以 mm 为单位，钢板单位质量单位为 kg/m^2。

如：1.5mm 厚钢板质量 $= 7.85 \times 1.5 = 11.775$（kg/m^2）

其他金属材料理论重量查五金手册。

（6）钢筋计算：

1）直钢筋、弯钢筋、分布筋计算，如图 8-10 所示。

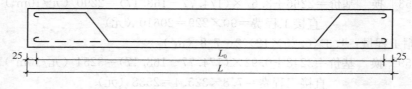

图 8-10　钢筋计算

① 直钢筋长度计算＝构件长度－保护层厚度＋搭接长度

$$L_0 = L - 2 \times 0.025 + n_1 35d$$

② 弯钢筋长度计算＝构件长度－保护层厚度＋弯钩长度＋搭接长度

a）⊏——半圆弯钩长度 $= 6.25d$/个弯钩　$L_0 = L - 2 \times 0.025 + 2 \times 6.25d + n_1 \cdot 35d$

b）⌊——直弯钩长度 $= 3d$/个弯钩　$L_0 = L - 2 \times 0.025 + 2 \times 3d + n_1 \cdot 35d$

c）∠——斜弯钩长度 $= 4.9d$/个弯钩　$L_0 = L - 2 \times 0.025 + 2 \times 4.9d + n_1 \cdot 35d$

③ 分布筋根数＝配筋长度÷间距＋1

$$L_0 = L - 2 \times 0.025 + 2 \times 6.25d + n_1 \cdot 35d$$

式中　L_0——钢筋长；

L——构件长；

d——钢筋直径；

n_1——搭接个数（单根钢筋连续长度超过 8m 设一个搭接）。

【例 8-13】　钢筋混凝土预制板长 3.85m，宽 0.65m，厚 0.1m，保护层为 2.5cm。如图 8-11 所示，计算钢筋数工程量。

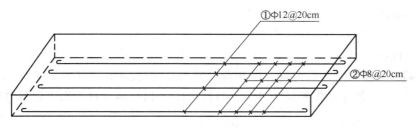

图 8-11 钢筋混凝土预制板

【解】 (1) $\phi 12 = (3.85 - 0.025 \times 2 + 0.012 \times 6.25 \times 2)$

$$\times \left(\frac{0.65 - 0.025 \times 2}{0.2} + 1\right) \times 0.00617 \times 12^2$$

$$= 3.95 \times 4 \times 0.889 = 14.05 \text{(kg)}$$

(2) $\phi 8 = (0.65 - 0.025 \times 2)$

$$\times \left(\frac{3.85 - 0.025 \times 2}{0.2} + 1\right) \times 0.00617 \times 8^2$$

$$= 0.6 \times 20 \times 0.395 = 4.74 \text{(kg)}$$

$$\text{钢筋合计} = 14.03 + 4.74 = 18.77 \text{ (kg)}$$

2) 弯起筋计算 (图 8-12)。

$$L_0^1 = L_0 + 0.4 n_2 H$$

式中 L_0——直筋长；

L_0^1——弯起筋长；

n_2——弯起筋个数；

H——梁高或板高。

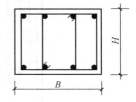

图 8-12 弯起筋计算图

3) 箍筋计算：如图 8-13 所示。

① 双肢箍筋长度 $\qquad L_1 = 2(B + H)$

四肢箍筋长度 $\qquad L_2 = 4H + 2.7B$

$$\text{箍筋单根长度} = \text{断面周长}(\text{不考虑延伸率、保护层厚})$$

$$\text{箍筋个数} = \frac{\text{配筋范围长度}}{\text{间距}} + 1$$

式中 B——梁宽或板宽。

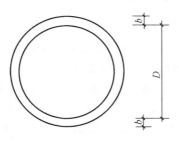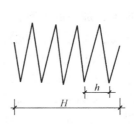

图 8-13 螺旋箍筋净长图

② 螺旋箍筋净长 $= \dfrac{H}{h} \times \sqrt{\left[\pi \times (D - 2b - d)^2 + h^2\right]}$，如图 8-13 所示。

式中 H——螺旋箍筋高度（深度）；

h——螺距；

D——圆直径；

b——保护层厚。

【例8-14】 某桥梁共8根桩基，桩基直径为1m，桩长50m，其中下部7m为无筋，钢筋伸入承台0.8m。桩主筋保护层为6cm，具体详图8-14，试计算钢筋工程量并套用定额。

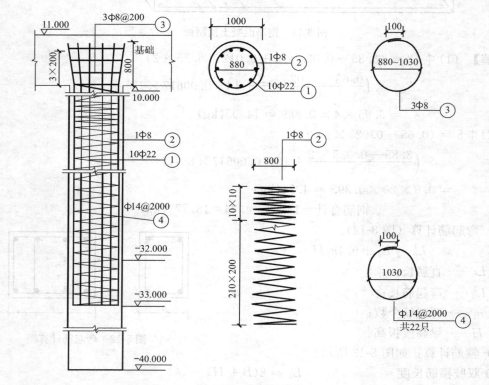

图8-14 某桥梁桩基

【解】 1号钢筋设计长度：$33+10+0.8=43.8$（m），搭接个数$43.8÷8-1=4.475$，取5个

计算长度：$43.8+5×10×0.022=44.9$（m）

1号钢筋总质量：$44.9×10×0.617×2.2^2×8=10727$（kg）

2号钢筋计算长度：加密区下料长$=\sqrt{[(0.88+0.008)×\pi]^2+0.1^2}×10=27.91$（m）

非收口段料长$=\sqrt{[(0.88+0.008)×\pi]^2+0.2^2}×210=587.35$（m）

上下水平段长：$\pi×(1-2×0.06+0.008)×1.5×2=8.37$（m）

2号钢筋总质量：$(27.91+587.35+8.37)×0.617×0.8^2×8=1970$（kg）

3号钢筋总质量：$[(0.88+1.03+0.008×2)÷2×\pi+0.1]×3×0.617×0.8^2×8=30$（kg）

4号钢筋总质量：$[(1.030+0.014)×\pi+0.1]×22×0.617×1.4^2×8=719$（kg）

钢筋总用量：$(10727+1970+30+719)÷1000=13.446$（t）

套定额［3-179］基价=4676元/t

直接工程费=13.346×4676=62406（元）

【例8-15】 某钢筋混凝土基础长18m，宽2.5m，厚0.4m，保护层为4cm。如图8-15

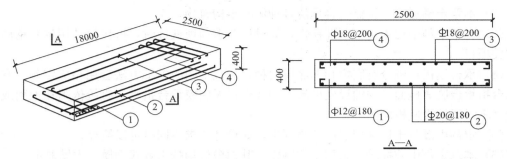

图 8-15 某钢筋混凝土基础

所示，计算该基础钢筋重量并套用定额计算直接工程费。

【解】 1 号钢筋计算下料长度 $2.5-0.04\times2+0.012\times6.25\times2=2.57$ （m）

1 号钢筋根数 $\left(\dfrac{18-0.04\times2}{0.18}+1\right)=100.56$，取 101 根

1 号筋总质量：$2.57\times101\times0.617\times1.2^2=231$ （kg）

2 号钢筋计算下料长度 $18-0.04\times2+2\times0.02\times35=19.32$ （m）（$18\div8=2.23$，取 2 个接头）

2 号钢筋根数 $\left(\dfrac{2.5-0.04\times2}{0.18}+1\right)=14.44$，取 15 根

2 号钢筋总质量：$19.32\times15\times0.617\times2^2=715$ （kg）

3 号钢筋计算下料长度 $18-0.04\times2+2\times0.018\times35=19.18$ （m）

3 号钢筋根数 $\left(\dfrac{2.5-0.04\times2}{0.2}+1\right)=13.1$，取 14 根

3 号钢筋总质量：$19.18\times14\times0.617\times1.8^2=537$ （kg）

4 号钢筋计算下料长度 $2.5-0.04\times2+0.01\times6.25\times2=2.545$ （m）

4 号钢筋根数 $\left(\dfrac{18-0.04\times2}{0.2}+1\right)=90.6$，取 91 根

4 号钢筋总质量：$2.545\times91\times0.617\times1^2=143$ （kg）

双层钢筋支撑按上层最小直径取 $\phi10$ 钢筋，下料长 $2\times0.4+1=1.8$ （m），支撑个数 $2.5\times18=45$ （只）

支撑钢筋钢筋质量：$45\times1.8\times0.617\times1^2=50$ （kg）

圆钢汇总：$(231+143+50)\div1000=0.424$ （t）

螺纹钢汇总：$(715+537)\div1000=1.252$ （t）

圆钢套定额 [3-177] 基价 4518 （元/t）

直接工程费 $=0.424\times4518=1916$ （元）

螺纹钢套定额 3-178 基价 4346 （元/t）

直接工程费 $=1.252\times4346=5441$ （元）

8.1.5 现浇混凝土工程

8.1.5.1 说明

（1）本章定额包括基础、墩、台、柱、梁、桥面、接缝等项目，共 14 节 114 个子目。

（2）本章定额适用于桥涵工程现浇各种混凝土构筑物。

（3）本章定额中均未包括预埋铁件，如设计要求预埋铁件时，可按设计用量套钢筋工程有关项目。

（4）承台模板定额分有底模和无底模两种，应视不同的施工方法套用相应定额。有底模承台指承台脱离地面，需铺设底模施工的承台；无底模承台指承台直接依附在地面或基础上，不需要铺设底模的承台。

（5）定额中混凝土按常用强度等级列出，如设计要求不同时可以换算。

（6）本章定额中防撞护栏采用定型钢模，其他模板均按工具式钢模、木模取定。

（7）现浇梁、板等模板定额中已包括铺筑底模，但未包括支架，实际发生时套用"临时工程"有关子目。

（8）沥青混凝土桥面铺装套用第二册《道路工程》相应定额。

（9）本定额混凝土项目分现拌混凝土和商品混凝土，商品混凝土定额中已按结构部位取定泵送或非泵送，如果定额所列混凝土形式与实际不同时，应作相应调整。具体调整方法如下：

1）泵送商品混凝土调整为非泵送商品混凝土：定额人工乘以 1.35，并增加相应普通混凝土定额子目中垂直运输机械的含量；

2）非泵送商品混凝土调整为泵送商品混凝土：定额人工乘以 0.75，并扣除定额子目中垂直运输机械的含量。

（10）混凝土定额子目中混凝土与模板分列。计算模板工程量时，按与混凝土的接触面积计算。

（11）本章定额中嵌石混凝土的块石含量是按 15% 计取，如与设计不符时，可按表 8-3 换算，但人工、机械不再调整。

嵌石混凝土的块石含量换算表   表 8-3

块石掺量/%	10	15	20	25
每立方米混凝土块石掺量（t）	0.254	0.381	0.61	0.635

注：1. 块石掺量另加损耗率，块石损耗为 2%。
　　2. 混凝土用量扣除嵌石 % 数后，乘以损耗率 1.5%。

（12）本章定额中混凝土运输均采用 1t 机动翻斗车，并已包括了 150m 水平运输距离。

（13）本章定额中基础、墩、台身、挡墙选用工具式钢模板，防撞栏杆选用定型钢模，其他定额全部选用木模板，使用钢模板时也已经考虑了 15% 的木模作镶嵌用。如实际施工中，建设单位要求采用定型模板或大模板时，可以进行调整换算。

（14）本章定额中混凝土及模板的垂直运输选用 5t 电动履带式吊车，提升高度超过 8m 时，按册说明有关规定计算。

8.1.5.2　工程量计算规则

（1）混凝土工程量按设计尺寸以实体积计算（不包括空心板、梁的空心体积、不扣除钢筋、钢丝、铁件、预留压浆孔道和螺栓所占的体积）。

【例 8-16】　某混凝土空心板梁，如图 8-16 所示，现浇混凝土施工，板内设一直径为 67cm 的圆孔，截面形式和相关尺寸在图中已标注，求该空心板梁混凝土工程量。

【解】　空心板梁混凝土工程量：

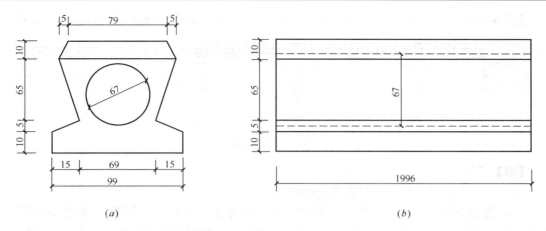

图 8-16 混凝土空心板梁示意图（单位：cm）

（a）横截面图；（b）侧立面图

空心板梁横截面面积：

$$S = (0.79 + 0.89) \times 0.1/2 + (0.89 + 0.69) \times 0.65/2 + (0.69 + 0.99)$$

$$\times 0.05/2 + 0.99 \times 0.1 - \frac{\pi \times 0.67^2}{4}$$

$$= 0.084 + 0.514 + 0.042 + 0.099 - 0.352$$

$$= 0.387(\text{m}^2)$$

工程量　　　　　$V = SL = 0.387 \times 19.96 = 7.72$ （m³）

【例 8-17】　某现浇混凝土箱形梁，单箱室，如图 8-17 所示，梁长 24.96m，梁高 2.4m，梁上顶面宽 12.8m，下顶面宽 7.6m，其他的尺寸如图中标注，求该箱梁混凝土工程量。

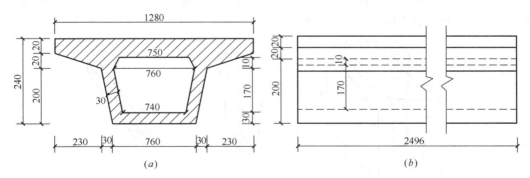

图 8-17　混凝土箱形梁示意图（单位：cm）

（a）横截面图；（b）侧立面图

【解】　大矩形面积：$S_1 = 12.8 \times 2.4 = 30.72$ （m²）

两翼下空心面积：$S_2 = 0.2 \times 2.3 + 2 \times \dfrac{(2.3 + 2.6) \times 2}{2} = 10.26$ （m²）

箱梁箱室面积：$S_3 = \left(\dfrac{7.5 + 7.6}{2} \times 0.1 + \dfrac{7.4 + 7.6}{2} \times 1.7 \right) = 13.505$ （m²）

箱梁横截面面积：$S = S_1 - S_2 - S_3 = (30.72 - 10.26 - 13.505) = 6.955$ （m²）

箱梁混凝土工程量：$V = SL = 6.955 \times 24.96 = 173.60$ （m³）

【**例 8-18**】 某桥为整体式连续板梁桥，桥长为 30m，如图 8-18 所示，计算其工程量。

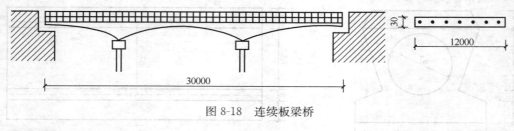

图 8-18 连续板梁桥

【**解**】 $V = 30 \times 12 \times 0.03 = 10.80$ （m³）

（2）模板工程量按模板接触混凝土的面积计算。

（3）现浇混凝土墙、板上单孔面积在 0.3m² 以内的孔洞体积不予扣除，洞侧壁模板面积亦不再计算；单孔面积在 0.3m² 以上时，应予扣除，洞侧壁模板面积并入墙、板模板工程量之内计算。

（4）U 形桥台体积计算

桥梁采用 U 形桥台者较多。一般情况是桥台外侧都是垂直面，面内侧侧向放坡。台帽则成 L 形，如图 8-17 所示。

长方体体积： $\qquad V_1 = ABH$

截头方锥体体积： $V_2 = \dfrac{H}{6}[a_1 b_1 + a_2 b_2 + (a_2 + b_1)(a_1 + b_2)]$

台帽以上部体积： $\qquad V_3 = A b_3 h_1$

桥台体积： $\qquad V = V_1 - V_2 - V_3$

【**例 8-19**】 某桥梁桥台为 U 形桥台，与桥台台帽为一体，现场浇筑施工（图 8-19）。已知：$H = 2.0$m，$B = 0.5$m，$A = 9$m，$a_1 = 7$m，$a_2 = 6$m，$b_1 = 1.5$m，$b_2 = 1$m，$h_1 = 0.8$m，$b_3 = 1.0$m，求该桥梁桥台混凝土工程量。

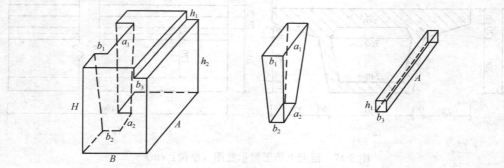

图 8-19 U 形桥台体积计算图

【**解**】 混凝土工程量：

大长方体体积： $V_1 = 2.0 \times 2.5 \times 9 = 45$ （m³）

截头方锥体体积： $V_2 = \dfrac{2.0}{6} \times [7 \times 1.5 + 6 \times 1 + (7 + 6) \times (1.5 + 1)] = 16.33$ （m³）

台帽处的长方体体积： $V_3 = 0.8 \times 1 \times 9 = 7.2$ （m³）

桥台体积： $V = V_1 - V_2 - V_3 = (45 - 16.33 - 7.2) = 21.47$ （m³）

即桥台混凝土工程量为 21.47m³。

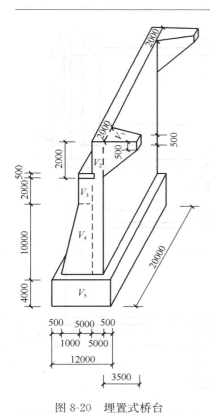

图 8-20 埋置式桥台

【例 8-20】 C30 现捣钢筋混凝土无底模桥梁承台，试确定定额编号及基价。

【解】 ［3-215］H

基价 = 2704 + (216.47 - 192.94) × 10.15 = 2942.83（元/10m³）

模板 ［3-217］

基价 = 245（元/10m²）

【例 8-21】 现浇人行道立柱，C25 泵送混凝土，试确定定额编号及基价。

【解】 ［3-302］H

基价 = 3630 + 510.84 × (0.75 - 1) + (317 - 303) × 10.15 = 3644.39（元/10m³）

【例 8-22】 非泵送 C30（20）商品混凝土现浇轻型桥后，试确定定额编号及基价。

【解】 ［3-226］H

基价 = 3235 + (319 - 299) × 10.15 + 181.03 × 0.35 + 144.71 × 1.06 = 3655（元）

【例 8-23】 某桥梁采用埋置式桥台，其具体尺寸如图 8-20 所示，计算该桥台的工程量。

【解】

$$V_1 = \frac{1}{3} \times 3.5 \times (0.5^2 + 2^2 + 2 \times 0.5) \times 2$$

$$= \frac{1}{3} \times 3.5 \times 5.25 \times 2 = 12.25（m^3）$$

$$V_2 = 5 \times 20 \times (10 + 2 + 2) = 1400.00（m^3）$$

$$V_3 = 5 \times 20 \times (0.5 + 2) = 250.00（m^3）$$

$$V_4 = \frac{1}{2} \times (5 + 6) \times 10 \times 20 = 1100.00（m^3）$$

$$V_5 = 12 \times 20 \times 4 = 960.00（m^3）$$

$$V = V_1 + V_2 + V_3 + V_4 + V_5$$

$$= (12.25 + 1400 + 250 + 1100 + 960) = 3722.25（m^3）$$

【例 8-24】 某钢筋混凝土 U 形桥墩台基础长 12.6m，宽 5.1m，底板厚 0.3m，采用 C30 自拌混凝土，如图 8-21 所示，计算该墩台混凝土、模板工程量，并套用定额计算直接工程费。

【解】 1. 基础工程量：5.1 × 12.6 × 0.3 = 19.28（m³）

套定额 ［3-212］换 基价 = 2639 + 10.15 × (216.47 - 192.94) = 2878（元/10m³）

直接工程费 = 19.28 × 287.8 = 5549（元）

2. 基础模板工程量：(12.6 × 2 + 5.1 × 2) × 0.3 = 10.62（m²）

套定额 ［2-314］ 基价 = 286（元/10m³）

直接工程序费 = 10.62 × 28.6 = 304（元）

185

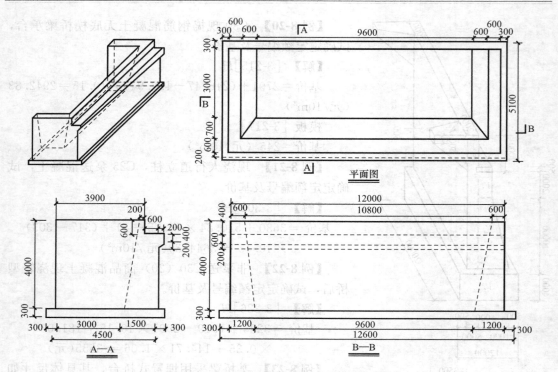

图 8-21　某钢筋混凝土 U 形桥墩台基础

【例 8-25】　某定向钻管道采用 DN400 HDPE 双壁缠绕管，管壁 $t=2\text{cm}$，每段管节长 10m，电热熔接口，如图 8-22 所示。试计算 W1～W3 定向钻工程量，并套用定额，泥浆外运与检查井砌筑不考虑。

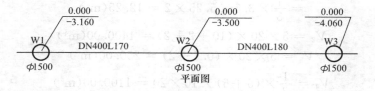

平面图

图 8-22　某定向钻管道

【解】　1. 管道长度 $170+180=350$ （m）

套定额 [6-590]　基价 5842 元/10m

直接费 $=350\times584.2=204470$ （元）

2. 管道接品 $350\div10-2=33$ （只）

3. 桥墩台工程量：$V_1-V_3=(4.5\times4+0.2\times0.2\div2+0.2\times0.4-0.6\times0.6)\times12=212.88$ （m³）

$$V_2=\frac{3}{4}(3\times9.6+3.7\times10.8+\sqrt{3\times9.6\times3.7\times10.8})=136.91 \ (\text{m}^3)$$

$$V=212.88-136.91=75.97 \ (\text{m}^3)$$

套定额 [3-225] 换　基价 $2957+10.15\times(216.47-192.94)=3196$ （元 /10m³）

直接工程费 $=75.97\times319.6=24280$ （元）

4. 桥墩台模板工程如图 8-23，与混凝土接触面计算：

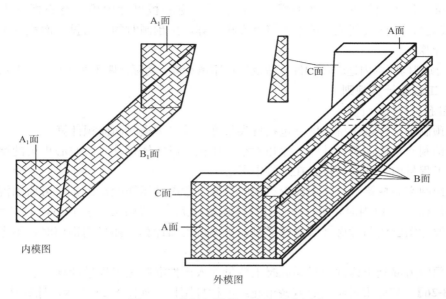

图 8-23 模板与混凝土接触面示意图

$$A\ 面\ (4.5\times4-0.6\times0.6+(0.6+0.4)\div2\times0.2)\times1=35.48\ (\text{m}^2)$$
$$A_1\ 面\left[(3.7+3)\div2\times\sqrt{0.6^2+4^2}\right]\times2=27.1\ (\text{m}^2)$$
$$B\ 面\ (4-0.2+0.2\times0.414)\times12=48.99\ (\text{m}^2)$$
$$B_1\ 面\ (10.8+9.6)\div2\ \sqrt{0.7^2+4^2}=41.42\ (\text{m}^2)$$
$$C\ 面\ (1.2+0.6)\div2\times4\times2=7.2\ (\text{m}^2)$$
$$合计面积：35.48+27.1+48.99+41.42+7.2=160.19\ (\text{m}^2)$$
$$套定额\ [3-22]\quad 基价=389\ 元/10\text{m}^2$$
$$直接工程费=160.19\times38.9=6231\ (元)$$

8.1.6 预制混凝土工程

8.1.6.1 说明

（1）本章定额包括预制桩、柱、板、梁及小型构件等项目，共 10 节 54 个子目。

（2）本章定额适用于桥涵工程现场制作的预制构件。

（3）本章定额不包括地模、胎模费用，需要时可按本册"临时工程"有关子目计算。

（4）本章定额中均未包括预埋铁件，如设计需求预埋铁件时，可按设计用量套用本册"钢筋工程"有关子目。

（5）预制构件场内运输定额适用于陆上运输，构件场外运输则参照本省建筑工程预算定额执行。

（6）本章定额中混凝土与模板分别列项。

（7）本章定额中除拱构件及小型构件外，均按 5t 履带式吊车垂直提升混凝土。

（8）预制构件的模板工程量计算必须从构件受力及实际施工情况出发，选择合理的施工方法来确定。

（9）预应力混凝土构件及T形梁、I形梁等构件可计侧模、底模；非预应力混凝土构件（T形梁、I形梁除外）只计侧模，不计底模；空心板可计内模，空心板梁不计内模（采用橡胶囊）；栏杆及其他构件不按接触面积计算，按预制时的平面投影面积（不扣除空心面积）计算。

（10）预制构件场内运输按构件重量及运输距离计算，实际运距不足100m按100m计算。

8.1.6.2 工程量计算规则

1. 混凝土工程量计算

（1）预制桩工程量按桩长度（包括桩尖长度）乘以桩横断面面积计算。

（2）预制空心构件按设计图尺寸扣除空心体积，以实体积计算。空心板梁的堵头板体积不计入工程量内，其消耗量已在定额中考虑。

（3）预制空心板梁，凡采用橡胶囊做内模的，考虑其压缩变形因素，可增加混凝土数量，当梁长在16m以内时，可按设计计算体积增加7%，若梁长大于16m时，则增加9%计算。如设计图已注明考虑橡胶囊变形时，不得再增加计算，如采用钢模时，不考虑压缩变形因素。

（4）预应力混凝土构件的封锚混凝土数量并入构件混凝土工程量计算。

【例8-26】 某城市桥梁具有双棱形花纹的栏杆图样，如图8-24所示，计算其工程量。

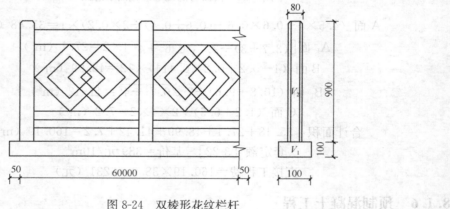

图8-24 双棱形花纹栏杆

【解】
$$V_1 = (60 + 2 \times 0.05) \times 0.1 \times 0.1 = 0.60 \ (\text{m}^3)$$
$$V_2 = 60 \times 0.08 \times 0.9 = 4.32 \ (\text{m}^3)$$
$$V = V_1 + V_2 = (0.6 + 4.32) = 4.92 \ (\text{m}^3)$$

2. 模板工程量计算

（1）预制构件中预应力混凝土构件及T形梁、I形梁、双曲拱、桁架拱等构件均按模板接触混凝土的面积（包括侧模、底模）计算。

（2）灯柱、端柱、栏杆等小型构件按平面投影面积计算。

（3）预制构件中非预应力构件按模板接触混凝土的面积计算，不包括胎地模。

（4）空心板梁中空心部分，本定额均采用橡胶囊抽拔、其摊销量已包括在定额中，不再计算空心部分模板工程量，如采用钢模板时，模板工程量按其与混凝土的接触面积计算。

（5）空心板中空心部分，可按模板接触混凝土的面积计算工程量。

3. 预制构件中的钢筋混凝土桩、梁及小型构件，可按混凝土基价的 2% 计算其运输、堆放、安装损耗

【例 8-27】 某桥梁工程采用预制钢筋混凝土箱梁，箱梁结构如图 8-25 所示，已知每根梁长 16m，该桥总长 64m，桥面总宽 26.0m，为双向六车道，试计算该工程的预制箱梁混凝土工程量、模板工程量。

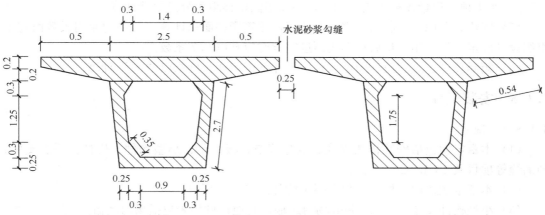

图 8-25　箱梁结构示意图（单位：m）

【解】　由于桥面总宽 26.0m，每两根箱梁之间有 0.25m 的砂浆勾缝，则在桥梁横断面上共需箱梁 $3.5x+(x-1)\times0.25=26$，$x=7$ 根。桥梁总长 64m，每根梁长 16m，则在纵断面上需 4 根，所以该工程所需预制箱梁共 28 根。

1）预制混凝土工程量：

$$V=\left[3.5\times0.2+(3.5+2.5)\times\frac{1}{2}\times0.2+(2.5+2.0)\times\frac{1}{2}\times2.1-(1.5+2.0)\right.$$
$$\left.\times\frac{1}{2}\times1.85+4\times\frac{1}{2}\times0.3\times0.3\right]\times16\times28$$
$$=1329.44(\text{m}^3)$$

2）预制箱梁的模板工程量：

$$S=(3.5+2.0+2.7\times2+0.54\times2+0.2\times2+0.9+1.4$$
$$+0.35\times4+1.75\times2)\times16\times28$$
$$=8771.84(\text{m}^2)$$

8.1.7　立交箱涵工程

8.1.7.1　说明

（1）本章定额包括箱涵制作、顶进、箱涵内挖土等项目，共 7 节 43 个子目。

（2）本章定额适用于穿越城市道路及铁路的立交箱涵顶进工程及现浇箱涵工程。

（3）本章定额顶进土质按Ⅰ、Ⅱ类土考虑，若实际土质与定额不同时，可进行调整。

（4）定额中未包括箱涵顶进的后靠背设施等，其发生费用可另行计算。

（5）定额中未包括深基坑开挖、支撑及排水的工作内容。如发生可套用有关定额计算。

（6）立交桥引道的结构及路面铺筑工程，根据施工方法套用有关定额计算。

8.1.7.2　工程量计算规则

（1）箱涵滑板下的肋楞，其工程量并入滑板内计算。

（2）箱涵混凝土工程量，不扣除单孔面积 0.3m³ 以下的预留孔洞所占体积。

（3）顶柱、中继间护套及挖土支架均属专用周转性金属构件，定额中已按摊销量计列，不得重复计算。

（4）箱涵顶进定额分空顶、无中继间实土顶和有中继间实土顶三类，其工程量计算如下：

1）空顶工程量按空顶的单节箱涵重量乘以箱涵位移距离分段累计计算。

2）实土顶工程量按被顶箱涵的重量乘以箱涵位移距离分段累计计算。

（5）气垫只考虑在预制箱涵底板上使用，按箱涵底面积计算。气垫的使用天数由施工组织设计确定，但采用气垫后再套用顶进定额时应乘以 0.7 系数。

（6）箱涵顶进土方按设计图结构外圆尺寸乘以箱涵长度乘以"m³"计算。

8.1.8　安装工程

8.1.8.1　说明

（1）本章定额包括安装排架立柱、墩分管节、板、梁、小型构件、栏杆扶手、支座、伸缩缝等项目共 13 节 92 个子目。

（2）本章定额适用于桥涵工程混凝土构件的安装等项目。

（3）小型构件安装已包括 150m 场内运输，其他构件均未包括场内运输。

（4）安装预制构件定额中，均未包括脚手架，如需要用脚手架时，可套用《通用项目》相应定额项目。

（5）安装预制构件，应根据施工现场具体情况，采用合理的施工方法，套用相应定额。

（6）除安装梁分陆上、水上安装外，其他构件安装均未考虑船上吊装，发生时可增加船只费用。

（7）水上安装板梁、下梁、工形梁，均包括搭、拆木垛，组装、拆卸船排在内，但不包括船排压舱。

（8）安装预制构件按构件混凝土实体积计算，不包括空心部分。

（9）预留槽混凝土采用钢纤维混凝土，定额中钢纤维用量按水泥用量的 1% 考虑，如设计用量与定额量不同时，应按设计用量调整。

8.1.8.2　工程量计算规则

（1）本章定额安装预制构件以"立方米"为计量单位的，均按构件混凝土实体积（不包括空心部分）计算。

（2）驳船未包括进出场费，发生时应另行计算。

【例 8-28】　起重机安装 T 形桥梁（起重机 $L \leqslant 20m$ 陆上安装），试确定定额编号及基价。

【解】　[3-447]　463 元/10m³

【例 8-29】　陆上扒杆安装 C30 预制混凝土 T 形梁，梁长 20m，提升高度 10m，试确定定额编号及基价。

【解】　[3-445]H

$$基价 = 1657 + 435.16 \times 0.1 + 936.56 \times 0.1 = 1794(元)$$

【例 8-30】　某高架路工程，1 号桥墩处梁底标高为 7.8m，2 号桥墩处梁底标高为 8.8m（支座高度 0.3m）。试确定 1、2 号桥墩现浇混凝土及桥墩之间的预制梁板安装项目套用定额时，起重机的调整系数。

【解】 （1）1 号桥墩底标高小于 8m，故不需要做超高调整；

（2）2 号桥墩扣除支座后墩顶高度仍超过 18m，故其超过 8m 部分需进行系数调整；

（3）1～2 号桥墩间的预制梁板，平均标高为 （7.8＋8.8）÷2＝8.3 （m），故也需要进行系数调整。

8.1.9 临时工程

8.1.9.1 说明

（1）本章定额内容包括桩基础支架平台、木垛、支架的搭拆，船排的组拆，挂篮及扇形支架的制作、安拆和推移，胎地模的筑拆及桩顶混凝土凿除等项目，共 8 节 35 个子目。

（2）本章定额支架平台适用于陆上、支架上打桩及钻孔灌注桩。支架平台分陆上支架平台与水上支架平台两类，其划分范围如下：

1）水上支架平台：凡河道原有河岸线、向陆地延伸 2.5m 范围，均可套用水上支架平台。

2）陆上支架平台：除水上支架平台范围以外的陆地部分，均属陆上支架平台，但不包括坑洼地段，如坑洼地段平均水深超过 2m 的部分，可套用水上支架平台；平均水深在 1～2m 时，按水上支架平台和陆上支架平台各取 50％计算；如平均水深在 1m 以内时，按陆上工作平台计算。

（3）桥涵拱盔、支架均不包括底模及地基加固在内。

（4）组装、拆卸船排定额中未包括压舱费用。压舱材料取定为大石块，并按船排总吨位的 30％计取（包括装、卸在内 150m 的二次运输费）。

（5）打桩机械锤重的选择（表 8-4）。

打桩机械锤重的选择表 表 8-4

桩类别	桩长度/m	桩截面积 S/m^2 或管径 ϕ/mm	柴油桩机锤重/kg
钢筋混凝土方桩及板桩	$L \leqslant 8$	$S \leqslant 0.05$	600
	$L \leqslant 8$	$0.05 < S \leqslant 0.105$	1200
	$8 < L \leqslant 16$	$0.105 < S \leqslant 0.125$	1800
钢筋混凝土方桩及板桩	$16 < L \leqslant 24$	$0.125 < S \leqslant 0.160$	2500
	$24 < L \leqslant 28$	$0.160 < S \leqslant 0.225$	4000
	$28 < L \leqslant 32$	$0.225 < S \leqslant 0.250$	5000
	$32 < L \leqslant 40$	$0.250 < S \leqslant 0.300$	7000
钢筋混凝土管桩	$L \leqslant 25$	$\phi 400$	2500
	$L \leqslant 25$	$\phi 550$	4000
	$L \leqslant 25$	$\phi 600$	5000
	$L \leqslant 50$	$\phi 600$	7000
	$L \leqslant 25$	$\phi 800$	5000
	$L \leqslant 50$	$\phi 800$	7000
	$L \leqslant 25$	$\phi 1000$	7000
	$L \leqslant 50$	$\phi 1000$	8000

注：钻孔灌注桩工作平台按孔径 $\phi \leqslant 1000mm$，套用锤重 1800kg 打桩工作平台，$\phi > 1000mm$，套用锤重 2500kg 打桩工作平台。

（6）搭、拆水上工作平台定额中，已综合考虑了组装、拆卸船排及组装、拆卸打拔桩架工作内容，不得重复计算。

（7）满堂式钢管支架，装配武钢支架、门式钢支架定额未含使用费，其使用费单价 ［元/（t·d）］ 按当地实际价格确定，支架使用天数按施工组织设计计算。

(8) 水上安装挂篮需浮吊配合时应另行计算。

(9) 本章定额中的桥梁支架，均不包括底模及地基加固在内。

(10) 满堂式钢管支架，按施工组织设计计算工程量，如无明确规定，按每立方米空间体积重量为50kg计算（包括扣件等）。

(11) 桥涵支架体积为结构底至原地面（水上支架为水上支架平台顶面）平均高乘以纵向距离再乘以（桥宽+2m）计算。

(12) 现浇盖梁支架体积为盖梁底至承台顶面高度乘以长度（盖梁长+1m）再乘以（盖梁宽+1m）计算，并扣除立柱所占体积。

(13) 挂篮适用于悬臂施工的桥梁工程，其重量按设计要求确定，定额分为安装、拆除、推移。推移工程量按挂篮重量乘以推移距离以（t·m）计算。挂篮按3次摊销计算，并考虑30%残值。挂篮发生场外运输可另行计算。

(14) 地模定额中，砖地模厚度为75cm，混凝土地模定额中未包括毛砂垫层，发生时按第六册《排水工程》相应定额执行。

8.1.9.2 工程量计算规则

1. 搭拆打桩工作平台面积计算（图8-26）

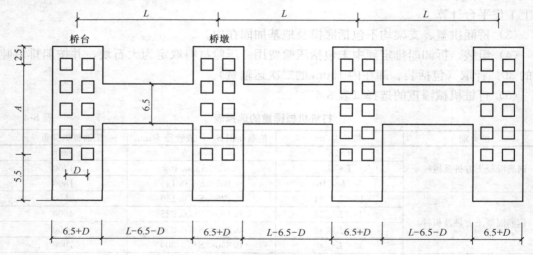

图8-26 工作平台面积计算示意图

注：图中尺寸单位均为m，桩中心距为D，通道宽6.5m

(1) 桥梁打桩 $F = N_1 F_1 + N_2 F_2$

  每座桥台（桥墩） $F_1 = (5.5 + A + 2.5) \times (6.5 + D)$

  每条通道 $F_2 = 6.5 \times [L - (6.5 + D)]$

(2) 钻孔灌注桩 $F = N_1 F_1 + N_2 F_2$

  每座桥台（桥墩） $F_1 = (A + 6.5) \times (6.5 + D)$

  每条通道 $F_2 = 6.5 \times [L - (6.5 + D)]$

上述公式中 F——工作平台总面积；

     F_1——每座桥台（桥墩）工作平台面积；

     F_2——桥台至桥墩间或桥墩至桥墩间通道工作平台面积；

     N_1——桥台和桥墩总数量；

N_2——通道总数量；

D——两排桩之间距离，m；

L——桥梁跨径或护岸的第一根桩中心至最后一根桩中心之间的距离，m；

A——桥台（桥墩）每排桩的第一根桩中心至最后一根桩中心之间的距离，m。

【例 8-31】 某三跨简支梁桥，桥跨结构为 10m＋13m＋10m，均采用 40cm×40cm 打入桩基础，其中 0#、3# 台采用单排桩 11 根，桩距为 140cm，1# 墩、2# 墩采用双排平行桩，每排 9 根，桩距 150cm，排距 150cm。试求该打桩工程搭拆工作平台的总面积。

【解】 按工程量计算规则可知

（1）0#、3# 台每座工作平台面积：

$$A = 1.40 \times (11-1) = 14(m)，\quad D = 0$$
$$F = (5.5 + 14 + 2.5) \times (6.5 + 0) = 143(m^2)$$

（2）1#、2# 墩每座工作平台面积：

$$A = 1.5 \times (9-1) = 12(m)，\quad D = 1.5(m)$$
$$F = (5.5 + 12 + 2.5) \times (6.5 + 1.5) = 160(m^2)$$

（3）通道平台面积：

0#～1#、2#～3# 每条通道平台：

$$F = 6.5 \times [10 - 6.5/2 - (6.5 + 1.5)/2] = 17.875(m^2)$$

1#～2# 通道平台：

$$F = 6.5 \times [13 - (6.5 + 1.5)] = 32.5(m^2)$$

（4）全桥搭拆工作平台总面积：

$$F = 143 \times 2 + 160 \times 2 + 17.875 \times 2 + 32.5 = 674.25(m^2)$$

2. 凡台与墩或墩与墩之间不能连续施工时（如不能断航、断交通或拆迁工作不能配合），每个墩、台可计一次组装、拆卸柴油打桩架及设备运输费。

3. 桥涵拱盔、支架空间体积计算

（1）桥涵拱盔体积按起拱线以上弓形侧面积乘以（桥宽＋2m）计算。

（2）桥涵支架体积为结构底至原地面（水上支架为水上支架平台顶面）平均标高乘以纵向距离再乘以（桥宽＋2m）计算。

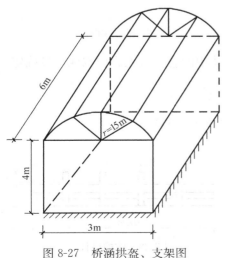

图 8-27 桥涵拱盔、支架图

（3）现浇盖梁支架体积为盖梁底至承台顶面高度乘以长度（盖梁长＋1m）再乘以宽度（盖梁宽＋1m）计算，并扣除立柱所占体积。

（4）支架堆载预压工程量按施工组织设计要求计算，设计无要求时，按支架承载的梁体设计重量以系数 1.1 计算。

【例 8-32】 如图 8-22 所示计算拱盔和支架工程量

【解】 拱盔 $= \dfrac{\pi \times 1.5^2}{2} \times (6+2) = 28.27$（m³）

支架 $= 3 \times 4 \times 6 = 72$（m³）

4. 挂篮及扇形支架

（1）定额中的挂篮形式为自锚式无压垂轻型铜

挂篮，铜挂篮重量按设计要求确定。推移工程量按挂篮重量乘以推移距离"t·m"为单位计算。

（2）0[#]块扁形支架安拆工程量按顶面梁宽计算，边跨采用挂篮施工时，其合扰段扇形支架的安拆工程量按梁宽的 50% 计算。

（3）挂篮、扇形支架的制作工程量按安拆定额括号中所列的推销量计算。

8.1.10　装饰工程

8.1.10.1　说明

（1）本章定额包括砂浆抹面、水刷石、剁斧石、拉毛、水磨石、镶贴面层、涂料、油漆等项目，其 8 节 45 个子目。

（2）本章定额适用于桥、涵构筑物的装饰项目。

（3）镶贴面层定额中，贴面材料与定额不同时，可以调整换算，但人工与机械台班消耗量不变。

（4）水质材料不分面层类别，均按本定额计算，由于涂料种类繁多，如采用其他涂料时，可以调整换算。

（5）水泥白石子，浆抹灰定额，均未包括颜料费用，如设计需要颜料调制时，应增加颜料费用。

（6）油漆定额按手工操作计取，如采用喷漆时，应另行计算。定额中油漆种类与实际不同时，可以调整换算。

（7）定额中均未包括施工脚手架，发生时可按第一册《通用项目》相应定额执行。

8.1.10.2　工程量计算规则

本章定额除金属面油漆以"吨"计算外，其余项目均按装饰面积计算。

【例 8-33】　墙面水刷石饰面，水泥白石子浆 1:1，墙高 3.8m，试确定定额编号及基价。

【解】　[3-554]H

基价 $= 1749 + (311.42 - 258.23) \times 1.025 = 1803.52$（元 /100m²）

【例 8-34】　桥侧面贴瓷砖（108×108×5；0.32 元/块），试确定定额编号及基价。

【解】　[3-567]H

基价 $= 4521 + \left(\dfrac{152 \times 152}{108 \times 108} \times 320 - 380\right) \times 4.56 = 5505.3$（元 /100m²）

【例 8-35】　栏杆的水泥砂浆抹面，换 1:2 水泥砂浆中的普通水泥为白水泥，试确定定额编号及基价。

【解】　[3-553]H

$$基价 = 1439 + 462 \times 1.025 \times (0.6 - 0.33)$$
$$= 1567（元 /100m²）。$$

【例 8-36】　如图 8-28 所示，为某桥梁的防撞栏杆，其中横栏采用直径为 20mm 的钢筋，竖栏为直径为 40mm 的钢筋，布设桥梁两边。为使桥梁更美观，将栏杆用油漆刷为白色，假设 1m² 需 3kg 油漆，计算油漆工程量。

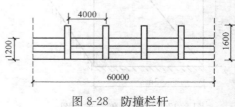

图 8-28　防撞栏杆

【解】
$$S_{横栏} = 60 \times 4 \times \pi \times 0.02 = 15.08(m^2)$$

$$S_{竖栏} = \left(\frac{60}{4} + 1\right) \times 1.6 \times \pi \times 0.04 = 3.22(m^2)$$

$$S = (S_{横} + S_{竖}) \times 2 = 18.30 \times 2 = 36.60(m^2)$$

$$m = 3 \times 36.60 = 109.80 = 0.110(t)$$

【例 8-37】 为了增加城市的美观，对某城市桥梁进行桥梁装饰，如图 8-29 所示，其行车道采用水泥砂浆抹面，人行道采用水磨石饰面，护栏采用镶贴面层，计算各种材料的工程量。

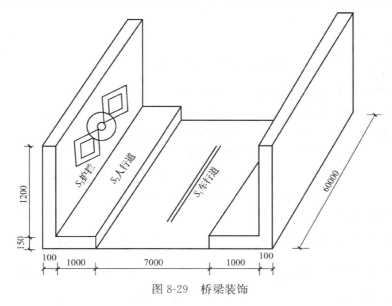

图 8-29　桥梁装饰

【解】　水泥砂浆工程量：$S_1 = 7 \times 60 = 420.00$（$m^2$）

水磨石饰面工程量：$S_2 = 2 \times 1 \times 60 + 4 \times 1 \times 0.15 + 2 \times 0.15 \times 60 = 138.6$（$m^2$）

镶贴面层工程量：$S_3 = 2 \times 1.2 \times 60 + 2 \times 0.1 \times 60 + 4 \times 0.1 \times (1.2 + 0.15)$
$$= 144 + 12 + 0.54 = 156.54（m^2）$$

【例 8-38】 某城市 20m 的桥梁，其栏杆如图 8-30 所示，板厚 30mm，其中，栏板的花纹部分和柱子采用拉毛，剩余部分用剁斧石饰面，计算剁斧石饰面和拉毛的工程量（一面栏杆共 9 个柱子，中间 8 块带有相同的棱形花纹的栏板，两边各有一块带半圆花纹的栏板）。

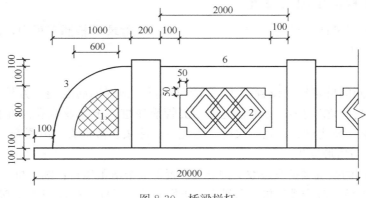

图 8-30　桥梁栏杆

【解】 拉毛工程量：

半圆花纹：$S_1 = \dfrac{1}{4} \times \pi \times 0.6^2 = 0.28$（m²）

棱形花纹矩形：$S_2 = (2 - 2 \times 0.1) \times 0.8 - 4 \times (0.05 \times 0.05) = 1.04$（m²）

顶面：$S_3 = \pi \times 0.1^2 = 0.03$（m²）

柱子 侧面：如图 8-31 所示：$\sin\theta_1 = \dfrac{\dfrac{0.030}{2}}{\dfrac{0.2}{2}} = 0.15$

$\theta_1 = \arcsin 0.15$

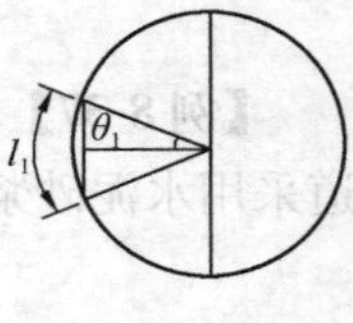

图 8-31　柱子侧面计算简图

$l_1 = 2\pi r \times \dfrac{2\theta_1}{360} = \dfrac{\pi}{180} \times 0.2 \times \arcsin 0.15 = 0.03$（m）

$S_4 = \pi \times 0.2 \times (0.1 \times 2 + 0.1 + 0.8) - 0.03 \times (0.1 \times 3 + 0.8) \times 2$

$\qquad = 0.69 - 0.066 = 0.624$（m²）

柱子的面积：$S_5 = S_3 + S_4 = 0.03 + 0.624 = 0.654$（m²）

$$S = [(2S_1 + 8S_2) \times 2 + 9S_3 + 9S_5] \times 2$$
$$= [(2 \times 0.28 + 8 \times 1.04) \times 2 + 9 \times 0.654] \times 2$$
$$= (17.76 + 5.886) \times 2 = 47.29(\text{m}^2)$$

剁斧石饰面工程量：

半圆形栏板除图案外的面积：$S_1 = (\pi \times 1^2 - \pi \times 0.6^2) \times \dfrac{1}{4} = 0.50$（m²）

一块矩形板除图案外的面积：$S_2 = 2 \times (0.1 \times 2 + 0.8) - 1.04 = 0.96$（m²）

半圆上表面积：$S_3 = \dfrac{1}{4} \times \pi \times 1 \times 2 \times 0.03 = 0.048$（m²）

一块棱形图案上表面积一半：$S_4 = 2 \times 0.015 = 0.03$（m²）

$$S = 2S_1 \times 4 + 8S_2 \times 4 + 2S_3 \times 2 + 8S_4 \times 4$$
$$= 0.5 \times 8 + 0.96 \times 32 + 0.048 \times 4 + 0.03 \times 32 = 35.87(\text{m}^2)$$

8.2　桥涵工程清单项目及清单编制

8.2.1　桥梁工程清单项目设置

《市政工程工程量计算规范》（GB 50857—2013）附录 C 桥涵工程中，设置了 9 个小节、86 个清单项目。

1. C.1 桩基

本节根据不同的桩基形式设置了 12 个清单项目：预制钢筋混凝土方桩、预制钢筋混凝土管桩、钢管桩、泥浆护壁成孔灌注桩、沉管灌注桩、干作业成孔灌注桩、挖孔桩土（石）方、人工挖孔灌注桩、钻孔压浆桩、灌注桩后注浆、截桩头、声测管。

2. C.2 基坑与边坡支护

本节根据不同的基坑围护及边坡支护形式设置了 8 个清单项目：圆木桩、预制钢筋混凝土板桩、地下连续墙、咬合灌注桩、型钢水泥土搅拌墙、锚杆（索）、土钉、喷射混凝土。

3. C.3 现浇混凝土构件

本节根据现浇混凝土桥梁的不同结构部位设置了 25 个清单项目：混凝土垫层、混凝土基础、混凝土承台、混凝土墩（台）帽、混凝土墩（台）身、混凝土支撑梁及横梁、混凝土墩（台）盖梁、混凝土拱桥拱座、混凝土拱桥拱肋、混凝土拱上构件、混凝土箱梁、混凝土连续板、混凝土板梁、混凝土板拱、混凝土挡墙墙身、混凝土挡墙压顶、混凝土楼梯、混凝土防撞护栏、桥面铺装、混凝土桥头搭板、混凝土搭板枕梁、混凝土桥塔身、混凝土连系梁、混凝土其他构件、钢管拱混凝土。

4. C.4 预制混凝土

本节根据预制混凝土桥梁的不同结构、部位设置了 5 个清单项目：预制混凝土梁、预制混凝土立柱、预制混凝土板、预制混凝土挡土墙墙身、预制混凝土其他构件。

5. C.5 砌筑

本节按砌筑的方式、部位不同设置了 5 个清单项目：垫层、干砌块料、浆砌块料、砖砌体、护坡。

6. C.6 立交箱涵

本节主要按立交箱涵施工顺序设置了 7 个清单项目：透水管、滑板、箱涵底板、箱涵侧墙、箱涵顶板、箱涵顶进、箱涵接缝。

7. C.7 钢结构

本节主要按钢结构的不同部位设置了 9 个清单项目：钢箱梁、钢板梁、钢桁梁、钢拱、劲性钢结构、钢结构叠合梁、其他钢构件、悬（斜拉）索、钢拉杆。

8. C.8 装饰

本节主要按不同的装饰材料设置了 5 个清单项目：水泥砂浆抹面、剁斧石饰面、镶贴面层、涂料、油漆。

9. C.9 其他

本节主要是桥梁栏杆、支座、伸缩缝、泄水管等附属结构，共设置了 10 个清单项目：金属栏杆、石质栏杆、混凝土栏杆、橡胶支座、钢支座、盆式支座、桥梁伸缩装置、隔声屏障、桥面排（泄）水管、防水层。

除箱涵顶进土方外，顶进工作坑等土方应按附录 A 土石方工程中相关清单项目编码列项。台帽、台盖梁均应包括耳墙、背墙。桥涵护岸工程半成品的场内运输应在相应的清单项目内列项。

除上述清单项目以外，一个完整的桥梁工程分部分项工程量清单一般还包括《计价规范》附录 A.1 土石方工程、J.1 钢筋工程中的有关清单项目，如果是改建桥梁工程，还应包括 K.1 拆除工程中的有关清单项目。

J.1 钢筋工程中的清单项目主要有预埋铁件、现浇构件钢筋、预制构件钢筋、先张法预应力钢筋、后张法预应力钢筋、型钢。桥梁工程中应用普遍的是非预应力钢筋、预应力钢筋。

D.8 拆除工程中的清单项目主要有拆除混凝土结构。

8.2.2 桥梁工程清单项目工程量计算规则

本节重点介绍 C.1、C.3、C.4、C.5、C.8、C.9 中常见的桥梁工程清单项目的计算规则及计算方法。

1. 桩基

根据桩基的施工方法不同，桥梁桩基可分为两大类：打入桩、灌注桩。

1) 打入桩

打入桩根据桩身材料可分圆木桩、钢筋混凝土板桩、钢筋混凝土方桩（管桩）、钢管桩等。桥梁工程较常用的是钢筋混凝土方桩。

工程量计算规则

钢筋混凝土板桩：按设计图示桩长（包括桩尖）乘以桩的断面面积以体积计算，计量单位为 m³。

$$钢筋混凝土板桩清单工程量 = 桩长 \times 桩断面面积 \tag{8-1}$$
$$其他桩清单工程量 = 桩长 \tag{8-2}$$

其他桩：按设计图示以桩长（包括桩尖）计算，计量单位为 m。

在计算工程量时，要根据具体工程的施工图样，结合桩基清单项目的项目特征，划分不同的清单项目，分类计算其工程量。

如"钢筋混凝土方桩（管桩）"项目特征有 5 点，需结合工程实际加以区别。

① 形式：是钢筋混凝土方桩还是钢筋混凝土管桩。

② 混凝土强度等级、石料最大粒径：桩身强度等级、混凝土配合比中石料的最大粒径是否相同。

③ 断面尺寸：桩的断面尺寸是否相同。

④ 斜率：是直桩还是斜桩，如果都是斜桩，斜率是否相同。

⑤ 部位：是桥墩打桩，还是桥台打桩。

如果上述 5 个项目特征有 1 个不同，就应是 1 个不同的具体的清单项目，其钢筋混凝土方桩的工程量应分别计算。

【例 8-39】 某单跨小型桥梁，采用轻型桥台、钢筋混凝土方桩基础，桥梁桩基础如图 8-32 所示，试计算桩基清单工程量。

【解】 根据图 8-32 可知，该桥梁两侧桥台下均采用 C30 钢筋混凝土方桩，均为直桩。但两侧桥台下方桩截面尺寸不同，即有 1 个项目特征不同，所以该桥梁工程桩基有 2 个清单项目，应分别计算其工程量。

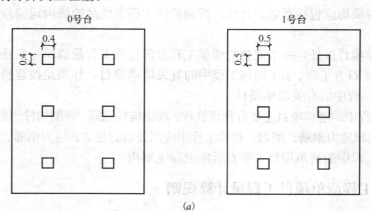

图 8-32 桥梁桩基础图（一）

(a) 桩基平面图（单位：m）

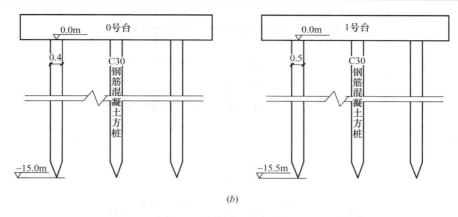

图 8-32 桥梁桩基础图（二）

（b）横剖面图（单位：m）

（1）C30 钢筋混凝土方桩（400mm×400mm），项目编码：040301001001

清单工程量 = 15 × 6 = 90(m)

（2）C30 钢筋混凝土方桩（500mm×500mm），项目编码：040301001002

清单工程量 = 15.5 × 6 = 93(m)

注意：

（1）打入桩清单项目包括以下工程内容：搭拆桩基础支架平台、打桩、送桩、接桩、凿除桩头、桩的场内运输等，但不包括桩机竖拆（水上桩基平台除外）、桩机进出场，桩机竖拆、桩机进出场列入施工技术措施项目计算；也不包括桩的钢筋制作安装、模板工程，桩的钢筋制作安装按 D.7 钢筋工程另列清单项目计算，桩模模板列入施工技术措施项目计算。

（2）本节所列的各种桩均指作为桥梁基础的永久桩，是桥梁结构的一个组成部分，不是临时的工具桩。《浙江省市政工程预算定额》（2010 版）《通用项目》册中的"打拔工具桩"，均指临时的工具桩，不是永久桩，要注意两者的区别。

2）灌注桩

根据成孔方式的不同，分为钢管成孔灌注桩、挖孔灌注桩、机械成孔灌注桩。

工程量计算规则

按设计图示尺寸以长度计算，计算单位为 m。灌注桩清单工程量＝桩长。

【例 8-40】 某桥梁钻孔灌注桩基础如图 8-33 所示，采用正循环钻孔桩工艺，桩径为 1.2m，桩顶设计标高为 0.00mm，桩底设计标高为－29.50m，桩底要求入岩，桩身采用 C25 钢筋混凝土。试计算桩基（1 根）清单工程量和定额工程量（钻机成孔、灌注混凝土的工程量）。

【解】

（1）清单项目为机械成孔灌注桩（φ1200、C25），项目编码为 040301007001

清单工程量 = 0.00 － (－29.50) = 29.50(m)

（2）定额钻机成孔工程量 = $[1.00 － (－29.50)] × (1.2/2)^2 \pi ≈ 34.49$ （m³）

（3）定额灌注混凝土工程量 = $\{[0.00 － (－29.50)] + 0.8\} × (1.2/2)^2 \pi ≈ 34.27$ （m³）

注意：

（1）"机械成孔灌注桩"清单项目可能发生的工程内容包括搭拆桩基支架平台、埋设钢护筒、泥浆池

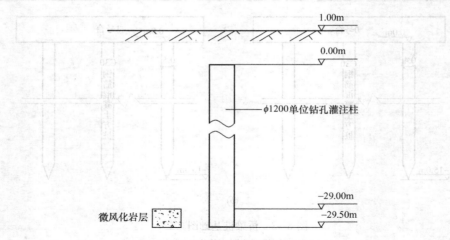

图 8-33 某桥梁钻孔灌注桩基础图

建造和拆除、成孔、入岩增加费、灌注混凝土、凿除桩头、废料弃置。计算时，应结合工程实际情况、施工方案确定组合的工程内容，分别计算各项工作内容的报价工程量。

（2）"机械成孔灌注桩"清单项目不包括桩的钢筋制作安装工程内容。桩的钢筋制作安装应按 D.7 钢筋工程另列清单项目计算。

（3）灌注桩清单工程量计算规则与定额计算规则不相同。

2. 现浇混凝土

工程量计算规则

现浇混凝土防撞护栏：按设计图示尺寸以长度计算，计算单位为 m；

$$现浇混凝土防撞护栏清单工程量 = 设计图示长度 \qquad (8-3)$$

现浇混凝土桥面铺装：按设计图示尺寸以面积计算，计量单位为 m²；

$$现浇混凝土桥面铺装清单工程量 = 设计图示长度 \times 宽度 \qquad (8-4)$$

其他现浇混凝土结构：按设计图示尺寸以体积计算，计量单位为 m³。

$$其他现浇混凝土结构清单工程量 = 设计图示长度 \times 宽度 \times 厚度（高度） \qquad (8-5)$$

注意：

（1）桥梁现浇混凝土清单项目应区别现浇混凝土的结构部位、混凝土强度等级、碎石的最大粒径，划分设置不同的清单项目，并分别计算工程量。

（2）现浇混凝土清单项目包括的工程内容主要有混凝土浇筑、养生，不包括混凝土结构的钢筋制作安装、模板工程。钢筋制作安装按《计算规范》J.1 钢筋工程另列清单项目计算，现浇混凝土结构的模板列入施工措施项目计算。

3. 预制混凝土

工程量计算规则

按设计图示尺寸以体积计算，计算单位为 m³。

$$预制混凝土结构清单工程量 = 设计图示长度 \times 宽度 \times 厚度（高度） \qquad (8-6)$$

注意：

（1）桥梁预制混凝土清单项目应区别预制混凝土的结构部位、混凝土强度等级、碎石的最大粒径、预应力、非预应力、形状尺寸，划分设置不同的清单项目，并分别计算工程量。

（2）预制混凝土清单项目包括的工程内容主要有混凝土浇筑、养生，构件场内运输、安装、构件连接，不包括混凝土结构的钢筋制作安装、模板工程。

钢筋制作安装按《计算规范》J.1 钢筋工程另列清单项目计算，预制混凝土结构的模板列入施工措施项目计算。

4. 砌筑

工程量计算规则

按设计图示尺寸以体积计算，计量单位为 m³。

$$砌筑结构清单工程量 = 设计图示长度 \times 宽度 \times 厚度(高度) \tag{8-7}$$

注意：

砌筑清单项目应区别砌筑的结构部位、材料品种、规格、砂浆强度等项目特征，划分设置不同的具体清单项目，并分别计算工程量。

5. 钢筋

工程量计算规则

按设计图示尺寸以质量计算，计量单位 t。

$$钢筋清单工程量 = 设计图示长度 \times 每米重量 \tag{8-8}$$

注意：

钢筋清单项目应先区别非预应力钢筋、预应力钢筋，其中预应力钢筋还应区别先张法预应力钢筋、后张法预应力钢筋；其次以部位、规格、材质等项目特征划分不同的具体清单项目，并分别计算工程量。

如某桥梁下部墩台均为现浇钢筋混凝土结构，配置的钢筋规格有 $\phi8$、$\phi10$、$\phi12$、$\phi16$、$\phi22$，上部采用预制钢筋混凝土梁板，配置的钢筋规格有 $\phi8$、$\phi10$、$\phi12$、$\phi16$、$\phi22$。则该桥梁墩台、梁板工程中，均采用非预应钢筋，根据钢筋应用部位分成现浇混凝土钢筋，预制混凝土钢筋；根据钢筋规格分成 $\phi10$ 以内、$\phi10$ 以外；根据钢筋材质分成圆钢、螺纹钢，所以，具体的钢筋清单项目有 4 个：现浇混凝土非预应力钢筋（圆钢）040701002001、现浇混凝土非预应力钢筋（螺纹钢）040701002002、预制混凝土非预应力钢筋（圆钢）040701002003、预制混凝土非预应力钢筋（螺纹钢）040701002004，这些清单项目应分别计算工程量。

6. 其他

(1) 装饰清单项目工程量按设计图示尺寸以面积计算，计量单位为 m²。

(2) 金属栏杆清单项目工程量按设计图示尺寸以质量计算，计量单位为 t。

(3) 橡胶支座、钢支座、盆式支座清单项目工程量按设计图示数量计算，计量单位为个。

(4) 油毛毡支座、隔声屏障、防水层清单项目工程量按设计图示尺寸以面积计算，计量单位为 m²。

(5) 桥梁伸缩缝、桥面泄水管清单项目工程量按设计图示尺寸以长度计算，计量单位为 m。

(6) 钢桥维修设备清单项目工程量按设计图示数量计算，计量单位为套。

8.2.3 桥涵工程量清单编制

桥涵工程量清单编制按照《计算规范》规定的工程量清单统一格式进行编制，主要是分部分项工程量清单、措施项目清单、其他项目清单这三大清单的编制。

1. 分部分项工程量清单的编制

桥涵工程分部分项工程量清单应根据《计算规范》附录C规定的统一的项目编码、项目名称、计量单位、工程量计算规则进行编制。

分部分项工程量清单编制的步骤如下：清单项目列项、编码→清单项目工程量计算→分部分项工程量清单编制。

(1) 清单项目列项、编码

应依据《计算规范》附录C中规定的清单项目及其编码，根据招标文件的要求，结合施工图设计文件、施工现场等条件进行桥涵工程清单项目列项、编码。

清单项目列项、编码可按下列顺序进行。

1) 主要明确桥涵工程的招标范围及其他相关内容。

2) 审读图样、列出施工项目。

编制分部分项工程量清单，必须认真阅读全套施工图样，了解工程的总体情况，明确各部分的工程构造，并结合工程施工方法，按照工程的施工工序，逐个列出工程施工项目。

某桥梁立面总体布置如图8-34所示，桥梁基础采用钻孔灌注桩，下部结构采用现浇钢筋混凝土承台、台身、台帽，上部为预制预应力钢筋混凝土梁板。

根据工程的总体情况，该桥梁工程的施工工序为钻孔灌注桩基础→桥台基坑开挖→承台碎石、混凝土垫层→现浇钢筋混凝土承台→现浇钢筋混凝土台身→现浇钢筋混凝土侧墙→现浇钢筋混凝土台帽→台背回填土方→梁板预制、安装→桥面系及附属工程。

桥梁基础钻孔灌注桩施工时需搭设陆上支架平台，搭设泥浆池、埋设钢护筒、桩机就位并钻进成孔、钢筋笼制作安装、钻孔桩混凝土的灌注、拆除泥浆池、泥浆外运、拆除桩基支架平台、桩机移位、桥台基坑开挖、凿除桩头混凝土、桩的检测。桥台基坑开挖时，地下水位较高，土质主要是砂性土，所以考虑采用井点降水。基坑开挖主要采用挖掘机挖土，人工辅助清底，土方就近堆放。

根据上述工程的施工工序、施工方法，可列出桥梁钻孔灌注桩基础及桥台开挖施工时的工程施工项目表，见表8-5。

施工项目表 表8-5

序 号	施工项目
1	搭、拆桩基支架平台
2	搭拆泥浆池
3	埋设钢护筒
4	钻进成孔
5	钻孔桩钢筋笼制作安装
6	混凝土灌注
7	泥浆外运
8	凿除桩头
9	井点降水

续表

序 号	施工项目	
10	基坑开挖	挖掘机挖土
11		人工辅助挖土
12	桩机进出场及竖拆	

3）对照《计算规范》附录 C，按其规定的清单项目列项、编码。

根据列出的施工项目表，对照《计算规范》附录 C 各清单项目的工程内容，确定清单项目的项目名称、项目编码。这是正确编制分部分项工程量清单的关键。

上例的清单项目、编码见表 8-6。

清单项目表　　　　　　　　　　　表 8-6

序 号	清单项目名称	项目编码	备 注
1	机械成孔灌注桩（ϕ1000mm、C25 混凝土）	040301007001	表 8-5 第 1、2、3、4、6、7、8 项施工项目
2	非预应力钢筋（钻孔桩钢筋笼）	040701002001	表 8-5 第 5 项施工项目
3	挖基坑土方（一、二类土）	040101003001	表 8-5 第 9、10 项施工项目

在进行清单项目列项编码时，应注意以下几点。

① 施工项目与分部分项工程量清单项目不是一一对应的。通常一个分部分项工程量清单项目可包括几个施工项目，这主要根据《计算规范》中规定的清单项目所包含的工程内容。

如"机械成孔灌注桩（ϕ1000mm、C25 混凝土）"清单项目，《计算规范》规定其工程内容包括：搭拆桩基础支架平台、埋设钢护筒、钻机成孔、泥浆池建造和拆除、灌注混凝土、凿除桩头、泥浆等废料外运弃置，所以这个清单项目就包括了表 8-5 中第 1、2、3、4、6、7、8 项施工项目。

"机械成孔灌注桩（ϕ1000mm、C25 混凝土）"清单项目不包括钢筋笼的制作安装。这个施工工作项目是按附录 D. 7 另列的"非预应力钢筋（钻孔桩钢筋笼）"清单项目。

② 有的施工项目不属于分部分项工程量清单项目，而属于措施清单项目。

如表 8-5 中第 9、12 项施工项目，是施工技术措施项目，属于措施清单项目，不属于分部分项工程量清单项目。

③ 清单项目名称应按《计算规范》中的项目名称（可称为基本名称），结合实际工程的项目特征综合确定，形成具体的项目名称。

如上例中"机械成孔灌注桩"为基本名称，项目特征为桩径、深度、岩石类别、混凝土强度等级、石类最大粒径。结合工程实际情况，具体的项目名称为"机械成孔灌注桩（ϕ1000mm、C25 混凝土）"。

④ 清单项目编码由 12 位数字组成，第 1～9 位项目编码根据项目基本名称按《计算规范》统一编制，第 10～12 位项目编码由清单编制人根据项目特征由 001 起按顺序编制。

⑤ 一个完整的桥梁工程分部分项工程量清单，一般包括《计算规范》附录 A 土石方工程、附录 C 桥涵工程中的有关清单项目，还可能包括附录 J 钢筋工程中的有关清单项目。如果是改建工程，还应包括附录 K 拆除工程中的有关清单项目。

（2）清单项目工程量计算

清单项目列项后，根据施工图样，按照清单项目的工程量计算规则、计算方法计算各清单项目的工程量。清单项目工程量计算时，要注意计量单位。

（3）编制分部分项工程量清单

按照分部分项工程量清单的统一格式，编制分部分项工程量清单与计价表。

2. 措施项目清单的编制

措施项目清单的编制应根据工程招标文件、施工设计图样、施工方法确定施工措施项目，包括施工组织措施项目、施工技术措施项目，并按照《计价规范》规定的统一格式编制。

措施项目清单编制的步骤如下：施工组织措施项目列项→施工技术措施项目列项→措施项目清单编制。

（1）施工组织措施项目列项

施工组织措施项目主要有安全文明施工费、检验试验费、夜间施工增加费、提前竣工增加费、材料二次搬运费、冬季、雨季施工费、行车行人干扰增加费、已完工程及设备保护费等。

（2）施工技术措施项目列项

施工技术措施项目主要有大型机械设备进出场及安拆、混凝土、钢筋混凝土模板及支架、脚手架、施工排水、降水、围堰、现场施工围栏、便道、便桥等。施工技术措施项目主要根据施工图样、施工方法确定列项。

如上例桥梁桩基础施工中，井点降水、钻孔灌注桩桩机竖拆均为施工技术措施项目。

（3）编制措施项目清单

按照《计价规范》规定的统一的格式，编制措施项目清单与计价表。

编制措施项目清单时，只需要列项，不需要计算相关措施项目的工程量。

3. 其他项目清单的编制

其他项目清单中的项目应根据拟建工程的具体情况列项，按《计算规范》规定的统一格式编制。

8.3 桥涵工程定额计量与计价及工程量清单计量与计价实例

8.3.1 定额计价模式下工程计量与计价

1. 工程概况

某桥梁工程中心桩号为 K0+744，2×16m 简支梁桥，全长 36.34m，横断面布置 4.125m（人行道）+5m（非机动车道）+3m（绿化带）+16m（机动车道）+3m（绿化带）+5m（非机动车道）+4.125m（人行道）=40.25m。桥梁下部结构为桥台 φ1000 钻孔灌注桩基础，桥墩 φ1300 钻孔灌注桩基础、重力台身、上部为预应力钢筋混凝土空心板梁，桥面铺装为 C40 防水混凝土和沥青混凝土铺装，桥面系人行道梁和人行道板和花岗岩栏杆。

2. 编制要求

《浙江省市政工程预算定额》（2010 版）、《浙江省建设工程施工取费定额》（2010 版）、《浙江省施工机械台班费用参考单价》（2010 版）、《建设工程工程量清单计价规范》（GB 50500—2013）、某地区建设工程造价信息 2013 年某月。

3. 取费要求

施工组织措施费按弹性区间费率的中值，综合费率按桥梁工程三类工程计取。

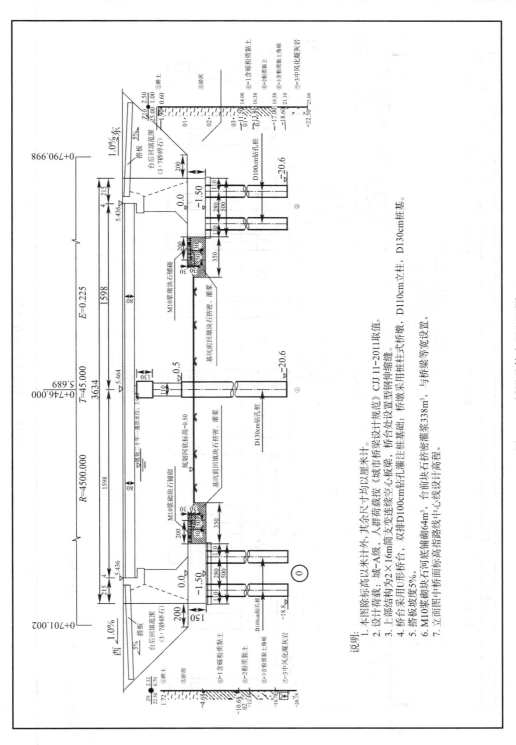

图 8-34 桥梁总体布置立面图

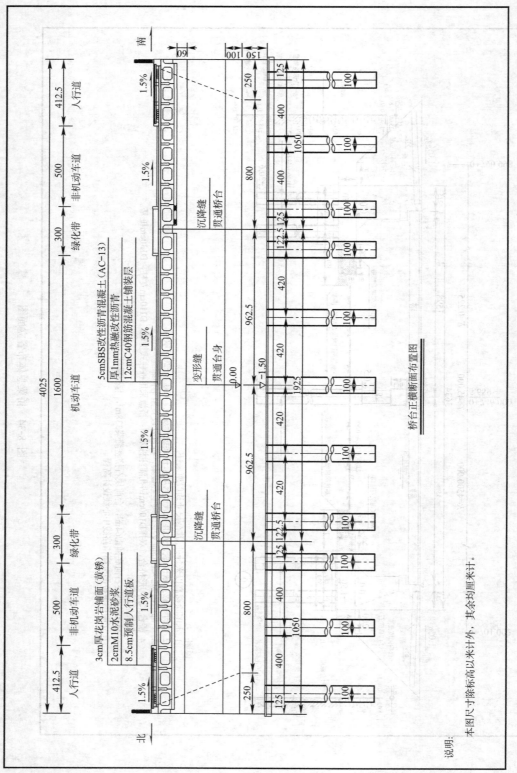

图 8-35 桥台正横断面布置图

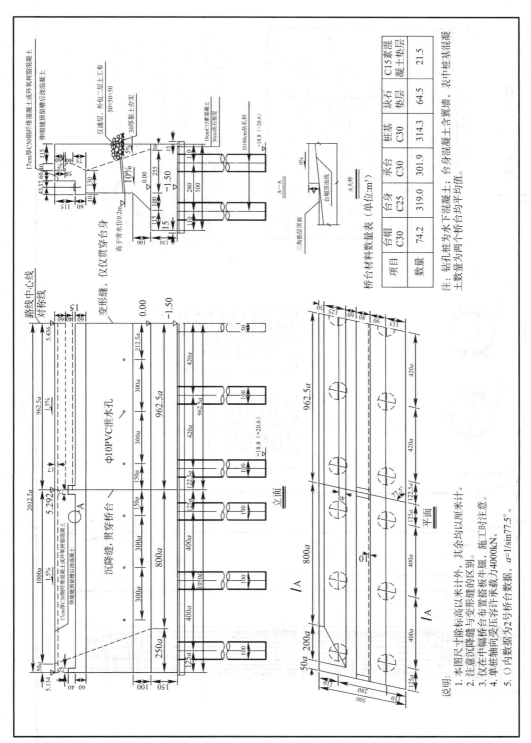

桥台材料数量表（单位:m³）

项目	台帽	台身	承台	桩基	块石	C15素混
	C30	C25	C30	C30	垫层	凝土垫层
数量	74.2	319.0	301.9	314.3	64.5	21.5

注：钻孔桩为水下混凝土；台身混凝土含翼墙，表中桩基混凝
土数量为两个桥台均平均值。

说明：
1. 本图尺寸除标高以米计外，其余均以厘米计。
2. 注意沉降缝与变形缝的区别。
3. 仅在中幅桥台置搭板牛腿，施工时注意。
4. 单桩轴向受压容许承载力4000kN。
5. ()内数据为2号桥台数据，α=1/sin77.5°。

图 8-36 桥台构造图

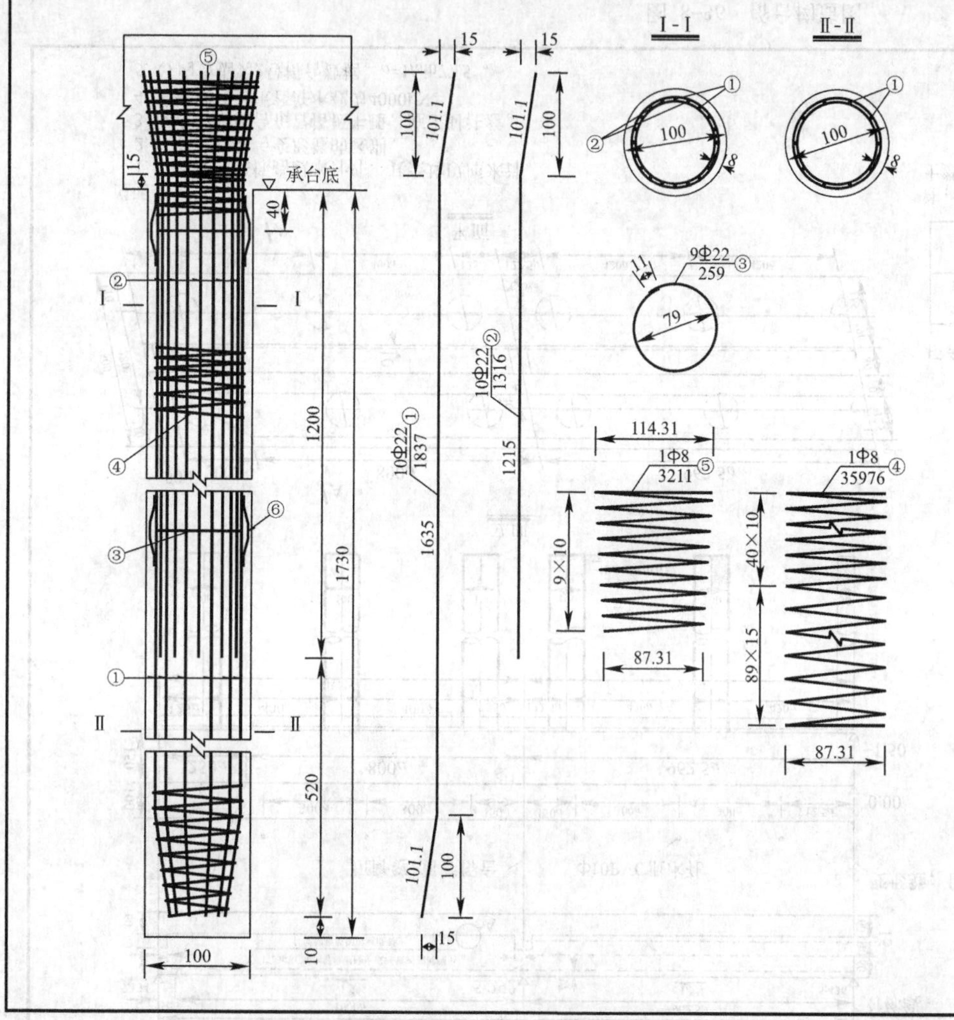

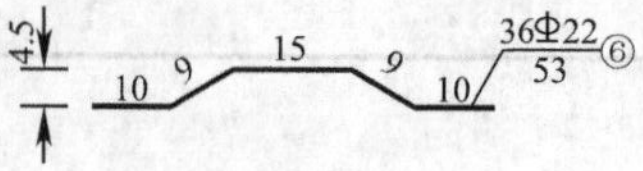

一个桩基材料数量表

编号	直径 (mm)	单根 长度 (cm)	根数	共长 (m)	共重 (kg)	总重 (kg)
1	Φ22	1837	10	183.70	547.43	1009.1
2	Φ22	1316	10	131.60	392.17	
3	Φ22	259	9	23.31	69.46	
4	Φ8	35976	1	359.76	142.11	154.8
5	Φ8	3211	1	32.11	12.68	
6	Φ12	53	36	19.08	16.94	16.9
合计						1180.8

说明：

1. 图中尺寸除钢筋直径以毫米计，余均以厘米为单位。
2. 桩基加强筋 N3 设在主筋内侧，每 2m 一道，自身搭接部分采用双面焊。
3. 桩基钢筋笼分段插入桩孔中，各段主筋采用焊接，钢筋接头应按规范要求错开布置。
4. 定位钢筋 N6 每隔 2m 设一组，每组 4 根均匀设于桩基加强筋 N3 四周。
5. 桩基全截面进入中风化凝灰岩之 2d（桩基直径）终桩，桩底沉淀土厚度不大于 5cm。
6. 施工时，若实际地质情况与本设计采用的资料不符，应应变更基桩设计。

图 8-37　0 号桥台桩基配筋图

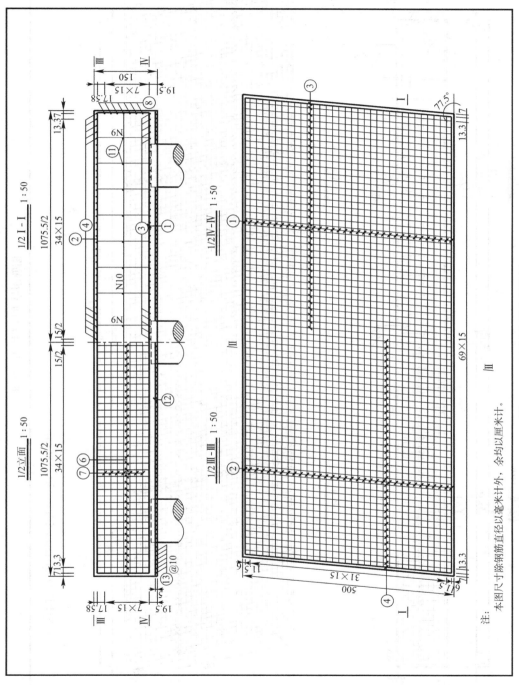

图 8-38 边幅桥承台配筋图

注：本图尺寸除钢筋直径以毫米计外，余均以厘米计。

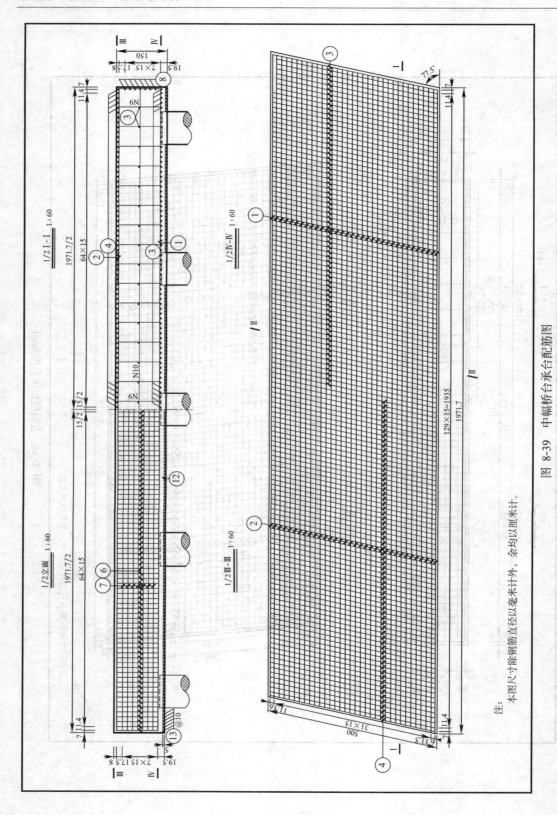

图 8-39 中幅桥台承台配筋图

注：本图尺寸除钢筋直径以毫米计外，余均以厘米计。

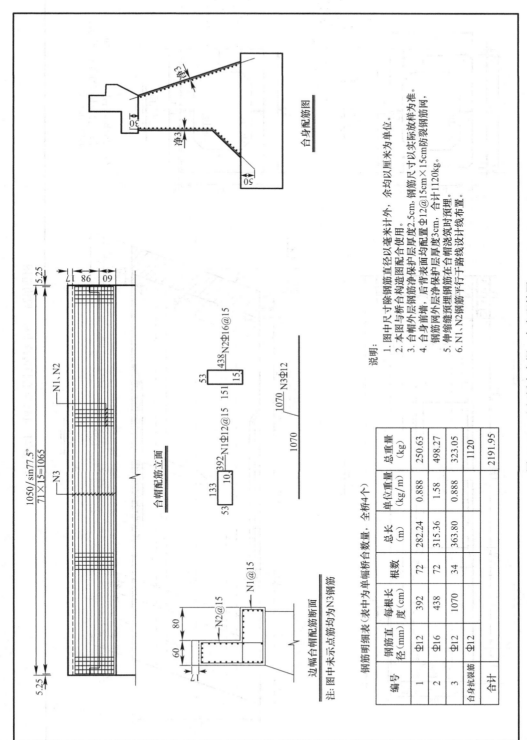

钢筋明细表(表中为单幅桥台数量,全桥4个)								
编号	钢筋直径(mm)	每根长度(cm)	根数	总长(m)	单位重量(kg/m)	总重量(kg)		
1	Φ12	392	72	282.24	0.888	250.63		
2	Φ16	438	72	315.36	1.58	498.27		
3	Φ12	1070	34	363.80	0.888	323.05		
台身抗裂筋	Φ12					1120		
合计						2191.95		

说明:

1. 图中尺寸除钢筋直径以毫米计外,余均以厘米为单位。
2. 本图与桥台构造图配合使用。
3. 台帽外层钢筋净保护层厚度2.5cm,钢筋尺寸以实际放样为准。
4. 台身前墙、后背表面均配置Φ12@15cm×15cm防裂钢筋网,钢筋网外层净保护层厚度3cm,合计1120kg。
5. 伸缩缝预埋钢筋在台帽浇筑时预埋。
6. N1、N2钢筋平行于行车路线设计线布置。

图 8-40 边幅桥台台帽、台身配筋图

211

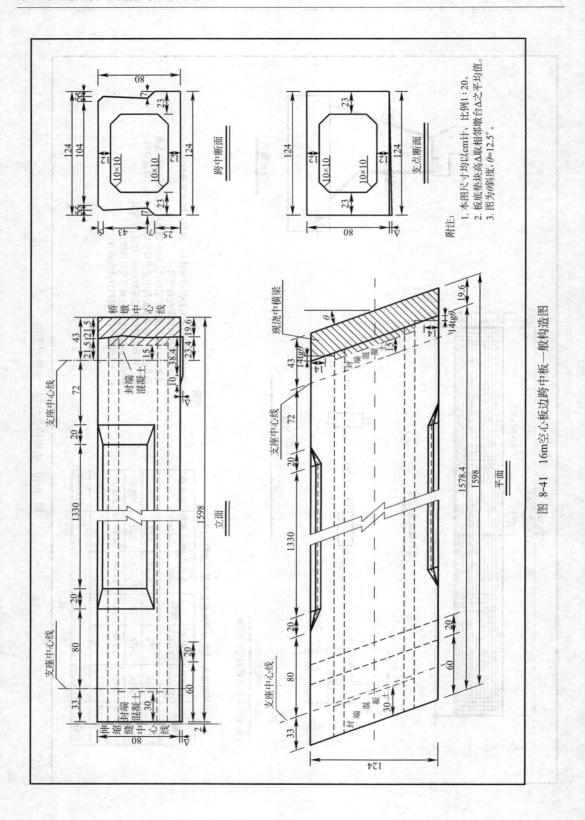

图 8-41　16m 空心板边跨中板一般构造图

附注：

1. 本图尺寸均以 cm 计，比例 1 : 20。
2. 板底垫块高△取相邻墩台△之平均值。
3. 图为 θ 斜度，θ=12.5°。

跨中断面

支点断面

立面

平面

16m跨径（12.5°）空心板普通钢筋数量表

中板斜交角15°

类型	编号	直径(mm)	长度(cm)	根数(根)	共长(m)	共重(kg)	合计	
	N1	Φ10	210.4	77	162.0	100.0	钢筋：(kg)	
	N2	Φ10	196.2	77	151.1	93.2	Φ8	144.2
	N3	Φ12	392.5	6	23.6	20.9	Φ10	450.9
	N4	Φ12	402.0	11	44.2	39.3	Φ12	319.6
	N4A	Φ12	415.5	9	37.4	33.2	Φ10	8.5
	N4B	Φ12						
	N4C	Φ12					混凝土(m³)：	
	N5	Φ8	128.5	3	3.9	1.5	C50预制	
	N5'	Φ8	148.0	3	4.4	1.8	板混凝土：9.074	
	N6	Φ8	133.3	3	4.0	1.6		
	N6'	Φ8	152.8	3	4.6	1.8	C25封端	
	N7	Φ12	116.4	66	76.8	68.3	混凝土：0.200	
	N7A	Φ12	122.9	2	2.5	2.2		
	N7B	Φ12	129.4	7	9.1	8.0	C50铰缝	
	N7C	Φ12	133.5	6	8.0	7.1	混凝土：0.990	
	N7D	Φ12						
边跨中板	N8	Φ16	134.0	4	5.4	8.5	注：预制板C50	
	N9	Φ10	120.0	70	84.0	51.8	混凝土含封锚混	
	N10	Φ10	81.0	412	333.7	205.9	凝土	
	N11	Φ8	1582.5	18	284.9	112.5		
	N12	Φ12	1582.5	10	158.3	140.6		
	N13	Φ8	96.0	66	63.4	25.0		

边板斜交角15° 挑臂25cm

类型	编号	直径(mm)	长度(cm)	根数(根)	共长(m)	共重(kg)	合计	
	N3	Φ12	393.5	80	314.8	279.7	钢筋：(kg)	
	N4	Φ12	403.0	14	56.4	50.1	Φ8	159.6
	N4A	Φ12	416.5	10	41.7	37.0	Φ10	231.8
	N4B	Φ12					Φ12	508.6
	N5'	Φ8	148.0	3	4.4	1.8	Φ14	185.1
	N6	Φ8	133.3	3	4.0	1.6	Φ16	8.5
	N7'	Φ14	187.6	68	127.6	154.3	混凝土(m³)：	
	N7'A	Φ14	194.1	8	15.5	18.8	C50预制	
	N7'B	Φ12					板混凝土：9.489	
边跨边板	N7'C	Φ12	133.8	1	1.3	1.2		
	N7'D	Φ14	199.8	5	10.0	12.1	C25封端	
	N7'E	Φ14					混凝土：0.200	
	N8	Φ16	135.0	4	5.4	8.5		
	N9	Φ10	120.0	35	42.0	25.9	C50铰缝	
	N10	Φ10	81.0	412	333.7	205.9	混凝土：0.495	
	N11	Φ8	1582.5	23	364.0	143.7		
	N12	Φ12	1582.5	10	158.3	140.6	注：预制板C50	
	N13	Φ8	96.0	33	31.7	12.5	混凝土含封锚混凝土	

图 8-42 16m空心板材料数量表

专业工程招标控制计算程序表

表 8-7

单位工程（专业）：某城市桥梁工程（桥梁工程） 第 页 共 页

序 号	费用名称	计算方法	金额（元）
一	直接费	1＋2＋3＋4＋5	4602092
1	其中定额人工费		622548
2	其中人工价差		477789
3	其中材料费		3030891
4	其中定额机械费		382419
5	其中机械费价差		88445
二	施工组织措施费	6＋7＋8＋9＋10＋11＋12＋13	66931
6	安全文明施工费	(1＋4)×4.46%	44822
7	检验试验费	(1＋4)×1.23%	12361
8	冬雨期施工增加费	(1＋4)×0.19%	1909
9	夜间施工增加费	(1＋4)×0.03%	301
10	已完工程及设备保护费	(1＋4)×0.04%	402
11	二次搬运费	(1＋4)×0.71%	7135
12	行车、行人干扰增加费	(1＋4)×	0
13	提前竣工增加费	(1＋4)×	0
三	企业管理费	(1＋4)×18.5%	185919
四	利润	(1＋4)×11%	110546
五	规费	14＋15＋16	80921
14	排污费、社保费、公积金	(1＋4)×7.3%	73363
15	危险作业意外伤害保险费		0
16	民工工伤保险费	（一＋二＋三＋四＋14＋15）×0.15%	7558
六	总承包服务费		0
七	风险费	（一＋二＋三＋四＋五＋六）×	0
八	暂列金额		0
九	税金	（一＋二＋三＋四＋五＋六＋七＋八）×3.577%	180510
十	造价下浮	（一＋二＋三＋四＋五＋六＋七＋八＋九）×	0
十一	建设工程造价	一＋二＋三＋四＋五＋六＋七＋八＋九一十	5226920

分部分项工程费计算表

表 8-8

单位工程（专业）：某城市桥梁工程（桥梁工程） 第 页 共 页

序 号	编 号	名 称	单位	数 量	单价（元）	合价（元）
		第一册通用项目		1.000	99596.20	99596.20
1	1-59	挖掘机挖土装车一、二类土	m³	1796.250	3.89	6983.16
2	6-288	天然级配砂砾石沟槽回填	m³	656.250	106.05	69597.23
3	1-68 换	自卸汽车运土方运距 5km 内	m³	1796.250	12.81	23015.81
		第三册桥涵工程		1.000	4502496.27	4502496.27
4	3-517	搭、拆桩基础陆上支架平台锤重 2500kg	m²	906.750	35.87	32529.57
5	3-108	钻孔灌注桩陆上埋设钢护筒 φ≤1200	m	88.000	219.92	19352.66
6	3-115	钻孔灌注桩支架上埋设钢护筒 φ≤1500	m	24.000	210.04	5041.06
7	3-128	回旋钻孔机成孔桩径 φ1000mm 以内	m³	763.679	200.30	152961.59

续表

序号	编号	名称	单位	数量	单价（元）	合价（元）
8	3-130	回旋钻孔机成孔桩径 φ1500mm 以内	m³	245.165	141.00	34567.33
9	3-144	泥浆池建造、拆除	m³	1008.844	5.22	5269.60
10	3-145	泥浆运输运距 5km 以内	m³	1008.844	90.08	90881.11
11	3-149	钻孔灌注混凝土回旋钻孔	m³	875.143	476.90	417354.08
12	3-548	凿除钻孔灌注桩顶钢筋混凝土	m³	22.577	110.48	2494.16
13	6-224	井垫层（块石）	m³	128.949	225.94	29135.14
14	3-208	C15 混凝土垫层	m³	42.983	357.04	15346.50
15	3-214	混凝土基础模板	m²	18.340	38.49	705.86
16	3-215 换	C30 混凝土承台	m³	603.750	413.08	249398.55
17	3-217	承台模板（无底模）	m²	271.500	36.28	9849.78
18	3-228 换	C30 混凝土浇筑实体式桥台	m³	575.439	431.55	248332.69
19	3-230	实体式桥台模板制作、安装	m²	699.541	58.03	40594.55
20	3-243 换	C30 混凝土浇筑台帽	m³	148.238	434.65	64431.00
21	3-245	台帽模板制作、安装	m²	332.101	74.17	24631.00
22	3-237 换	C30 混凝土浇筑柱式墩台身	m³	17.510	446.63	7820.29
23	3-239	柱式墩台身模板制作、安装	m²	63.671	84.71	5393.43
24	3-246 换	C30 混凝土浇筑墩盖梁	m³	80.888	439.78	35572.71
25	3-248	墩盖梁模板制作、安装	m²	183.570	66.14	12141.53
26	3-343 换	C50 预制混凝土空心板梁（预应力）现浇现拌混凝土 C50（20）52.5 级水泥	m³	552.280	527.98	291594.60
27	3-437	起重机陆上安装板梁起重机 L≤16m	m³	552.280	33.56	18532.09
28	3-371 换	预制构件场内运输构件重 40t 以内运距 200m	m³	552.280	84.18	46491.98
29	3-345	预制空心板梁钢模板	m²	3911.924	57.51	224991.27
30	3-228 换	C50 板梁间灌缝现浇现拌混凝土 C50（20）52.5 级水泥	m³	48.272	643.52	31063.79
31	3-297 换	C30 板梁底砂浆勾缝～水泥砂浆 M10.0	m	896.000	17.94	16074.49
32	3-306	C40 混凝土浇筑支座垫石	m³	3.968	510.28	2024.81
33	3-308	地梁、侧石、平石模板制作、安装	m²	39.680	45.81	1817.57
34	3-304	C25 混凝土浇筑地梁、侧石、平石	m³	28.892	486.08	14043.59
35	3-308	地梁、侧石、平石模板制作、安装	m²	206.462	45.81	9457.11
36	3-358 换	C30 预制混凝土人行道、锚锭板	m³	19.514	516.23	10073.65
37	3-479	小型构件人行道板安装	m³	19.514	97.05	1893.85
38	1-308	汽车运输小型构件，人力装卸运距 1km	m³	19.514	82.05	1601.13
39	3-359	预制混凝土缘石、人行道、锚锭板模板制作、安装	m²	111.955	53.03	5936.84
40	2-218 换	花岗岩面层安砌水泥砂浆 M10.0	m²	234.906	120.40	28282.01
41	3-316	C40 混凝土桥面面层铺装	m³	97.219	474.61	46141.27
42	3-320	桥面铺装模板	m²	33.653	50.02	1683.23
43	2-152	水泥混凝土乳化沥青黏层	m²	810.160	1.84	1489.78
44	2-191 换	机械摊铺细粒式沥青混凝土路面厚 5cm	m²	810.160	73.58	59608.29
45	2-124 换	人工捕筑 5％水泥稳定碎石基层压实厚度 30cm	m²	262.280	66.10	17336.23
46	1-319	机动翻斗车运水泥混凝土（熟料）运距 200m	m³	78.684	17.30	1361.24
47	2-197	水泥混凝土道路模板	m²	19.440	44.03	855.96

续表

序号	编号	名　称	单位	数　量	单价（元）	合价（元）
48	3-208 换	C10 混凝土垫层	m³	26.228	344.11	9025.33
49	3-214	混凝土基础模板	m²	6.480	38.49	249.40
50	3-318 换	C30 混凝土桥头搭板	m³	102.400	419.70	42977.55
51	3-320	桥头搭板模板	m²	44.800	50.02	2240.79
52	综合组价	石质栏杆	m	68.000	1200.00	81600.00
53	3-491	板式橡胶支座安装	cm³	212931.250	0.07	15586.57
54	3-492	四氟板式橡胶支座安装	cm³	225098.750	0.26	58840.81
55	3-180	预埋铁件制作、安装	t	5.724	7932.68	45403.50
56	3-180 换	不锈钢板制作、安装	t	0.212	33360.53	7072.65
57	6-780	防水工程防水砂浆平池底	m²	60.760	19.42	1179.99
58	3-503	梳型钢伸缩缝安装	m	52.198	745.49	38913.36
59	3-504	不锈钢板伸缩缝安装	m	16.322	346.75	5659.74
60	3-502	塑料管泄水孔安装	m	3.800	24.31	92.39
61	3-177	现浇混凝土圆钢制作、安装	t	9.052	5087.99	46056.50
62	3-178	现浇混凝土螺纹钢制作、安装	t	108.809	4825.70	525079.30
63	3-175	预制混凝土圆钢制作、安装	t	28.676	5156.98	147879.04
64	3-176	预制混凝土螺纹钢制作、安装	t	40.837	4798.69	195963.82
65	3-179	钻孔桩钢筋笼的制作、安装	t	75.579	5240.22	396050.76
66	3-187	后张法预应力钢筋制作、安装锥形锚	t	18.588	7983.15	148387.64
67		锚具 YM15-4	套	496.000	25.00	12400.00
68	3-202	波纹管压浆管道安装	m	3894.220	15.24	59354.97
69	3-203	压浆	m³	9.587	1228.37	11775.90
70	3-180	预埋铁件制作、安装	t	1.244	7932.68	9864.29
71	3-175	D10 冷扎焊接网制作、安装	t	21.900	5156.98	112937.90
72	1-301	浇混凝土用仓面脚手架高度在 1.5m 以内	m²	832.500	9.51	7916.58
73	3-522	搭、拆桩基础水上支架平台锤重 2500kg	m²	422.175	269.02	113572.05
74	3027	转盘钻孔机场外运输费用	台次	1.000	2880.88	2880.88
75	3001	履带式挖掘机 1m³ 以内场外运输费用	台次	1.000	3771.55	3771.55
76	3-545	筑拆混凝土地模	m³	122.700	444.39	54527.41
77	3-546	混凝土地模模板制作、安装	m²	213.280	42.56	9076.33
		合计				4602092.48

工程量计算书　　　　　　　　　　　　　　　　　　　　表 8-9

单位及专业工程名称：某城市桥梁工程-桥梁工程　　　　　　　　　　　　　　第　页　共　页

序号	项目编号	项目名称	单位	数　量	计算式
1	1-59	挖掘机挖土装车一、二类上	m³	1796.250	$(6×50×1.9+(2+2.5×0.5×0.5)$ $×2.5×50)×2$
2	6-288	天然级配砂砾石沟槽回填	m³	656.250	$(2+2.5×0.5×0.5)×2.5×50×2$
3	1-68 换	自卸汽车运土方运距 5km 内	m³	1796.250	$(6×50×1.9+(2+2.5×0.5×0.5)$ $×2.5×50)×2$
4	3-517	搭、拆桩基础陆上支架平台锤重 2500kg	m²	906.750	$(6.5+2.8)×(42.25−1.25×2$ $+2.5+6.5)×2$

续表

序号	项目编号	项目名称	单位	数 量	计 算 式
5	3-108	钻孔灌注桩陆上埋设钢护筒 $\phi \leqslant 1200$	m	88.000	2×44
6	3-115	钻孔灌注桩支架上埋设钢护筒 $\phi \leqslant 1500$	m	24.000	8×3
7	3-128	回旋钻孔机成孔桩径 $\phi 1000mm$ 以内	m³	763.679	$[(18.8+2.32) \times 22 + (20.6+2.5) \times 22] \times 3.14/4$
8	3-130	回旋钻孔机成孔桩径 $\phi 1500mm$ 以内	m³	245.165	$(20.6+2.5) \times 8 \times 1.3 \times 1.3 \times 3.14/4$
9	3-144	泥浆池建造、拆除	m³	1008.844	[GCLMX]
		桩径 $\phi 1300$		245.16492	$(20.6+2.5) \times 8 \times 1.3 \times 1.3 \times 3.14/4$
		桩径 $\phi 1000$		763.6794	$[(18.8+2.32) \times 22 + (20.6+2.5) \times 22] \times 3.14/4$
10	3-145	泥浆运输运距 5km 以内	m³	1008.844	[GCLMX]
		桩径 $\phi 1000$		763.6794	$[(18.8+2.32) \times 22 + (20.6+2.5) \times 22] \times 3.14/4$
		桩径 $\phi 1300$		245.16492	$(20.6+2.5) \times 8 \times 1.3 \times 1.3 \times 3.14/4$
11	3-149	钻孔灌注混凝土回旋钻孔	m³	875.143	[GCLMX]
		桩径 $\phi 1000$		645.898	$[(18.8-1.5+0.5) \times 22 + (20.6-1.5+0.5) \times 22] \times 3.14/4$
		桩径 $\phi 1300$		229.24512	$(20.6+0.5+0.5) \times 8 \times 1.3 \times 1.3 \times 3.14/4$
12	3-548	凿除钻孔灌注桩顶钢筋混凝土	m³	22.577	[GCLMX]
		桩径 $\phi 1000$		17.27	$44 \times 1 \times 1 \times 3.14/4 \times 0.5$
		桩径 $\phi 1300$		5.3066	$8 \times 1.3 \times 1.3 \times 3.14/4 \times 0.5$
13	6-224	井垫层（块石）	m³	128.949	$5.3 \times 40.55 \times 0.3 \times 2$
14	3-208	C15 混凝土垫层	m³	42.983	$5.3 \times 40.55 \times 0.1 \times 2$
15	3-214	混凝土基础模板	m²	18.340	$(5.3+40.55) \times 2 \times 0.1 \times 2$
16	3-215 换	C30 混凝土承台	m³	603.750	$5 \times 40.25 \times 1.5 \times 2$
17	3-217	承台模板（无底模）	m²	271.500	$(5+40.25) \times 2 \times 1.5 \times 2$
18	3-228 换	C30 混凝土浇筑实体式桥台	m³	575.439	$\{(1.3+2.55)/2 \times [(5.353+5.208+5.05)/3 -1.75]+1 \times 1 \times 0.5\} \times 40.25 \times 2$
19	3-230	实体式桥台模板制作、安装	m²	699.541	$\{[(5.353-1.75) \times (1.3+2.55)/2+0.5] \times 2+(5.353-1.75) \times 1.1 \times 2 \times 42.25\} \times 2$
20	3-243 换	C30 混凝土浇筑台帽	m³	148.238	[GCLMX]
		挡块		1.2	$0.25 \times 0.4 \times 6 \times 2$
		台帽		139.821824	$\{[1.4 \times 0.6+(1.15-0.17) \times 0.6] \times 10.54 \times 2+[1.4 \times 0.6+(1.15-0.17) \times 0.6] \times 19.324+(0.4+1.15)/2 \times 0.4 \times (40.4-0.5 \times 2)\} \times 2$
		耳墙		7.2162	$[(0.3+1.55)/2 \times 5.204+(1.15+1.55)/2 \times 0.75+1.15 \times 0.4+1.55 \times 0.6] \times 0.5 \times 2$
21	3-245	台帽模板制作、安装	m²	332.101	[GCLMX]

序号	项目编号	项目名称	单位	数　量	计算式
		台帽		295.115	$[(1.4\times0.6+1.15\times0.6)\times2+1.75\times40.25+(1.75+0.09)\times40.25]\times2$
		挡块		15.6	$(0.25+0.4)\times2\times6\times2$
		耳墙		21.3864	$[(0.3+1.55)/2\times5.204+(1.15+1.55)/2\times0.75+1.15\times0.4+1.55\times0.6+(5.204+1.75)\times0.5]\times2$
22	3-237 换	C30 混凝土浇筑柱式墩台身	m³	17.510	$[(2.689+2.771+2.841+2.916)/4-0.5]\times1.1\times1.1\times3.14/4\times8$
23	3-239	柱式墩台身模板制作、安装	m²	63.671	$[(2.689+2.771+2.841+2.916)/4-0.5]\times1.1\times3.14\times8$
24	3-246 换	C30 混凝土浇筑墩盖梁	m³	80.888	[GCLMX]
		盖梁		79.688	$1.6\times1.3\times10.5\times2-1.4\times0.6\times1.6/2\times2\times2+1.6\times1.3\times9.625\times2-1.4\times0.6\times1.6/2\times2$
		挡块		1.2	$0.25\times0.4\times6\times2$
25	3-248	墩盖梁模板制作、安装	m²	183.570	[GCLMX]
		挡块		7.8	$(0.25+0.4)\times2\times6$
		盖梁		175.77	$(1.6+1.3\times2)\times10.5\times2+0.7\times1.6\times2\times2+(1.6+1.3\times2)\times9.625\times2+0.7\times1.6\times2$
26	3-343 换	C50 预制混凝土空心板梁（预应力）现浇现拌混凝土 C50（20）52.5 级水泥	m³	552.280	$[(8.41+0.25)\times25+(9.688+0.252)\times6]\times2$
27	3-437 换	起重机陆上安装板梁起重机 $L\leqslant16m$	m³	552.280	$[(8.41+0.25)\times25+(9.688+0.252)\times6]\times2$
28	3-371 换	预制构件场内运输构件重 40t 以内运距200m	m³	552.280	$[(8.41+0.25)\times25+(9.688+0.252)\times6]\times2$
29	3-345	预制空心板梁钢模板	m²	3911.923	[GCLMX]
		侧模		1269.9	$0.83\times2\times15.3\times25\times2$
		端模		57.52	$[0.8\times1.24-(1.24-0.23\times2)\times(0.8-0.12\times2)+0.1\times0.1\times0.5\times4]\times2\times25\times2$
		锚端模板		56	$0.8\times2\times0.7\times25\times2$
		封端板模板		99.2	$0.8\times1.24\times2\times25\times2$
		钢芯模		1664.31	$[(1.24-0.33\times2)\times2+(0.8-0.22\times2)+0.1\times1.414\times4]\times15.96\times25\times2$
		端模		14.8248	$[0.8\times1.24+0.25\times0.15+0.1\times0.1\times0.5-(1.24-0.23\times2)\times(0.8-0.12\times2)+0.1\times0.1\times0.5\times4]\times2\times6\times2$
		封端板模板		24.828	$(0.8\times1.24+0.25\times0.15+0.1\times0.1\times0.5)\times2\times6\times2$
		侧模		312.12	$(0.83+0.87)\times15.3\times6\times2$
		锚端模板		13.78776	$(0.8+0.15+0.1\times1.414+0.55)\times0.7\times6\times2$
		钢芯模		399.43	$[(1.24-0.33\times2)\times2+(0.8-0.22\times2)+0.1\times1.414\times4]\times15.96\times6\times2$

续表

序号	项目编号	项目名称	单位	数　量	计算式
30	3-288 换	C50 板梁间灌缝现浇现拌混凝土 C50（20）52.5 级水泥	m³	48.272	0.862×28×2
31	3-297 换	C30 板梁底砂浆勾缝水泥砂浆 M10.0	m	896.000	16×28×2
32	3-306	C40 混凝浇筑土支座垫石	m³	3.968	0.4×0.4×0.1×31×4×2
33	3-308	地梁、侧石、平石模板制作、安装	m²	39.680	0.4×4×0.1×31×2×4
34	3-304	C25 混凝土浇筑地梁、侧石、平石	m³	28.892	[GCLMX]
		现浇侧石		6.7116	0.35×0.15×2×(15.96×2+0.04)×2
		B 梁		3.00424	0.235×0.2×(15.96×2+0.04)×2
		A 梁		12.68812	(0.53×1.4−0.135×0.1)×(15.96×2+0.04)×2
		D 梁		3.93108	(0.25×0.3−0.135×0.1)×(15.96×2+0.04)×2
		C 梁		2.5568	0.2×0.2×(15.96×2+0.04)×2
35	3-308	地梁、侧石、平石模板制作、安装	m²	206.462	[GCLMX]
		C 梁		25.568	0.2×2×(15.96×2+0.04)×2
		A 梁		67.7552	0.53×2×(15.96×2+0.04)×2
		D 梁		38.352	0.3×2×(15.96×2+0.04)×2
		B 梁		30.0424	0.235×2×(15.96×2+0.04)×2
		现浇侧石		44.744	0.35×2×(15.96×2+0.04)×2
36	3-358 换	C30 预制混凝土人行道、锚锭板	m³	19.514	1.225×0.49×0.996×0.085×384
37	3-479	小型构件人行道板安装	m³	19.514	1.225×0.49×0.996×0.085×384
38	1-308	汽车运输小型构件，人力装卸运距 1km	m³	19.514	1.225×0.49×0.996×0.085×384
39	3-359	预制混凝土缘石、人行道、锚锭板模板制作、安装	m²	111.955	(1.225+0.49)×2×0.085×384
40	2-218 换	花岗岩面层安砌水泥砂浆 M10.0	m²	234.906	(4.125−0.3−0.15)×(15.96×2+0.04)×2
41	3-316	C40 混凝土桥面面层铺装	m³	97.219	31.16×(5+8)×2×0.12
42	3-320	桥面铺装模板	m²	33.653	15.58×9×0.12×2
43	2-152	水泥混凝土乳化沥青黏层	m²	810.160	31.16×(5+8)×2
44	2-191 换	机械摊铺细粒式沥青混凝土路面厚 5cm	m²	810.160	31.16×(5+8)×2
45	2-124 换	人工铺筑 5% 水泥稳定碎石基层压实厚度 30cm	m²	262.280	16.6×(8−0.4+0.3)×2
46	1-319 换	机动翻斗车运水泥混凝土（熟料）运距 200m	m³	78.684	16.6×(8−0.4+0.3)×2×0.3
47	2-197	水泥混凝土道路模板	m²	19.440	(16.6+7.9×2)×0.3×2
48	3-208 换	C10 混凝土垫层	m³	26.228	16.6×(8−0.4+0.3)×2×0.1
49	3-214	混凝土基础模板	m²	6.480	(16.6+7.9×2)×0.1×2
50	3-318 换	C30 混凝土桥头搭板	m³	102.400	16×8×2×0.4

序号	项目编号	项目名称	单位	数 量	计算式
51	3-320	桥头搭板模板	m²	44.800	(16＋8×5)×2×0.4
52	综合组价	石质栏杆	m	68.000	68
53	3-491	板式橡胶支座安装	cm³	212931.250	25×25×3.5×3.14/4×124
54	3-492	四氟板式橡胶支座安装	cm³	225098.750	25×25×3.7×3.14/4×124
55	3-180	预埋铁件制作、安装	t	5.724	[GCLMX]
		四氟板式		2.861796	0.35×0.35×0.012×7.85×124×2
		板式		2.861796	0.35×0.35×0.012×7.85×124×2
56	3-180 换	不锈钢制作、安装	t	0.212	0.33×0.33×0.002×7.85×124
57	6-780	防水工程防水砂浆平池底	m²	60.760	[GCLMX]
		四氟板式		30.38	0.35×0.35×124×2
		板式		30.38	0.35×0.35×124×2
58	3-503	梳型钢伸缩缝安装	m	52.198	(16＋5×2)/0.9962×2
59	3-504	不锈钢板伸缩缝安装	m	16.322	(4.125－0.3＋0.24)×2/0.9962×2
60	3-502	塑料管泄水孔安装	m	3.800	(0.8＋0.1＋0.05)×4
61	3-177	现浇混凝土圆钢制作、安装	t	9.052	9.052
62	3-178	现浇混凝土螺纹钢制作、安装	t	108.809	108.809
63	3-175	预制混凝土圆钢制作、安装	t	28.676	28.676
64	3-176	预制混凝土螺纹钢制作、安装	t	40.837	40.837
65	3-179	钻孔桩钢筋笼制作、安装	t	75.579	75.579
66	3-187	后张法预应力钢筋制作、安装锥形锚	t	18.588	299.8/1000×31×2
67		锚具 YM15-4	套	496.000	8×31×2
68	3-202	波纹管压浆管道安装	m	3894.220	62.81×31×2
69	3-203	压浆	m³	9.587	0.056×0.056×3.14/4×62.81×31×2
70	3-180	预埋铁件制作、安装	t	1.244	1.244
71	3-175	D10 冷扎焊接网制作、安装	t	21.900	21.900
72	1-301	浇混凝土用仓面脚手支架高度在 1.5m 以内	m²	832.500	6×(40.25＋6)×3
73	3-522	搭、拆桩基础水上支架平台锤重 2500kg	m²	422.175	[6.5×(42.25－1.25×2＋2.5＋6.5)＋6.5×(16－6.5/2)－(6.5＋2.8)/2]×2
74	3027	转盘钻孔机场外运输费用	台次	1.000	1
75	3001	履带式挖掘机 1m³ 以内场外运输费用	台次	1.000	1
76	3-545	筑拆混凝土地模	m³	122.700	1.24×15.96×0.1×31×2
77	3-546	混凝土地模模板制作、安装	m²	213.280	(1.24＋15.96)×2×0.1×31×2

8.3.2 工程量清单计价模式下工程量计量与计价

<u>某城市桥梁工程</u>

招 标 控 制 价

招标控制价(小写)：<u>5227819 元</u>

（大写）：<u>伍佰贰拾贰万柒仟捌佰壹拾玖元整</u>

招标人：_____

（单位盖章）

工程造价
咨 询 人：_____

（单位资质专用章）

法定代表人
或其授权人：_____

（签字或盖章）

法定代表人
或其授权人：_____

（签字或盖章）

编 制 人：_____

（造价人员签字盖专用章）

复 核 人：_____

（造价工程师签字盖专用章）

编制时间：

复核时间：

招标控制价编制说明

工程名称：某城市桥梁工程　　　　　　　　　　　　　　　　　　　第　页　共　页

1. 《建设工程工程量清单计价规范》（GB 50500—2013）。

2. 《浙江省市政工程预算定额》（2010 版）进行编制。

3. 施工组织措施费、综合费用按《浙江省建设工程施工取费定额》（2010 版）弹性区间费率的中值，桥梁工程三类工程计取。

4. 材料价格采用××地区建设工程造价信息（2013 年×月）。

工程项目招标控制价汇总表 表 8-10

工程名称：某城市桥梁工程

第 页 共 页

序 号	单位工程名称	金额（元）	其 中		
			安全文明施工费（元）	检验试验费（元）	规费（元）
一	某城市桥梁工程	5227819	44783	12350	80858
1	桥梁工程	5227819	44783	12350	80858
	合计	5227819	44783	12350	80858

专业工程招标控制价计算程序表 表 8-11

单位工程（专业）：某城市桥梁工程-桥梁工程

单位：元

序 号	汇总内容	费用计算表达式	金额（元）
一	分部分项工程		4352305
1	其中定额人工费		457842
2	其中人工价差		352454
3	其中定额机械费		307944
4	其中机械费价差		72350
二	措施项目		614114
5	施工组织措施项目费		66873
5.1	安全文明施工费		44783
5.2	检验试验费		12350
6	施工技术措施项目费		547242
6.1	其中定额人工费		163376
6.2	其中人工价差		125393
6.3	其中定额机械费		74932
6.4	其中机械费价差		16269
三	其他项目		
四	规费	7+8+9	80858
7	排污费、社保费、公积金	[1+3+6.1+6.3]×7.3%	73299
8	危险作业意外伤害保险费		
9	农民工工伤保险费	[一+二+7+8]×0.15%	7560
五	税金	[一+二+三+四]×3.577%	180541
	招标控制价合计＝一+二+三+四+五		5227819

分部分项工程量清单与计价表

表 8-12

单位工程（专业）：某城市桥梁工程-桥梁工程

第 页 共 页

序号	项目编码	项目名称	项目特征	计量单位	工程量	综合单价（元）	合价（元）	其中（元）				备注
								定额人工费	人工费价差	定额机械费	机械费价差	
1	040101003001	挖基坑土方	1. 土壤类别：一、二类土 2. 挖土深度：平均 6m	m³	1796.25	4.85	8711.81	341.29	287.40	5478.56	880.16	
2	040103001002	回填方	1. 密实度要求：按设计要求 2. 填方材料品种：级配砂砾石 3. 填方粒径要求：符合设计要求 4. 填方来源、运距：外购	m³	656.25	110.20	72318.75	8747.81	6713.44	485.63	32.81	
3	040103002003	余方弃置	1. 废弃料品种：余方 2. 运距：5km	m³	1796.25	15.84	28452.60			18483.41	4382.85	
4	040301004001	泥浆护壁成孔灌注桩	1. 地层情况：详见地质报告 2. 空桩长度、桩长：19.1m，17.3m 3. 桩径：D100 4. 成孔方法：钻孔桩 5. 混凝土种类、强度等级：C30	m	800.80	808.31	647294.65	93909.82	72080.01	114994.88	26554.53	
5	040301004002	泥浆护壁成孔灌注桩	1. 地层情况：详见地质报告 2. 空桩长度、桩长：21.1m 3. 桩径：D130 4. 成孔方法：钻孔桩 5. 混凝土种类、强度等级：C30	m	168.80	1114.46	188120.85	21010.54	16125.46	32602.03	8083.83	
6	040301011002	截桩头	1. 桩类型：钻孔灌注桩 2. 桩头截面、高度：D100、0.5m 3. 混凝土强度等级：C30 4. 有无钢筋：有	m³	17.27	130.04	2245.79	946.05	726.03	199.47	14.68	
7	040301011003	截桩头	1. 桩类型：钻孔灌注桩 2. 桩头截面、高度：D130、0.5m 3. 混凝土强度等级：C30 4. 有无钢筋：有	m³	5.31	129.96	690.09	290.67	223.13	61.28	4.51	

续表

序号	项目编码	项目名称	项目特征	计量单位	工程量	综合单价(元)	合价(元)	定额人工费	人工费价差	定额机械费	机械费价差	备注
								其中(元)				
8	040305001001	垫层	1. 材料品种、规格: 块石 2. 厚度: 30cm	m³	128.95	235.31	30343.22	3898.16	2991.64	193.42	14.18	
9	040303001001	混凝土垫层	混凝土强度等级: C15	m³	42.98	377.08	16206.90	1833.53	1406.74	1085.67	380.80	
10	040303003001	混凝土承台	混凝土强度等级: C30	m³	603.75	434.06	262063.73	27313.65	20956.16	15525.05	5500.16	
11	040303005001	混凝土墩(台)身	1. 部位: 台帽 2. 混凝土强度等级: C25	m³	575.44	456.18	262504.22	31499.59	24174.23	16543.90	5662.33	
12	040303004001	混凝土墩(台)帽	1. 部位: 台帽 2. 混凝土强度等级: C30	m³	148.24	459.29	68085.15	8114.66	6227.56	4264.86	1460.16	
13	040303005002	混凝土墩柱	1. 部位: D110柱式墩台身 2. 混凝土强度等级: C30	m³	17.51	473.88	8297.64	1057.95	811.76	559.79	186.83	
14	040303007001	混凝土墩(台)盖梁	1. 部位: 墩盖梁 2. 混凝土强度等级: C30	m³	80.89	465.49	37653.49	4647.13	3566.44	2403.24	821.03	
15	040304001001	预制混凝土土梁	1. 部位: 板梁 2. 图集、图纸名称: 设计图纸 3. 构件代号、名称: 16m后张法空心板梁 4. 混凝土强度等级: C50 5. 砂浆强度等级: M1梁底勾缝 6. 构件运输安装	m³	552.28	779.58	430546.44	58464.36	44867.23	32335.99	7301.14	
16	040303024003	混凝土其他构件	1. 名称、部位: 混凝土地模 2. 混凝土强度等级: C20	m³	122.70	477.82	58628.51	10377.97	7964.46	3525.17	895.71	
17	040303024002	混凝土其他构件	1. 名称、部位: 支座垫层 2. 混凝土强度等级: C40	m³	3.97	539.06	2140.07	315.81	242.37	71.50	28.35	
18	040303024001	混凝土其他构件	1. 名称、部位: 人行道梁 2. 混凝土强度等级: C30	m³	28.89	519.88	15019.33	2748.02	2108.68	562.78	209.74	

续表

序号	项目编码	项目名称	项目特征	计量单位	工程量	综合单价(元)	合价(元)	其中(元)				备注
								定额人工费	人工费价差	定额机械费	机械费价差	
19	040304005001	预制混凝土其他构件	1. 部位：人行道板 2. 图纸、图集、名称：设计图纸 3. 构件代号，名称：122.5cm× 49cm人行道板 4. 混凝土强度等级：C30	m³	19.51	763.04	14886.91	3382.64	2595.81	1094.71	344.94	
20	040204002002	人行道块料铺设	1. 块料品种，规格：3cm厚花岗岩板 2. 基础，垫层：材料，品种，厚度：2cm厚 M10 水泥砂浆 3. 图形：根据图纸	m²	234.91	124.07	29145.28	2778.89	2130.63	138.60	39.93	
21	040303019001	桥面铺装	1. 混凝土强度等级：C40 2. 厚度：12cm	m²	810.16	59.70	48366.55	5816.95	4463.98	1733.74	648.13	
22	040203003002	透层、粘层	1. 材料品种：改性沥青 2. 喷油量：1mm厚	m²	810.16	1.87	1515.00	48.61	40.51	56.71	8.10	
23	040303019002	桥面铺装	1. 沥青品种：改性沥青 2. 沥青混凝土种类：改性沥青混凝土 (SMA-13) 3. 厚度：5cm	m²	810.16	74.62	60454.14	437.49	332.17	2414.28	534.71	
24	040202015001	水泥稳定碎（砾）石	1. 水泥含量：5% 2. 石料规格：20～40 3. 厚度：30cm	m²	262.28	73.97	19400.85	1665.48	1279.93	726.52	259.66	
25	040303001002	混凝土垫层	1. 混凝土强度等级：C10	m³	26.23	364.15	9551.65	1118.97	858.51	662.57	232.40	
26	040303020001	混凝土桥头搭板	1. 混凝土强度等级：C30	m³	102.40	440.78	45135.87	5513.22	4230.14	1802.24	680.96	
27	040309002001	石质栏杆	1. 材料品种，规格：花岗岩栏杆	m	68.00	1200.00	81600.00					

续表

序号	项目编码	项目名称	项目特征	计量单位	工程量	综合单价(元)	合价(元)	其中(元)				备注
								定额人工费	人工费价差	定额机械费	机械费价差	
28	040309004001	橡胶支座	1. 材质：橡胶 2. 规格、型号：GYZ橡胶支座D250×35 3. 形式：下钢板350×350×12(等厚)、上钢板350×350×12(等厚)，环氧砂浆粘贴找平	个	124	338.16	41931.84	6500.08	5482.04	1078.80	109.12	
29	040309004002	橡胶支座	1. 规格、型号：GYZ下4橡胶支座D250×37 2. 形式：下钢板350×350×12(等厚)、上钢板350×350×12(等厚)，环氧砂浆粘贴找平，不锈钢板330×330×2	个	124	748.91	92864.84	6935.32	5846.60	1158.16	117.80	
30	040309007001	桥梁伸缩装置	1. 材料品种、型号：型钢伸缩缝 2. 规格、型号：详见图纸 3. 混凝土种类：钢纤维混凝土 4. 混凝土强度等级：C40	m	52.20	765.04	39935.09	1827.00	1402.09	1636.47	160.78	
31	040309007002	桥梁伸缩装置	1. 材料品种、型号：不锈钢板伸缩缝 2. 规格、型号：详见图纸	m	16.32	362.70	5919.26	425.30	326.56	454.19	44.55	
32	040309009001	桥面排(泄)水管	1. 材料品种：塑料管 2. 管径：D110	m	3.80	25.20	95.76	11.44	8.78			
33	040901001003	现浇构件钢筋	1. 钢筋种类：圆钢 2. 钢筋规格：φ22、φ12	t	9.052	5249.82	47521.37	4539.49	3483.03	427.25	114.15	
34	040901001004	现浇构件钢筋	1. 钢筋种类：螺纹钢 2. 钢筋规格：φ10、φ8	t	108.809	4953.49	538984.29	37944.96	29120.55	9191.10	1421.05	

续表

序号	项目编码	项目名称	项目特征	计量单位	工程量	综合单价（元）	合价（元）	定额人工费	人工费价差	定额机械费	机械费价差	备注
									其中（元）			
35	04091002005	预制构件钢筋	1. 钢筋种类：圆钢 2. 钢筋规格：φ10、φ8	t	28.676	5330.59	152860.00	15253.05	11705.83	1623.06	386.55	
36	04091002004	预制构件钢筋	1. 钢筋种类：螺纹钢 2. 钢筋规格：φ22、φ12	t	40.837	4922.52	201020.95	13802.09	10592.30	3340.06	501.48	
37	04091004001	钢筋笼	1. 钢筋种类：螺纹钢、圆钢 2. 钢筋规格：φ22、φ12、φ8	t	75.579	5456.73	412414.20	31524.00	24192.84	23944.94	3149.38	
38	04091006001	后张法预应力钢筋（钢丝束、钢绞线）	1. 部位：板梁 2. 预应力筋种类：后张法 3. 预应力筋规格：φ15.2 4. 锚具种类、规格：YM15-4 5. 砂浆强度等级：C40 6. 压浆管材质、规格：φ56 波纹管	t	18.588	13023.90	242088.25	29307.33	22534.05	5280.11	842.24	
39	04090109001	预埋铁件	1. 材料种类：螺纹钢 2. 材料规格：φ16	t	1.244	8480.28	10549.47	1844.40	1415.47	464.80	45.63	
40	04090103001	钢筋网片	1. 钢筋种类：冷扎焊接网片 2. 钢筋规格：D10	t	21.900	5330.59	116739.92	11648.83	8939.80	1239.54	295.21	
		合计					4352305	457842	352454	307944	72350	

施工组织措施项目清单与计价表

表 8-13

单位工程（专业）：某城市桥梁工程-桥梁工程　　　　　　　　　　第　页　共　页

序　号	项目名称	计算基础	费率（%）	金额（元）
1	安全文明施工费	定额人工费＋定额机械费	4.46	44783
2	检验试验费	定额人工费＋定额机械费	1.23	12350
3	冬雨期施工增加费	定额人工费＋定额机械费	0.19	1908
4	夜间施工增加费	定额人工费＋定额机械费	0.03	301
5	已完成工程及设备保护费	定额人工费＋定额机械费	0.04	402
6	二次搬运费	定额人工费＋定额机械费	0.71	7129
7	行车、行人干扰增加费	定额人工费＋定额机械费		
8	提前竣工增加费	定额人工费＋定额机械费		
合计				66873

施工技术措施项目清单与计价表

表 8-14

单位工程（专业）：某城市桥梁工程-桥梁工程　　　　　　　　　　第　页　共　页

序号	项目编码	项目名称	项目特征	计量单位	工程量	综合单价（元）	合价（元）	定额人工费	人工费价差	定额机械费	机械费价差	备注
								___ 其中（元）___				
1	041102001004	垫层模板	1. 构件类型：承台垫层	m²	18.34	41.89	768	159.37	122.14	52.82	15.77	
2	041102003001	承台模板	1. 构件类型：承台	m²	271.50	40.01	10863	2929.49	2250.74	510.42	152.04	
3	041102005001	墩（台）身模板	1. 构件类型：台身 2. 支模高度：3.603m	m²	699.54	65.16	45582	11941.15	9163.97	4959.74	1364.10	
4	041102004001	墩（台）帽模板	1. 构件类型：台帽、挡块 2. 支模高度：3.603m	m²	332.10	81.06	26920	5668.95	4350.51	2095.55	547.97	
5	041102007001	墩（台）盖梁模板	1. 构件类型：盖梁、挡块 2. 支模高度：2.8m	m²	183.57	75.71	13898	3946.75	3028.91	2008.26	519.50	
6	041102012001	柱模板	1. 构件类型：立柱 2. 支模高度：2.3m	m²	63.67	96.04	6115	1763.02	1352.99	682.54	186.55	
7	041102014001	板模板	1. 构件类型：搭板 2. 支模高度：0.4m	m²	44.80	56.24	2520	866.88	665.28	78.40	22.85	
8	041102001005	垫层模板	1. 构件类型：搭板垫层	m²	6.48	41.89	271	56.31	43.16	18.66	5.57	
9	041102002002	基础模板	1. 构件类型：搭板下水泥稳定	m²	19.44	48.84	949	265.74	204.12	50.93	7.39	
10	041102001006	垫层模板	1. 构件类型：混凝土地模	m²	213.28	41.89	8934	1853.40	1420.44	614.25	183.42	

续表

序号	项目编码	项目名称	项目特征	计量单位	工程量	综合单价（元）	合价（元）	定额人工费	人工费价差	定额机械费	机械费价差	备注
									其中（元）			
11	041102015001	板梁模板	1. 构件类型：板梁 2. 支模高度：0.8m	m²	3911.92	66.67	260808	100262.51	76947.47	21007.01	9114.77	
12	041102037003	其他现浇构件模板	1. 构件类型：桥面铺装	m²	33.65	56.24	1892	651.13	499.70	58.89	17.16	
13	041102037001	其他现浇构件模板	1. 构件类型：人行道梁	m²	206.46	49.89	10300	2671.59	2052.21	183.75	43.36	
14	041102037002	其他现浇构件模板	1. 构件类型：支座垫石	m²	39.68	49.89	1980	513.46	394.42	35.32	8.33	
15	041102021002	小型构件模板	1. 构件类型：人行道板	m²	111.96	59.89	6705	2315.33	1777.92	288.86	27.99	
16	041101003001	仓面脚手架		m²	832.50	10.20	8492	1714.95	1323.68	233.10	74.92	
17	041102039001	水上桩基础支架、平台	1. 位置：基础 2. 材质：木平台 3. 桩类型：灌注桩	m²	422.18	313.91	132527	25064.83	19234.52	39174.08	3373.22	
18	041106001002	大型机械设备进出场及安拆	1. 机械设备名称：桩机 2. 机械设备规格型号：转盘钻孔机	台·次	1	7717.61	7718	731.00	561.00	2879.79	603.65	
		合计					547242	163376	125393	74932	16269	

工程人工费汇总表　　　　　　　　　　　　　　　　　　　　表 8-15

单位工程（专业）：某城市桥梁工程（桥梁工程）　　　　　　　　　　　　第　页　共　页

序号	编码	人工	单位	数量	定额价（元）	市场价（元）	定额合价（元）	市场合价（元）	差价合计（元）
1	0000001	一类人工	工日	8.62	40	73.00	344.88	629.41	284.53
2	0000011	二类人工	工日	14469.84	43	76.00	622203.23	1099708.03	477504.80
		合计					622548	1100337	477789

工程材料费汇总表　　　　　　　　　　　　　　　　　　　　表 8-16

单位工程（专业）：某城市桥梁工程（桥梁工程）　　　　　　　　　　　　第　页　共　页

序号	编码	材料名称	规格型号	单位	数量	单价（元）	合价（元）
1	0101001	螺纹钢	Ⅱ级综合	t	218.57	3950.00	863367.13
2	0107001	钢绞线		t	19.33	5850.00	113086.96
3	0109001	圆钢	（综合）	t	74.11	4000.00	296420.67
4	0123011	型钢		kg	1344.16	4.20	5645.48
5	0129349	中厚钢板	δ15 以内	kg	7164.94	4.50	32242.25
6	0129349	不锈钢板	δ15 以内	kg	212.01	30.00	6360.20

续表

序 号	编 码	材料名称	规格型号	单 位	数 量	单价（元）	合价（元）
7	0129601	不锈钢板		kg	225.10	30.00	6752.96
8	0207071	板式橡胶支座	100cm³		2129.31	5.80	12350.01
9	0207151	四氟板式橡胶支座	100cm³		2250.99	16.00	36015.80
10	0233011	草袋		个	2439.33	1.50	3658.99
11	0341011	电焊条		kg	2735.87	7.00	19151.09
12	0351001	圆钉		kg	136.30	7.50	1022.23
13	0357101	镀锌铁丝		kg	7.00	7.00	49.00
14	0357112	镀锌铁丝	8～12#	kg	518.30	7.00	3628.07
15	0357113	镀锌铁丝	8～22#	kg	1152.46	7.00	8067.21
16	0359001	铁件		kg	1090.14	6.00	6540.84
17	0401001	水泥	32.5	t	8.66	400.00	3462.10
18	0401031	水泥	42.5	kg	1062698.30	0.45	478214.24
19	0401051	水泥	52.5	kg	291369.81	0.50	145684.91
20	0403043	黄砂（净砂）	综合	t	2422.53	72.00	174422.29
21	0403141	沥青砂		t	0.25	700.00	171.73
22	0405001	碎石	综合	t	4459.88	69.00	307731.98
23	0405031	砂砾石		t	1246.88	43.00	53615.63
24	0405081	石屑		t	106.38	43.00	4574.15
25	0409035	石灰膏		m³	0.23	350.00	81.21
26	0411001	块石		t	273.58	80.00	21886.26
27	0413091	混凝土实心砖	240×115×53	千块	5.04	400.00	2017.69
28	0423001	防水剂		kg	33.75	3.00	101.25
29	0433071	细粒式沥青商品混凝土		m³	41.08	1350.00	55451.40
30	0501105	圆木		m³	1.67	1550.00	2595.63
31	0503361	垫木		m³	4.80	1500.00	7198.59
32	0701109	花岗岩板	厚30	m²	239.60	90.00	21564.37
33	1155001	石油沥青		kg	260.99	4.90	1278.86
34	1155031	乳化沥青		kg	340.27	3.90	1327.04
35	1201011	柴油		kg	40.51	8.21	332.57
36	3001001	钢支撑		kg	1318.44	6.20	8174.31
37	3031001	圆木桩		m³	10.52	1550.00	16313.48
38	3115001	水		m³	5440.62	7.00	38084.36
39	3201011	钢模板		kg	1688.07	6.20	10466.05
40	3201021	木模板		m³	18.63	1500.00	27938.75
41	3209351	板方材		m³	1.33	1500.00	1995.41
42	3209361	枋木		m³	9.42	1500.00	14128.11
43	3021031	型钢板伸缩缝		m	52.20	600.00	31319.01
44	3021011	不锈钢板伸缩缝		m	16.32	250.00	4080.51
45	主材	锚具 YM15-4		套	496.00	25.00	12400.00
合计							2860971

工程机械台班费汇总表　　　　　　　　　　　　　　　　　　表 8-17

单位工程（专业）：某城市桥梁工程（桥梁工程）　　　　　　　　　　　　　　　　第　页　共　页

序号	编码	机械设备名称	规格型号	单位	数量	定额价（元）	市场价（元）	定额合价（元）	市场合价（元）	差价合计（元）
1	4000001	木驳船	30t	t·d	7801.79	3.50	3.50	27306.28	27306.28	0.00
2	9901003	履带式推土机	90kW	台班	2.44	705.64	848.40	1723.81	2072.56	348.74
3	9901043	履带式单斗挖掘机（液压）	1m³	台班	3.48	1078.38	1228.56	3757.87	4281.20	523.34
4	9901056	内燃光轮压路机	8t	台班	2.23	268.33	338.14	597.72	753.22	155.50
5	9901068	电动夯实机	20～62N·m	台班	31.21	21.79	23.32	680.19	727.85	47.66
6	9901079	汽车式沥青喷洒机	4000L	台班	0.05	620.48	722.18	30.16	35.10	4.94
7	9901083	沥青混凝土摊铺机	8t	台班	1.05	789.95	930.40	825.58	972.37	146.79
8	9902030	转盘钻孔机	φ1500	台班	119.78	423.60	507.14	50738.94	60746.19	10007.24
9	9903002	履带式电动机起重机	5t	台班	255.64	144.71	183.23	36994.78	46842.04	9847.26
10	9903017	汽车式起重机	5t	台班	6.01	330.22	414.48	1983.28	2489.35	506.07
11	9903025	汽车式起重机	50t	台班	6.46	2036.37	2198.94	13158.36	14208.84	1050.48
12	9904007	载货汽车	8t	台班	1.00	380.09	479.10	380.09	479.10	99.01
13	9904017	自卸汽车	12t	台班	28.02	644.78	797.44	18067.79	22345.48	4277.69
14	9904030	机动翻斗车	1t	台班	393.56	109.73	153.95	43186.33	60587.86	17401.53
15	9905002	电动卷扬机	单筒快速10kN	台班	3.58	78.92	114.95	282.22	411.05	128.83
16	9906006	双锥反转出料混凝土搅拌机	350L	台班	208.43	96.72	133.72	20158.68	27871.51	7712.84
17	9906016	灰浆搅拌机	200L	台班	8.35	58.57	92.36	488.83	770.87	282.04
18	9907002	钢筋切断机	φ40	台班	58.02	38.82	41.77	2251.99	2423.33	171.33
19	9907003	钢筋弯曲机	φ40	台班	115.14	20.95	22.13	2411.88	2547.47	135.59
20	9907008	预应力钢筋拉伸机	900kN	台班	21.93	44.18	46.86	968.94	1027.79	58.84
21	9909002	交流弧焊机	32kV·A	台班	339.08	90.34	99.22	30632.71	33643.96	3011.25
22	9913032	混凝土振捣器	平板式BLL	台班	58.39	17.56	17.93	1025.53	1047.02	21.49
23	9913033	混凝土振捣器	插入式	台班	296.98	4.83	5.20	1434.62	1543.91	109.29
		合计						259086.74	315134.51	56047.78

工程量计算书（工程量清单）　　　　　　　　　　　　　　　　　　表 8-18

单位工程（专业）：某城市桥梁工程-桥梁工程　　　　　　　　　　　　　　　　第　页　共　页

序号	项目编号	项目名称	单位	计算式	数量
1	040101003001	挖基坑土方：1. 土壤类别：一、二类土 2. 挖土深度：平均 6m	m³	[6×50×1.9+(2+2.5×0.5×0.5)×2.5×50]×2	1796.25
	1-59	挖掘机挖土装车一、二类土	m³	Q	1796.25

续表

序号	项目编号	项目名称	单位	计算式	数量
2	040103001002	回填方：1. 密实度要求：按设计要求 2. 填方材料品种：级配砂砾石 3. 填方粒径要求：符合设计要求 4. 填方来源、运距：外购	m³	$(2+2.5\times0.5\times0.5)\times2.5$ $\times50\times2$	656.25
	6-288	天然级配砂砾石沟槽回填	m³	Q	656.25
3	040103002003	余方弃置：1. 废弃料品种：余方 2. 运距：5km	m³	$[6\times50\times1.9+(2+2.5\times0.5$ $\times0.5)\times2.5\times50]\times2$	1796.25
	1-68 换	自卸汽车运土方运距 5km 内	m³	Q	1796.25
4	040301004001	泥浆护壁成孔灌注桩：1. 地层情况：详见地质报告 2. 空桩长度、桩长：19.1m，17.3m 3. 桩径：D100 4. 成孔方法：钻孔桩 5. 混凝土种类、强度等级：C30	m	$(18.8-1.5)\times22+(20.6-1.5)$ $\times22$	800.80
	3-517	搭、拆桩基础陆上支架平台锤重2500kg	m²	$(6.5+2.8)\times(42.25-1.25\times2$ $+2.5+6.5)\times2$	906.75
	3-108	钻孔灌注桩陆上埋设钢护筒 $\phi\leqslant1200$	m	2×44	88.00
	3-128	回旋钻孔机成孔桩径 $\phi\leqslant1000$mm 以内	m³	$[(18.8+2.32)\times22+(20.6$ $+2.5)\times22]\times3.14/4$	763.68
	3-144	泥浆池建造、拆除	m³	$[(18.8+2.32)\times22+(20.6$ $+2.5)\times22]\times3.14/4$	763.68
	3-145	泥浆运输运距 5km 以内	m³	$[(18.8+2.32)\times22+(20.6$ $+2.5)\times22]\times3.14/4$	763.68
	3-149	钻孔灌注混凝土回旋钻孔	m³	$[(18.8-1.5+0.5)\times22+(20.6$ $-1.5+0.5)\times22]\times3.14/4$	645.90
5	040301004002	泥浆护壁成孔灌注桩： 1. 地层情况：详见地质报告 2. 空桩长度、桩长：21.1m 3. 桩径：D130 4. 成孔方法：钻孔桩 5. 混凝土种类、强度等级：C30	m	$(20.6+0.5)\times8$	168.80
	3-115	钻孔灌注桩支架上埋设钢护筒 $\phi\leqslant1500$	m	8×3	24.00
	3-130	回旋钻孔机成孔桩径 $\phi1500$mm 以内	m³	$(20.6+2.5)\times8\times1.3\times1.3$ $\times3.14/4$	245.16
	3-144	泥浆池建造、拆除	m³	$(20.6+2.5)\times8\times1.3\times1.3$ $\times3.14/4$	245.16
	3-145	泥浆运输运距 5km 以内	m³	$(20.6+2.5)\times8\times1.3\times1.3$ $\times3.14/4$	245.16
	3-149	钻孔灌注混凝土回旋钻孔	m³	$(20.6+0.5+0.5)\times8\times1.3$ $\times1.3\times3.14/4$	229.25
6	040301011002	截桩头：1. 桩类型：钻孔灌注桩 2. 桩头截面、高度：D100，0.5m 3. 混凝土强度等级：C30 4. 有无钢筋：有	m³	$44\times1\times1\times3.14/4\times0.5$	17.27

序号	项目编号	项目名称	单位	计算式	数量
	3-548	凿除钻孔灌注桩顶钢筋混凝土	m³	$44 \times 1 \times 1 \times 3.14/4 \times 0.5$	17.27
7	040301011003	截桩头：1. 桩类型：钻孔灌注桩 2. 桩头截面、高度：D130，0.5m 3. 混凝土强度等级：C30 4. 有无钢筋：有	m³	$8 \times 1.3 \times 1.3 \times 3.14/4 \times 0.5$	5.31
	3-548	凿除钻孔灌注桩顶钢筋混凝土	m³	$8 \times 1.3 \times 1.3 \times 3.14/4 \times 0.5$	5.31
8	040305001001	垫层：1. 材料品种、规格：块石 2. 厚度：30cm	m³	$5.3 \times 40.55 \times 0.3 \times 2$	128.95
	6-224	井垫层（块石）	m³	Q	128.95
9	040303001001	混凝土垫层：1. 混凝土强度等级：C15	m³	$5.3 \times 40.55 \times 0.1 \times 2$	42.98
	3-208	C15 混凝土垫层	m³	Q	42.98
10	040303003001	混凝土承台：1. 混凝土强度等级：C30	m³	$5 \times 40.25 \times 1.5 \times 2$	603.75
	3-215	C30 混凝土承台	m³	Q	603.75
11	040303005001	混凝土墩（台）身：1. 部位：台身 2. 混凝土强度等级：C25	m³	$\{(1.3+2.55)/2 \times [(5.353 + 5.208 + 5.05)/3 - 1.75] + 1 \times 1 \times 0.5\} \times 40.25 \times 2$	575.44
	3-228 换	C30 混凝土浇筑实体式桥台	m³	Q	575.44
12	040303004001	混凝土墩（台）帽：1. 部位：台帽 2. 混凝土强度等级：C30	m³	[GCLMX]	148.24
(1)		台帽		$\{[1.4 \times 0.6 + (1.15 - 0.17) \times 0.6] \times 10.54 \times 2 + [1.4 \times 0.6 + (1.15 - 0.17) \times 0.6] \times 19.324 + (0.4 + 1.15)/2 \times 0.4 \times (40.4 - 0.5 \times 2)\} \times 2$	139.82
(2)		挡块		$0.25 \times 0.4 \times 6 \times 2$	1.20
(3)		耳墙		$[(0.3 + 1.55)/2 \times 5.204 + (1.15 + 1.55)/2 \times 0.75 + 1.15 \times 0.4 + 1.55 \times 0.6] \times 0.5 \times 2$	7.22
	3-243 换	C30 混凝土浇筑台帽	m³	Q	148.24
13	040303005002	混凝土墩柱：1. 部位：D110 柱式墩台身 2. 混凝土强度等级：C30	m³	$[(2.689 + 2.771 + 2.841 + 2.916)/4 - 0.5] \times 1.1 \times 1.1 \times 3.14/4 \times 8$	17.51
	3-237 换	C30 混凝土浇筑柱式墩台身	m³	Q	17.51
14	040303007001	混凝土墩（台）盖梁：1. 部位：墩盖梁 2. 混凝土强度等级：C30	m³	[GCLMX]	80.89
(1)		盖梁		$1.6 \times 1.3 \times 10.5 \times 2 - 1.4 \times 0.6 \times 1.6/2 \times 2 \times 2 + 1.6 \times 1.3 \times 9.625 \times 2 - 1.4 \times 0.6 \times 1.6/2 \times 2$	79.69

续表

序号	项目编号	项目名称	单位	计算式	数量
(2)		挡块		$25 \times 0.4 \times 6 \times 2$	1.20
	3-246 换	C30 混凝土浇筑墩盖梁	m³	Q	80.89
15	040304001001	预制混凝土梁 1. 部位：板梁 2. 图集、图纸名称：设计图纸 3. 构件代号、名称：16m 后张法空心板梁 4. 混凝土强度等级：C50 5. 砂浆强度等级：M1 梁底勾缝 6. 构件运输安装	m³	$[(8.41+0.25) \times 25 + (9.688 + 0.252) \times 6] \times 2$	552.28
	3-343 换	C50 预制混凝土空心板梁（预应力）现浇现拌混凝土 C50 (20) 52.5 级水泥	m³	Q	552.28
	3-437	起重机陆上安装板梁起重机 $L \leqslant 16m$	m³	Q	552.28
	3-371 换	预制构件场内运输构件重 40t 以内运距 200m	m³	Q	552.28
	3-288 换	C50 桥梁间灌缝现浇现拌混凝土 C50 (20) 52.5 级水泥	m³	$862 \times 28 \times 2$	48.27
	3-297 换	C30 板梁底砂浆勾缝水泥砂浆 M10.0	m³	$16 \times 28 \times 2$	896.00
16	040303024003	混凝土其他构件 1. 名称、部位：混凝土地模 2. 混凝土强度等级：C20	m³	$1.24 \times 15.96 \times 0.1 \times 31 \times 2$	122.70
	3-545	筑拆混凝土地模	m³	Q	122.70
17	040303024002	混凝土其他构件 1. 名称、部位：支座垫层 2. 混凝土强度等级：C40	m³	$0.4 \times 0.4 \times 0.1 \times 31 \times 4 \times 2$	3.97
	3-306	C40 混凝土浇筑土支座垫石	m³	Q	3.97
18	040303024001	混凝土其他构件 1. 名称、部位：人行道梁 2. 混凝土强度等级：C30	m³	$[GCLMX]$	28.89
(1)		现浇侧石		$0.35 \times 0.15 \times 2 \times (15.96 \times 2 + 0.04) \times 2$	6.71
(2)		D 梁		$(0.25 \times 0.3 - 0.135 \times 0.1) \times (15.96 \times 2 + 0.04) \times 2$	3.93
(3)		C 梁		$0.2 \times 0.2 \times (15.96 \times 2 + 0.04) \times 2$	2.56
(4)		B 梁		$0.235 \times 0.2 \times (15.96 \times 2 + 0.04) \times 2$	3.00
(5)		A 梁		$(0.53 \times 0.4 - 0.135 \times 0.1) \times (15.96 \times 2 + 0.04) \times 2$	12.69
	3-304	C25 混凝土浇筑地梁、侧石、平石	m³	Q	28.89
19	040304005001	预制混凝土其他构件 1. 部位：人行道板 2. 图集、图纸名称：设计图纸 3. 构件代号、名称：122.5cm×49cm 人行道板 4. 混凝土强度等级：C30	m³	$1.225 \times 0.49 \times 0.996 \times 0.085 \times 384$	19.51

序号	项目编号	项目名称	单位	计算式	数 量
	3-358 换	C30 预制混凝土人行道、锚锭板	m³	Q	19.51
	3-479	小型构件人行道板安装	m³	Q	19.51
	1-308	汽车运输小型构件，人力装卸运距 1km	m³	Q	19.51
20	040204002002	人行道块料铺设 1. 块料品种、规格：3cm 厚花岗岩板 2. 基础、垫层：材料品种、厚度：2cm 厚 M10 水泥砂浆 3. 图形：根据图纸	m²	(4.125−0.3−0.15)×(15.96×2+0.04)×2	234.91
	2-218 换	花岗岩面层安砌水泥砂浆 M10.0	m²	Q	234.91
21	040303019001	桥面铺装 1. 混凝土强度等级：C40 2. 厚度：12cm	m²	31.16×(5+8)×2	810.16
	3-316	C40 混凝土桥面面层铺装	m³	31.16×(5+8)×2×0.12	97.22
22	040203003002	透层、粘层 1. 材料品种：改性沥青 2. 喷油量：1mm 厚	m²	31.16×(5+8)×2	810.16
	2-152	水泥混凝土乳化沥青黏层	m²	Q	810.16
23	040303019002	桥面铺装 1. 沥青品种：改性沥青 2. 沥青混凝土种类：改性沥青混凝土 (SMA-13) 3. 厚度：5cm	m²	31.16×(5+8)×2	810.16
	2-191 换	机械摊铺细粒式沥青混凝土路面厚 5cm	m²	Q	810.16
24	040202015001	水泥稳定碎（砾）石 1. 水泥含量：5% 2. 石料规格：20~40 3. 厚度：30cm	m²	16.6×(8−0.4+0.3)×2	262.28
	2-124 换	人工铺筑5%水泥稳定碎石基层压实厚度 30cm	m²	Q	262.28
	1-139	机动翻斗车运水泥混凝土（熟料）运距 200m	m³	16.6×(8−0.4+0.3)×2×0.3	78.68
25	040303001002	混凝土垫层混凝土强度等级：C10	m³	16.6×(8−0.4+0.3)×2×0.1	26.23
	3-208 换	C10 混凝土垫层	m³	Q	26.23
26	040303020001	混凝土桥头搭板混凝土强度等级：C30	m³	16×8×2×0.4	102.40
	3-318 换	C30 混凝土桥头搭板	m³	Q	102.40
27	040309002001	石质栏杆材料品种、规格：花岗岩栏杆	m	68.000	68.00
	综合组价	石质栏杆	m	Q	68.00
28	040309004001	橡胶支座 1. 材质：橡胶 2. 规格、型号：GYZ橡胶支座D250×35 3. 形式：下钢板 350×350×12（等厚）、上钢板 350×350×12（等厚）、环氧砂浆粘贴找平	个	31×4	124

序号	项目编号	项目名称	单位	计算式	数　量
	3-491	板式橡胶支座安装	cm³	25×25×3.5×3.14/4×124	21931.25
	3-180	预埋铁件制作、安装	t	0.35×0.35×0.012×7.85×124×2	2.862
	6-780	防水工程防水砂浆平池底	m²	0.35×0.35×124×2	30.38
29	040309004002	橡胶支座 1. 规格、型号：GYZF4 橡胶支座 D250×37 2. 形式：下钢板 350×350×12（等厚）、上钢板 350×350×12（等厚）、环氧砂浆粘贴找平、不锈钢板 330×330×2	个	31×4	124
	3-492	四氟板式橡胶支座安装	cm³	25×25×3.7×3.14/4×124	225098.75
	3-180	预埋铁件制作、安装	t	0.35×0.35×0.012×7.85×124×2	2.862
	3-180 换	不锈钢板制作、安装	t	0.33×0.33×0.002×7.85×124	0.212
	6-780	防水工程防水砂浆平池底	m²	0.35×0.35×124×2	30.38
30	040309007001	桥梁伸缩装置 1. 材料品种：型钢伸缩缝 2. 规格、型号：详见图纸 3. 混凝土种类：钢纤维混凝土 4. 混凝土强度等级：C40	m	(16+5×2)/0.9962×2	52.20
	3-503	梳型钢伸缩缝安装	m	(16+5×2)/0.9962×2	52.20
31	040309007002	桥梁伸缩装置 1. 材料品种：不锈钢板伸缝 2. 规格、型号：详见图纸	m	(4.125−0.3+0.24)×2/0.9962×2	16.32
	3-504	钢板伸缩缝安装	m	(4.125−0.3+0.24)×2/0.9962×2	16.32
32	040309009001	桥面排（泄）水管 1. 材料品种：塑料管 2. 管径：D110	m	(0.8+0.1+0.05)×4	3.80
	3-502	塑料管泄水孔安装	m	Q	3.80
33	040901001003	现浇构件钢筋 1. 钢筋种类：圆钢 2. 钢筋规格：φ22、φ12	t	9.052	9.052
	3-177	现浇混凝土圆钢制作、安装	t	Q	9.052
34	040901001004	现浇构件钢筋 1. 钢筋种类：螺纹钢 2. 钢筋规格：φ10、φ8	t	108.809	108.809
	3-178	现浇混凝土螺纹钢制作、安装	t	Q	108.809
35	040901002005	预制构件钢筋 1. 钢筋种类：圆钢 2. 钢筋规格：φ10、φ8	t	[GCLMX]	28.676
	3-175	预制混凝土圆钢制作、安装	t	q	28.676
36	040901002004	预制构件钢筋 1. 钢筋种类：螺纹钢 2. 钢筋规格φ22、φ12	t	40.837	40.837
	3-176	预制混凝土螺纹钢制作、安装	t	Q	40.837

续表

序号	项目编号	项目名称	单位	计算式	数量
37	040901004001	钢筋笼1. 钢筋种类：螺纹钢、圆钢 2. 钢筋规格：φ22、φ12、φ8	t	75.579	75.579
	3-179	钻孔桩钢筋笼制作、安装	t	Q	75.579
38	040901006001	后张法预应力钢筋（钢丝束、钢绞线） 1. 部位：板梁 2. 预应力筋种类：后张法 3. 预应力筋规格：φ15.2 4. 描具种类、规格：YM15-4 5. 砂浆强度等级：C40 6. 压浆管材料、规格：φ56 波纹管	t	299.8/1000×31×2	18.588
	3-187	后张法预应力钢筋制作、安装锥形锚	t	Q	18.588
		锚具 YM15-4	套	8×31×2	496
	3-202	波纹管压浆管道安装	m	62.81×31×2	3894.22
	3-203	压浆	m³	0.056×0.056×3.14/4×62.81×31×2	9.59
39	040901009001	预埋铁件1. 材料种类：螺纹钢 2. 材料规格：φ16	t	1.244	1.244
	3-180	预埋铁件制作、安装	t	Q	1.244
(1)		车行道伸缩缝		21.5×(16+5×2)/0.9962×2/1000	1.122
(2)		搭板锚筋		11.8×8/1000	0.094
(3)		人行道伸缩缝		6.7×4/1000	0.027
40	040901003001	钢筋网片1. 钢筋种类：冷扎焊接网片 2. 钢筋规格：D10	t	21.900	21.900
	3-175	预制混凝土圆钢制作、安装	t	Q	21.900
(1)		中幅桥台		1300×2/1000	2.600
(2)		桥面铺装		16500/1000	16.500
(3)		边幅台身		700×4/1000	2.800

工程量计算书（技术措施项目）　　　　　表 8-19

单位工程（专业）：某城市桥梁工程-桥梁工程（技术措施项目）

序号	项目编号	项目名称	单位	计算式	数量
1	041102001004	垫层模板1. 构件类型：承台垫层	m²	(5.3+40.55)×2×0.1×2	18.34
	3-214	混凝土基础模板	m²	Q	18.34
2	041102003001	承台模板1. 构件类型：承台	m²	(5+40.25)×2×1.5×2	271.5
	3-217	承台模板（无底模）	m²	Q	271.5
3	041102005001	墩（台）身模板1. 构件类型：台身；2. 支模高度：3.603m	m²	{[(5.353-1.75)×(1.3+2.55)/2+0.5]×2+(5.353-1.75)×1.1×2×42.25}×2	699.54
	3-230	实体式桥台模板制作、安装	m²		699.54
4	041102004001	墩（台）帽模板1. 构件类型：台帽、挡块；2. 支模高度：3.603m	m²		332.1

序号	项目编号	项目名称	单位	计算式	数量
		耳墙		$[(0.3+1.55)/2\times5.204+(1.15+1.55)/2\times0.75+1.15\times0.4+1.55\times0.6+(5.204+1.75)\times0.5]\times2$	21.39
		台帽		$[(1.4\times0.6+1.15\times0.6)\times2+1.75\times40.25+(1.75+0.09)\times40.25]\times2$	295.12
		挡块		$(0.25\times0.4)\times2\times6\times2$	15.60
	3-245	台帽模板制作、安装	m^2		332.1
5	041102007001	缴（台）盖梁模板 1. 构件类型：盖梁、挡块；2. 支模高度：2.8m	m^2		183.57
		盖梁		$(1.6+1.3\times2)\times10.5\times2+0.7\times1.6\times2\times2+(1.6+1.3\times2)\times9.625\times2+0.7\times1.6\times2$	175.77
		挡块		$(0.25+0.4)\times2\times6$	7.8
	3-248	墩盖梁模板制作、安装	m^2		183.57
6	041102012001	柱模板 1. 构件类型：立柱；2. 支模高度：2.3m	m^2	$[(2.689+2.771+2.841+2.916)/4-0.5]\times1.1\times3.14\times8$	63.67
	3-239	柱式墩台身模板制作、安装	m^2		63.67
7	041102014001	板模板 1. 构件类型：搭板；2. 支模高度：0.4m	m^2	$(16+8\times5)\times2\times0.4$	44.8
	3-320	桥面铺装及桥头搭板模板	m^2		44.8
8	041102001005	垫层模板 1. 构件类型：搭板垫层	m^2	$(16.6+7.9\times2)\times0.1\times2$	6.48
	3-214	混凝土基础模板	m^2		6.48
9	041102002002	基础层模板 1. 构件类型：搭板下水泥稳定	m^2	$(16.6+7.9\times2)\times0.3\times2$	19.44
	2-197	水泥混凝土道路模板	m^2		19.44
10	041102001006	垫层模板 1. 构件类型：混凝土地模	m^2	$(1.24+15.96)\times2\times0.1\times31\times2$	213.28
	3-214	混凝土基础模块	m^2		213.28
11	041102015001	板梁上模板 1. 构件类型：板梁；2. 支模高度：0.8m	m^2		3911.92
		中板			
		侧模		$0.83\times2\times15.3\times25\times2$	1269.9
		端模		$(0.8\times1.24-(1.24-0.23\times2)\times(0.8-0.12\times2)+0.1\times0.1\times0.5\times4)\times2\times25\times2$	57.52
		锚端模板		$0.8\times2\times0.7\times25\times2$	56
		封端板模板		$0.8\times1.24\times2\times25\times2$	99.2
		钢芯模		$[(1.24-0.33\times2)\times2+(0.8-0.22\times2)+0.1\times1.414\times4]\times15.96\times25\times2$	1664.3088
		边板			

序号	项目编号	项目名称	单位	计算式	数量
		侧模		$(0.83+0.87)\times15.3\times6\times2$	312.12
		端模		$(0.8\times1.24+0.25\times0.15+0.1\times0.1\times0.5-(1.24-0.23\times2)\times(0.8-0.12\times2)+0.1\times0.1\times0.5\times4)\times2\times6\times2$	14.8248
		锚端模板		$(0.8+0.15+0.1\times1.414+0.55)\times0.7\times6\times2$	13.78776
		封端板模板		$(0.8\times1.24+0.25\times0.15+0.1\times0.1\times0.5)\times2\times6\times2$	24.828
		钢芯模		$[(1.24-0.33\times2)\times2+(0.8-0.22\times2)+0.1\times1.414\times4]\times15.96\times6\times2$	399.43411
	3-345	预制空心板梁钢模板	m²		3911.92
12	041102037003	其他现浇构件模板构件类型:桥面铺装	m²	$15.58\times9\times0.12\times2$	33.65
	3-320	桥面铺装及桥头搭板模板	m²		33.65
13	041102037001	其他现浇构件模板构件类型:人行道梁	m²		206.46
		A梁		$0.53\times2\times(15.96\times2+0.04)\times2$	67.7552
		B梁		$0.235\times2\times(15.96\times2+0.04)\times2$	30.0424
		C梁		$0.2\times2\times(15.96\times2+0.04)\times2$	25.568
		D梁		$0.3\times2\times(15.96\times2+0.04)\times2$	38.352
		现浇侧石		$0.35\times2\times(15.96\times2+0.04)\times2$	44.744
	3-308	地梁、侧石、平石模板制作、安装	m²		206.46
14	041102037002	其他现浇构件模板构件类型:支座垫石	m²	$-0.4\times4\times0.1\times31\times2\times4$	39.68
	3-308	地梁、侧石、平石模板制作、安装	m²		39.68
15	041102021002	小型构件模板构件类型:人行道板	m²	$(1.225+0.49)\times2\times0.085\times384$	111.96
	3-359	预制混凝土缘石、人行道、锚锭板模制作、安装	m²		111.96
16	041101003001	仓面脚手架	m²	$6\times(40.25+6)\times3$	832.5
	1-301	浇混凝土用仓面脚手支架高度在1.5m以内	m²		832.5
17	041102039001	水上桩基础支架、平台1.位置:基础;2.材质:木平台;3.桩类型:灌注桩	m²	$6.5\times(42.25-1.25\times2+2.5+6.5)+6.5\times[16-6.5/2-(6.5+2.8)/2]\times2$	422.18
	3-522	搭、拆桩基础水上支架平台锤重2500kg	m²		422.18
18	041106001002	大型机械设备进出场用安拆1.机械设备名称:桩机;2.机械设备规格型号:转盘钻孔机	台·次	1	1
	3027	转盘钻孔机场外运输费用	台·次		1
	3001	履带式挖掘机1m³以内场外运输费用	台·次		1

第9章 排水工程计量与计价

9.1 排水工程预算定额应用

本章说明：

（1）《排水工程》包括管道铺设，井、渠、管道基础及砌筑，不开槽管道施工，给排水（构筑物、给排水机械设备安装），模板、钢筋及井字架工程，共6章1142个子目。

（2）适用范围：本定额适用于城镇范围内新建、改建和扩建的市政排水管渠工程；净水厂、污水厂、排水泵站的给排水构筑物和专用给排水机械设备。不适用于排水工程的日常修理及维护工程。

（3）本定额与其他有关定额关系的说明：

1）本定额所涉及的土石方开挖、运输、脚手架、支撑、围堰、打拔桩、降排水、拆除等工程，除各章节另有说明外，可按第一册《通用项目》有关子目。

2）管道接口、井、给排水构筑物需要做防腐处理的，可参考《浙江省建筑工程预算定额》或《浙江省安装工程预算定额》相关子目。

3）给排水构筑物工程中的泵站上部建筑工程以及本定额中未包括的建筑工程执行《浙江省建筑工程预算定额》。

4）给排水机械设备安装中涉及的通用机械部分，可执行《浙江省安装工程预算定额》。

（4）其他有关问题的补充说明：

1）本定额中所称管径：混凝土管、钢筋混凝土管指内径，钢管塑料管指公称直径。

2）本定额各项目涉及的混凝土和砂浆强度等级与设计要求不同时，可进行换算，定额含量不变。

3）本定额各章所需的模板、钢筋（铁件）加工、井字架执行第六章的相应子目。

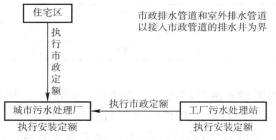

图 9-1 与浙江省建筑、安装工程预算额定的界限划分
注：污水处理厂厂区内本身的雨污水管道及检查井、雨水井应执行市政定额。

4）本定额是按无地下水考虑的，如有地下水，需降（排）水时执行第一册《通用项目》相应定额；需设排水盲沟时执行第二册《道路工程》相应定额；基础需铺设垫层时采用本册第三章的相应定额；采用湿土排水时执行第一册《通用项目》相应定额。

（5）与浙江省建筑、安装工程预算定额的界限划分（图9-1）。

9.1.1 管道铺设

9.1.1.1 说明

（1）本章定额包括混凝土管道铺设、塑料管道铺设、管道接口、管道闭水试验，共4节223个子目。

（2）串管铺设：是指在沟槽两侧有挡土板且有钢（木）支撑的管道铺设。

（3）本定额中将混凝土管道铺设及塑料管道铺设与接口分列开来，定额分别套用，以避免由于实际管道长度不同而造成对定额中接口数量的频繁调整。

（4）ϕ300～ϕ700mm混凝土管铺设分为人工下管和人机配合下管，在定额套用时应根据施工组织设计套用不同的子目。

（5）管道闭水试验应单独进行计算，以实际闭水长度计算，不扣除各种井所占长度。

（6）在无基础的槽内铺设混凝土管道，其人工费、机械费乘以1.18系数。

（7）如遇有特殊情况必须在支撑下串管铺设，人工费、机械费乘以1.33系数。

（8）管道铺设定额若管材单价已包括接口费用，则不得重复套用管道接口相关子目。

（9）企口管膨胀水泥砂浆接口和石棉水泥接口适于360°，其他接口均是按管座120°和180°列项的。如管座角度不同，按相应材质的接口做法，按表9-1进行调整。

【例9-1】 排水管道管径500mm，水泥砂浆接口135°，试确定定额编号及基价。

【解】 [6-53]H

基价＝72×0.89＝64.08（元/10个口）

管道接口调整表　　　　　　　　　　　　　　　　表9-1

序　号	项目名称	实做角度	调整基数或材料	调整系数
1	水泥砂浆接口	90°	120°定额基价	1.33
2	水泥砂浆接口	135°	120°定额基价	0.89
3	钢丝网水泥砂浆接口	90°	120°定额基价	1.33
4	钢丝网水泥砂浆接口	135°	120°定额基价	0.89
5	企口管膨胀水泥砂浆接口	90°	定额中1：2水泥砂浆	0.75
6	企口管膨胀水泥砂浆接口	120°	定额中1：2水泥砂浆	0.67
7	企口管膨胀水泥砂浆接口	135°	定额中1：2水泥砂浆	0.625
8	企口管膨胀水泥砂浆接口	180°	定额中1：2水泥砂浆	0.50
9	企口管石棉水泥接口	90°	定额中1：2水泥砂浆	0.75
10	企口管石棉水泥接口	120°	定额中1：2水泥砂浆	0.67
11	企口管石棉水泥接口	135°	定额中1：2水泥砂浆	0.625
12	企口管石棉水泥接口	180°	定额中1：2水泥砂浆	0.50

注：现浇混凝土外套环、变形缝接口，通用于平口、企口管。

（10）定额中的水泥砂浆接口、钢丝网水泥砂浆接口均不包括内抹口，如设计要求内抹口时，按抹口周长每100延米增加水泥砂浆0.042m³、人工9.22工日计算。

【例9-2】 DN600钢筋混凝土管道（135°基础），内外抹口均为1：2.5水泥砂浆，10个口的内抹口周长为18.9m，试确定定额编号及基价。

【解】 [6-54]H

基价 $=[81+(210.26-195.13)\times0.007]\times0.89+(0.042\times210.26+9.22\times43)$
$\times18.9\div100=148.78$（元/10个口）

（11）定额中混凝土按现场拌制考虑，如果采用商品混凝土，每 $10m^3$ 混凝土应扣除人工 10.3 工日，混凝土搅拌机和机动翻斗车全部台班数量。

（12）本章各项所需模板、钢筋加工，执行第六章的相应项目。

9.1.1.2 工程量计算规则

（1）管道铺设，按井中至井中的中心扣除检查井长度，以延长米计算工程量。

（2）矩形检查井按管线方向井室内径计算，圆形检查井按管线方向井室内径每侧减 0.15m 计算，雨水口不扣除。

【例 9-3】 某排水管道工程长 200m，采用 D500 的混凝土管道，有 6 座 1000×1000 的检查井（管道两端各有一座检查井），试计算管道铺设长度。

【解】 管道铺设的长度为管道扣除矩形检查井按管线方向井室井径，为 $200-5\times1=195$（m）。

【例 9-4】 某排水管道工程长 300m，采用 D400 的混凝土管道，120°混凝土节状基础，有 9 座 ϕ700 的圆形检查井（管道两端各有一座检查井），试计算铺设长度。

【解】 管道铺设的长度为管道减去每座检查井扣除的 0.4m，为 $300-8\times(0.7-0.15\times2)=296.8$（m）。

【例 9-5】 某段管线工程，J1 为矩形检查井 1750×1000，主管为 DN1200；支管为 DN500。单侧布置，具体如图 9-2 所示，计算应扣除的长度。

【解】 DN1200 管在 J1 处应扣除长度为 1m；DN500 在 J1 处应扣除长度为 $1.75\div2=0.875$（m）。

【例 9-6】 某段管线工程，J2 为圆形检查井 ϕ1800，主管为 DN1200；支管为 DN500，单侧布设，具体如图 9-3 所示，计算应扣除的长度。

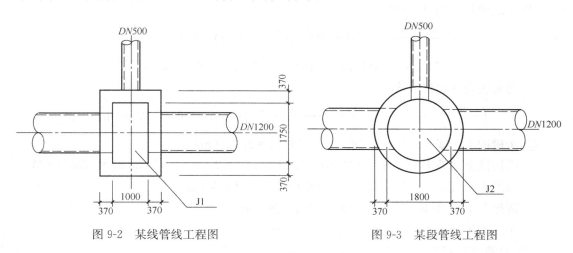

图 9-2 某线管线工程图   图 9-3 某段管线工程图

【解】 DN1200 管在 J2 检查井处应扣除长度为 $1.8-0.15\times2=1.5$（m），DN500 在 J2 处应扣除长度为 $1.8\div2-0.15=0.75$（m）。

（3）管道接口区分管径及做法，以实际接口个数计算工程量。

【例 9-7】 排水工程土方计算，如图 9-4 所示，见表 9-2。

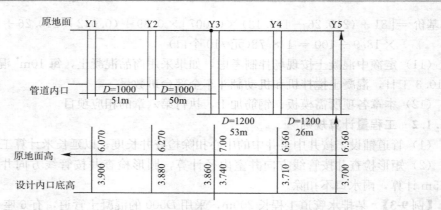

图 9-4 某排水工程土方计算图

某排水工程土方计算表   表 9-2

桩 号	井 号	管径/mm	原地面高	内口底高/m	井段长度/m
0+000	Y1	1000	6.070	3.900	51
051	Y2	1000	6.270	3.880	50
101	Y3	1000 1200	7.000	3.860 3.740	53
154	Y4	1200	6.360	3.710	26
0+180	Y5	1200	6.360	3.700	

【解】

1. 按粉砂土使用井点。土方二类干土,运距 30m,人力运土,设清理余土运距 10km

(1)计算 Y1~Y3 $D=1000$mm

① 原地面高(加权平均)

$$\left(\frac{6.070+6.27}{2}\times51+\frac{6.27+7.00}{2}\times50\right)\div(51+50)$$

$$=(314.67+331.75)\div101=646.42\div101=6.40(\text{m})$$

② 内底底高(加权平均)

$$\left(\frac{3.90+3.88}{2}\times51+\frac{3.88+3.86}{2}\times50\right)\div(51+50)=3.88(\text{m})$$

③ 沟槽挖土深度 $=6.40-3.88+0.4$(增量)$=2.92$(m)

④ 沟槽挖土二类干土(H_4)$=(2.61+2.92\times0.5)\times2.92\times101\times1.025=1230$(m³)

⑤ 回填土:$(1230-101\times1.77\times1.025)\times1.15=1204$(m³)

⑥ 清理余土:(10km 外运)$1230-1204=26$(m³)

⑦ 30m 人工运土方:$1230+1204=2434$(m³)

(2)计算 Y3~Y5 $D=1200$mm

① 原地面高 $=\left(\frac{7+6.36}{2}\times53+\frac{6.36+6.36}{2}\times26\right)\div(53+26)=6.57$(m)

② 内口底高 $=\left(\frac{3.74+3.71}{2}\times53+\frac{3.71+3.7}{2}\times26\right)\div(53+26)=3.72$(m)

③ 沟槽挖土深度＝6.57－3.72＋0.46＝3.31（m）

④ 沟槽挖土二类干土（H_4）＝(3.28＋3.31×0.5)×3.31×79×1.025＝1322.7（m³）

⑤ 回填土 （1322.7－79×2.51×1.025）×1.75＝1287.4（m³）

⑥ 清理余土 1322.7－1287.4＝35.3（m³）

⑦ 30m 人工运土 1322.7＋1287.4＝2610.1（m³）

（3）井点使用计算

D＝1000mm，L＝101m；D＝1200mm，L＝79m

① 安装拆除井管＝(101＋79)÷1.20＝150（根）

② 井点使用：按井管根数＝150÷50＝3（套）

铺管长度＝(101＋79)÷60＝180÷60＝3(套)

计算使用套天 D＝1000mm，101/60＝1.68套×13天＝21.84（套·天）

D＝1200mm，79/60＝1.32套×14天＝18.48（套·天）

$$\sum 40.32（套·天）$$
取 41（套·天）

（4）工程量汇总（套定额工程量）

① 人工沟槽挖土（二类土）：1230＋1322.7＝2552.7（m³）

② 回填土（沟槽 机夯）：1204＋1287.4＝2491.4（m³）

③ 30m 人力运土（干土）：2434＋2610.1＝5044.1（m³）

④ 10km 汽车清余土：26＋35.3＝61.3（m³）

⑤ 井点安装拆除：150 根

⑥ 井点使用：41 套·天

2. 土方为黏土，按一般明排水计算，原地面下 1m 为湿土，土方二类土

（1）D＝1000mm，挖土深 2.92m

① 挖沟土（二类湿土）H_4 的量 (3.11＋1.92×0.5)×1.92×101×1.025＝809（m³）

② 挖沟土（二类干土）H_4 的量 [(3.11＋1.92)＋1×0.5]×1×101×1.025＝573（m³）

③ 回填土的量 （809＋573－101×1.77×1.025）×1.15＝1378.6（m³）

④ 清余土的量 809＋573－1378.6＝3.4（m³）

⑤ 30m 人工运干土的量 573＋1378.6＝1951.6（m³）

⑥ 30m 人工运湿土的量 809m³

⑦ 湿土排水：809m³

（2）D＝1200mm

① 挖沟土（二类湿土）H_4 的量 (3.78＋2.31×0.5)×2.31×79×1.025＝933（m³）

② 挖沟土（二类干土）H_4 的量 (3.78＋2.31×0.5)×3.31×79×1.025＝534（m³）

③ 回填土的量 （923＋534－79×2.51×1.025）×1.15＝1441.8（m³）

④ 清余土的量 923＋534－1441.8＝15.2（m³）

⑤ 30m 人工运干土的量 534＋1441.8＝1975.8（m³）

⑥ 30m 人工运湿土的量 923m³

⑦ 湿土排水：923m³

（3）工程量汇总

① 二类干土挖沟槽 H_4 的量　573＋534＝1107（m³）

② 二类湿土挖沟槽 H_4 的量　809＋923＝1732（m³）

③ 回填土的量　1378.6＋1441.8＝2820.4（m³）

④ 湿土排水的量　809＋923＝1732（m³）

⑤ 30m 人工运干土的量　1951.6＋1975.8＝3927.4（m³）

⑥ 30m 人工运湿土的量　809＋923＝1732（m³）

⑦ 10km 汽车清余土的量　3.4＋15.2＝18.6（m³）

【例 9-8】　某城市道路排水工程中雨水管道铺设如图 9-5 所示，采用 DN500×4000mm 钢筋混凝土承插管（O 形胶圈接口），135℃ 20 钢筋混凝土管道基础。雨水检查井为 1100×1100 砖砌落底方井。该排水工程设计盖平均标高 1.8m，原地面平均标高 0.6m，平均地下水位标高 −0.3m，土方为三类土。建设单位在编制施工图预算时对土方部分做如下考虑：

（1）土方开挖采用人工开挖，土方计算参数参照市政定额有关规定；

（2）开挖后的土方堆放于沟槽边，待人回填后剩余土方采用人工装汽车土方外运（人工装汽车上方不计湿土系数），运距 5km；

（3）已知该工程需回填的土方工程量为 110m³（按图 9-5 所示尺寸计算）；试计算该工程土方部分的工程量、工程直接费，并提供工程量计算书。

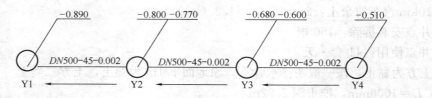

管道布置平面图

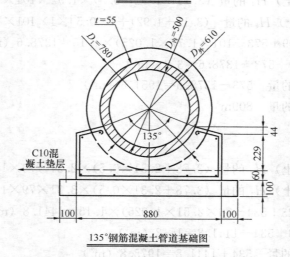

135°钢筋混凝土管道基础图

图 9-5　钢筋混凝土雨水管道图

【解】 见表9-3、表9-4

管道基本数据 单位：m **表9-3**

序号	井间号	平均管内底标高	管内底到沟底深	沟槽挖深	湿土深	长度（井中）	扣井长度	胶圈数量/个
1	Y1-Y2	−0.845	0.3	1.745	0.845	45	1.1	10
2	Y2-Y3	−0.725	0.3	1.625	0.725	45	1.1	10
3	Y3-Y4	−0.555	0.3	1.455	0.555	45	1.1	10
			小计			135	3.3	30

注：1. 管内底到沟底深＝$(D-D_内)/2+C_1+$垫层厚度（其中 D 为承口外径；$D_内$ 为插口内径；C_1 为平基高度）。
　　2. 沟槽挖深＝平均原地面标高－平均管内底标高＋管内底到沟底深。
　　3. 湿土深＝沟槽挖深－（原地面平均标高－平均地下水位标高）。

已知：$B=0.88$，$C=0.5$，$K=0.33$

$V_{总土方量}$： $(192.85+176.69+123.09) \times 1.025 = 504.95(m^3)$

其中： $V_{1-2} = (1.88+0.33 \times 1.745) \times 1.745 \times 45 = 192.85(m^3)$

$V_{2-3} = (1.88+0.33 \times 1.625) \times 1.625 \times 45 = 176.69(m^3)$

$V_{3-4} = 1.88 \times 1.455 \times 45 = 123.09(m^3)$

$V_{湿土方量}$： $(82.09+69.14+46.95) \times 1.025 = 203.13(m^3)$

其中： $V_{1-2} = (1.88+0.33 \times 0.845) \times 0.845 \times 45 = 82.09(m^3)$

$V_{2-3} = (1.88+0.33 \times 0.725) \times 0.725 \times 45 = 69.14(m^3)$

$V_{3-4} = 1.88 \times 0.555 \times 45 = 46.95(m^3)$

$V_{干土方量}$： $V_总 - V_湿 = 504.95 - 203.13 = 301.82(m^3)$

$V_{干方回填}$： $110m^3$

人工装汽车运土方： $504.95 - 110 \times 1.15 = 378.45(m^3)$

$V_{外运} = 378.45m^3$

市政工程预算书 **表9-4**

序号	定额编号	项目名称	工程量	单 位	单 价	合价/元
1	1-8	人工挖沟槽干土，三类土，2m内	301.82	m³	13.57	4096
2	1-8h	人工挖沟槽湿土，三类土，2m内	203.13	m³	16.01	3252
3	1-347	湿土排水	203.13	m³	5.87	1192
4	1-34	人工装汽车土方	378.45	m³	4.51	1707
5	1-41	沟槽填夯实土方回填	126.5	m³	12.74	1612
6	1-68h	自卸汽车运土运距5km人工装土	378.45	m³	10.325	3907
		小计				15766

9.1.2 井、渠、管道基础、砌筑

9.1.2.1 说明

（1）本章定额包括井、渠、管道及构筑物垫层、基础、砌筑、抹灰，混凝土构件的制作、安装，检查井筒砌筑以及沟槽回填等。

（2）本章各项目均不包括脚手架，当井深超过 1.5m，执行第六章井字脚手架项目；

砌墙高度超过 1.2m，抹灰高度超过 1.5m 所需脚手架执行第一册《通用项目》相应定额。

（3）本章所列各项目所需模板的制、安、拆，钢筋（铁件）的加工均执行第六章相应项目。

（4）本章小型构件是指单件体积在 0.04m³ 以内的构件。凡大于 0.04m³ 的检查井过梁，执行混凝土过梁制安项目。

（5）雨水井的混凝土过梁制作、安装执行小型构件的相应项目。

（6）混凝土枕基和管座不分角度均按相应定额执行。

（7）干砌、浆砌出水口的平坡、锥坡、翼墙等按第一册《通用项目》的相应项目执行。

（8）拱（弧）型混凝土盖板的安装，按相应体积的矩型板定额人工费、机械费乘以系数 1.15 执行。

（9）砖砌检查井降低执行第一册《通用项目》拆除构筑物相应项目。

（10）石砌体均按块石考虑，如采用片石时，石料与砂浆用量分别乘以系数 1.09 和 1.19，其他不变。

（11）给排水构筑物的垫层执行本章定额相应项目，其中人工费乘以系数 0.87，其他不变；如构筑物池底混凝土垫层需要找坡时，其中人工费不变。

（12）现浇混凝土方沟底板，执行渠（管）道基础中平基的相应项目。

（13）井砌筑中的爬梯可按实际用量套用本册第六章中铁件相应子目。

9.1.2.2 工程量计算规则

（1）本章所列各项目的工程量均以施工图为准计算。

（2）井砌筑按体积（不扣除管径 500 以内管道所占体积）计算，以"10m³"为单位。

（3）各种井的预制构件以实体积"m³"计算。

（4）井、渠垫层、基础按实体积以"10m³"计算。

（5）沉降缝应区分材质按沉降缝的断面积或铺设长分别以"100m²"和"100m"计算。

（6）各类混凝土盖板的制作按实体积以"m³"计算，安装应区分单件（块）体积，以"10m³"计算。抹灰、勾缝以"100m²"为单位计算。

（7）方沟（包括存水井）闭水试验的工程量，按实际闭水长度的用水量，以"100m³"计算。

（8）沟槽回填塘渣或砂按管道长度乘以断面积，并扣除各种管道、基础、垫层等所占的体积计算。

【例 9-9】 矩形雨水井，M10 砂浆砌筑，试确定定额编号及基价。

【解】 [6-231]H

$$基价 = 2651 + (174.77 - 168.17) \times 2.286 = 2666.09(元/10m³)$$

【例 9-10】 M10 水泥砂浆片石砌筑渠道墙身，片石单价 40 元/t，试确定定额编号及基价。

【解】 [6-293]H

$$基价 = 2295 - (168.17 \times 3.67 + 40.5 \times 18.442)$$
$$+ (174.77 \times 3.67 \times 1.19 + 40 \times 18.442 \times 1.09) = 2498(元/10m³)$$

9.1.3 不开槽管道工程

9.1.3.1 说明

（1）本章定额内容包括工作坑土方，顶管附属设备安拆、钢筋混凝土管敞开式、封闭式顶进，钢管、铸铁管顶进，混凝土方（拱）管涵顶进等项目，适用于雨、污水管（涵）以及外套管的不开槽埋管工程项目。

（2）工作坑垫层、基础执行第二章的相应项目，人工费乘以系数 1.10，其他不变。

（3）工作坑人工挖土方按挖土壤类别综合考虑。工作坑回填土，视其回填的实际做法，执行第一册《通用项目》的相应子目。

（4）工作坑内管（涵）明敷，应根据管径、接口做法执行第一章的相应项目，人工、机械乘以系数 1.10，其他不变。对于管道下的基础，应根据第二章套用相关子目。

（5）本章定额是按无地下水考虑的，如遇地下水时，排（降）水费用根据实际情况另行计算。

（6）顶进施工的方（拱）涵断面大于 4m² 时，按第三册《桥涵工程》箱涵顶进部分有关项目或规定执行。

（7）工作井如为沉井，其制作、下沉等套用本册第四章的相应项目。

（8）本章定额未包括土方、泥浆场外运输处理费用，发生时可执行第一册《通用项目》相应子目或其他有关规定。

（9）单位工程中，管径 φ1650mm 以内敞开式顶进在 100m 以内、封闭式顶进（不分管径）在 50m 以内时，顶进定额中的人工费与机械费乘以系数 1.30。

（10）顶管采用中继间顶进时，各级中继间后面的顶管人工费与机械费数量乘以下列系数分级计算（表 9-5）。

调整系数表　　　　　　　　　　　　　　表 9-5

中继间顶进分级	一级顶进	二级顶进	三级顶进	四级顶进	超过四级
人工费、机械费调整系数	1.20	1.45	1.75	2.1	另计

【例 9-11】 某 φ1200mm 顶管工程，总长度为 200m，采用泥水平衡式顶进，设置 4 级中继间顶进，每 100m 定额人工为 222.926 工日，如图 9-6 所示，求其人工消耗量和机械台班消耗量。

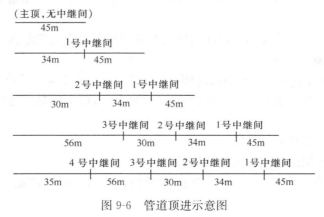

图 9-6　管道顶进示意图

【解】 其顶进总人工消耗量计算如下：（0.45＋0.34×1.2＋0.3×1.45＋0.56×1.75＋0.35×2.1）×222.926＝670.561（工日）。

相应的机械台班数量也按此种方法计算。

（11）钢板桩基坑支撑使用数量均已包括在安、拆支撑设备定额子目内。

（12）安、拆顶管设备定额中，已包括双向顶进时设备调向的拆除、安装以及拆除后设备转移至另一顶进坑所需的人工和机械台班。

（13）安、拆顶管后座及坑内平台定额已综合取定，适用于敞开式和封闭式施工方法，其中钢筋混凝土后座模板制、安、拆执行第六章相应子目。

（14）顶管工程中的材料是按50m水平运距、坑边取料考虑的，如因场地等情况取用料水平运距超过50m时，根据超过距离和相应定额另行计算。

【例 9-12】 敞开式顶管施工，管径 $\phi1200mm$，管道顶进长度90m，挤压式，试确定定额编号及基价。

【解】 ［6-504］H

基价 ＝ 155144＋（11434.78＋13385.97）×0.3 ＝ 162590（元/100m）

9.1.3.2 工程量计算规则

（1）工作坑土方区分挖土深度，以挖方体积计算。

（2）各种材质管道的顶管工程量，按实际顶进长度，以"延长米"为单位计算。

（3）触变泥浆减阻每两井间的工程量按两井之间的净距离计算，以"延长米"为计量单位。

9.1.4 给排水构筑物

9.1.4.1 说明

本章定额包括沉井、现浇钢筋混凝土池、预制混凝土构件、折（壁）板、滤料铺设、防水工程、施工缝、井池渗漏试验等项目，共8节220个子目。

1. 沉井

（1）沉井工程系按深度12m以内，陆上排水沉井考虑的。水中沉井、陆上水冲法沉井以及离河岸边近的沉井，需要采取地基加固等特殊措施者，可执行第一册《通用项目》相应项目。

（2）沉井下沉项目中已考虑了沉井下沉的纠偏因素，但不包括压重助沉措施，若发生可另行计算。

（3）沉井制作不包括外渗剂，若使用外渗剂时可按当地有关规定执行。

2. 现浇钢筋混凝土池类

（1）池壁遇有附壁柱时，按相应柱定额项目执行，其中人工乘以系数1.05，其他不变。

（2）池壁挑檐是指在池壁上向外出檐作走道板用；池壁牛腿是指池壁上向内出檐以承托池盖用。

（3）无梁盖柱包括柱帽及桩座。

（4）井字梁、框架梁均执行连续梁项目。

（5）混凝土池壁、柱（梁）、池盖是按在地面以上3.6m以内施工考虑的，如超过3.6m者按：

1）采用卷扬机施工的：每 10m³ 混凝土增加卷扬机（带塔）台班和人工工日见表 9-6。

2）采用塔式起重机施工时，每 10m³ 混凝土增加塔式起重机台班，按相应项目中搅拌机台班用量的 50% 计算。

每 10m³ 混凝土增加卷扬机台班和人工工日表 表 9-6

序 号	项目名称	增加人工工日	增加卷扬机（带塔）台班
1	池壁、隔墙	8.7	0.59
2	柱、梁	6.1	0.39
3	池盖	6.1	0.39

（6）池盖定额项目中不包括进人孔盖板，发生时另行计算。

（7）格形池池壁执行直型池壁相应项目（指厚度）人工乘以系数 1.15，其他不变。

（8）悬空落泥斗按落泥斗相应项目人工乘以系数 1.4，其他不变。

3. 预制混凝土构件

（1）预制混凝土滤板中已包括了所设置预埋件 ABS 塑料滤头的套管用工，不得另计。

（2）集水槽若需留孔时，按每 10 个孔增加 0.5 个工日计。

（3）除混凝土滤板、铸铁滤板、支墩安装外，其他预制混凝土构件安装均执行异型构件安装项目。

4. 施工缝

（1）各种材质填缝的断面取定见表 9-7。

各种材质填缝的断面取定表 表 9-7

序 号	项目名称	断面尺寸/cm
1	建筑油膏、聚氯乙烯胶泥	3×2
2	油浸木丝板	2.5×15
3	紫铜板止水带	展开宽 45
4	氯丁橡胶止水带	展开宽 30
5	白铁盖缝	展开宽平面 590，立面 250
6	其余	15×3

（2）如实际设计的施工缝断面与上表不同时，材料用量可以换算，其他不变。

（3）各项目的工作内容为：

1）油浸麻丝：熬制沥青、调配沥青麻丝、填塞。

2）油浸木丝板：熬制沥青、浸木丝板、嵌缝。

3）玛蹄脂：熬制玛蹄脂、灌缝。

4）建筑油膏、沥青砂浆：熬制油膏沥青，拌合沥青砂浆，嵌缝。

5）贴氯丁橡胶片：清理，用乙酸乙酯洗缝，隔纸，用氯丁胶粘剂贴氯丁橡胶片，最后在氯丁橡胶片上涂胶铺砂。

6）紫铜板、钢板止水带：铜板、钢板的剪裁、焊接成型，铺设。

7）聚氯乙烯胶泥：清缝、水泥砂浆勾缝，垫牛皮纸，熬灌聚氯乙烯胶泥。

8）预埋止水带：止水带制作、接头及安装。

9）铁皮盖板：平面埋木砖、钉木条、木条上钉铁皮；立面埋木砖、木砖上钉铁皮。

5. 井、池渗漏试验

(1) 井、池渗漏试验容量在 $500m^3$ 是指井或小型池槽。

(2) 井、池渗漏试验注水采用电动单级离心清水泵，定额项目中已包括了泵的安装与拆除用工，不得再另计。

(3) 如构筑物池容量较大，需从一个池子向另一个池注水做渗漏试验采用潜水泵时，其台班单价可以换算，其他均不变。

6. 执行其他册或章节的项目

(1) 构筑物的垫层执行本册第二章井、渠砌筑相应项目，其中人工乘以系数 0.87，其他不变。

(2) 构筑物混凝土项目中的钢筋、模板项目执行本册第六章相应项目。

(3) 需要搭拆脚手架时，搭拆高度在 8m 以内时，执行第一册《通用项目》相应项目，大于 8m 执行第四册《隧道工程》相应项目。

(4) 泵站上部工程以及本章中未包括的建筑工程，执行本省建筑工程预算定额。

(5) 构筑物中的金属构件支座安装，执行安装定额相应子目。

(6) 构筑物的防腐、内衬工程金属面，应执行安装工程预算定额相应项目，非金属面应执行建筑工程预算定额相应项目。

(7) 沉井预留口洞砖砌封堵套用第四册《隧道工程》第四章相应子目。

9.1.4.2　工程量计算规则

1. 沉井

(1) 沉井垫木按刃脚中心线以"延长米"为单位。

(2) 沉井井壁及隔墙的厚度不同（如上薄下厚）时，可按平均厚度执行相应定额。

(3) 刃脚的计算高度，以刃脚踏面至井壁外凸（内凹）口计算，如沉井井壁没有外凸（内凹）口时，则以刃脚踏面至底板顶面为准。底板下的地梁并入底板计算。框架梁的工程量包括切入井壁部分的体积。井壁、隔墙或底板混凝土中，不扣除单孔面积 $0.3m^2$ 以内的孔洞所占体积。

(4) 沉井制作的脚手架安、拆，不许分几次下沉，其工程量均按井壁中心线周长与隔墙长度之和乘以井高计算。井高按刃脚底面至井壁顶的高度计算。

(5) 沉井下沉的土方工程量，按沉井外壁所围的平面投影面积乘以下沉深度（预制时刃脚底面至下沉后设计刃脚底面的高度）。并乘以土方回淤系数 1.03 计算。

2. 钢筋混凝土池

(1) 钢筋混凝土各类构件均按图示尺寸，以混凝土实体积计算，不扣除单孔面积 $0.3m^2$ 以内的孔洞体积。

(2) 各类池盖中的进人孔、透气孔盖以及与盖相连接的结构，工程量合并在池盖中计算。

(3) 平底池的池底体积，应包括池壁下的扩大部分；池底带有斜坡时，斜坡部分应按坡底计算；锥形底应算至壁基梁底面，无壁基梁者算至锥底坡的上口。

(4) 池壁分别不同厚度计算体积，如上薄下厚的壁，以平均厚度计算。池壁高度应自池底板面算至池盖下面。

【例 9-13】　某净水厂钢筋混凝土清水池净长 32m，净宽 15m，墙壁板厚 0.45m 底板厚 0.5m，C15 垫层厚 0.1m，设计混凝土为 C30 抗渗 S8，要求掺 UEA 外加剂每 $1m^3$ 混凝土掺量 28kg，UEA 单价 850 元/t。如图 9-7 所示，试计算该水池垫层、基础、墙板、止水带、UEA 外加剂、模板工程量并套用定额计算直接费。

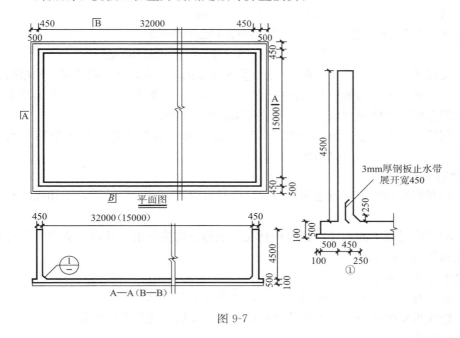

图 9-7

【解】 1) 垫层工程量：$(32+0.45×2+0.5×2+0.1×2)×(15+0.45×2+0.5×2+0.1×2)×0.1=58.31$（$m^3$）

套定额 6-299　基价 2680 元/$10m^3$　直接工程费 $=58.31×268=15627$(元)

2) 池底工程量：$(32+0.45×2+0.5×2)×(15+0.45×2+0.5×2)×0.5=268.45$（$m^3$）

套定额 6-623 换　基价 $3346+10.15×(247.52-236.68)=3356.06$（元/$10m^3$）
直接工程费 $=268.45×335.606=90093$(元)

3) 池壁工程量：$(32.45×2+15.45×2)×4.5×0.45+[(15×2)+(31-0.25)×2]×0.25^2=196.85$（$m^3$）

套定额 6-647 换　基价 $2985+10.15×(238.08-192.94)=3443.17$（元/$10m^3$）
直接工程费 $=196.85×344.317=67779$(元)

4) 钢板止水带工程量：$32.45×2+15.45×2=95.8$（m）

套定额 6-806　基价 6259 元/100m　直接工程费 $95.8×62.59=5996$（元）

5) UEA 外加剂工程量：$(268.45×196.85)×1.015×28/1000=13.22$（t）
直接工程费 $=13.22×(850-330)=6874.4$(元)

注：UEA 外加剂 850 元/t，水泥 330 元/t。

6) 垫层模板工程量：$[(32+0.45×2+0.5×2+0.1×2)×2+(15+0.45×2+0.5×2+0.1×2)×2]×0.1=10.24$（$m^2$）

套定额 6-1044　基价 2419 元/$100m^2$　直接工程费 $=10.24×24.19=248$（元）

7) 池底模板工程量：$[(32+0.45×2+20.5×2)×2+(15+0.45×2+0.5×2)×2]×0.5=58.8$（$m^2$）

253

套定额 6-1056　基价 3374 元/100m²　直接工程费＝50.8×33.74＝1711（元）

8）池壁模板工程量：（15.9×2＋32.9×2）×4.5＋（15×2＋32×2）×4.25＋0.25× 1.414×[（15×2＋（32−0.25×2）]×2＝871.58（m²）

套定额 6-1059 换　基价 3127＋149＝3276（元/100m²）

$$直接工程费 = 871.58 \times 32.76 = 28553(元)$$

（5）无梁盖柱的柱高，应自池底上表面算至池盖的下表面，并包括柱座、柱帽的体积。

（6）无梁盖应包括与池壁相连的扩大部分的体积；肋形盖应包括主、次梁及盖部分的体积；球形盖应自池壁顶面以上，包括边侧梁的体积在内。

（7）沉淀池水槽，系指池壁上的环形溢水槽及纵横 U 形水槽，但不包括与水槽相连接的矩形梁，矩形梁可执行梁的相应项目。

3. 预制混凝土构件

（1）预制钢筋混凝土滤板按图示尺寸区分厚度以"立方米"计算，不扣除滤头套管所占体积。

（2）除钢筋混凝土滤板外，其他预制混凝土构件均按图示尺寸以"立方米"计算，不扣除单孔面积 0.3m² 以内孔洞所占体积。

4. 折板、壁板制作安装

（1）折板安装区分材质均按图示尺寸以"平方米"计算。

（2）稳流板安装区分材质不分断面均按图示长度以"延长米"计算。

5. 滤料铺设

各种滤料铺设均按设计要求的铺设平面乘以铺设厚度以"立方米"计算，锰砂、铁矿石滤料以"吨"计算。

6. 防水工程

（1）各种防水层按实铺面积，以"平方米"计算，不扣除单孔面积 0.3m² 以内孔洞所占面积。

（2）平面与立面交接处的防水层，其上卷高度超过 500mm 时，按立面防水层计算。

7. 施工缝

各种材质的施工缝填缝及盖缝均不分断面按设计缝长以"延长米"计算。

8. 井、池渗漏试验

井、池的渗漏试验区分井、池的容量范围，以水容量计算。

【例 9-14】　某清水池无梁盖 [C25 现捣混凝土（注：未包括钢筋、模板）]，试确定定额编号及基价。

【解】　[6-680]H

$$基价 = 2916 + (207.37 - 192.94) \times 10.15 = 3062.46 元 /10m^3$$

9.1.5　模板、钢筋、井字架工程

9.1.5.1　说明

（1）本章定额包括现浇混凝土模板工程、预制混凝土模板工程、钢筋、井字架等项目共 4 节 98 个子目。

（2）本章模板、钢筋、井字架工程，适用于本册及第五册《给水工程》中的第四章

"管道附属构筑物"和第五章"取水工程"。

（3）定额中现浇、预制项目中，均已包括了钢筋垫块或第一层底浆的工、料，以及嵌模工日，套用时不得重复计算。

（4）预制构件模板中不包括地、胎模，须设置者，土地模可按第一册《通用项目》平整场地的相应项目执行；水泥砂浆、混凝土砖地、胎模按第三册《桥涵工程》相应项目执行。

（5）模板安拆以槽（坑）深 3m 为准，超过 3m 时，人工增加 8% 系数，其他不变。

（6）现浇混凝土梁、板、柱、墙的模板，支模高度是按 3.6m 考虑的，超过 3.6m 时，超过部分的工程量另按超高的项目执行。

（7）模板的预留洞，按水平投影面积计算，小于 0.3m² 者：圆形洞每 10 个增加 0.72 工日；方形洞每 10 个增加 0.62 工日。

（8）小型构件是指单件体积在 0.04m³ 以内的构件；地沟盖板项目适用于单块体积在 0.3m³ 内的矩形板；井盖项目适用于井口盖板，井室盖板按矩形板项目执行，预留口按第七条规定执行。

（9）钢筋加工定额是按现浇、预制混凝土构件、预应力钢筋分别列项的，工作内容包括加工制作、绑扎（焊接）成型、安放及浇捣混凝土时的维护用工等全部工作。

（10）各项目中的钢筋规格是综合计算的，子目中的××以内系指主筋最大规格。

（11）定额中非预应力钢筋加工，现浇混凝土构件是按手工绑扎，预制混凝土构件是按手工绑扎、点焊综合计算。

（12）钢筋加工中的钢筋施工损耗，绑扎钢筋及成型点焊和接头用的焊条均已包括在定额内，不得重复计算。

（13）预制构件钢筋，如用不同直径钢筋点焊在一起时，按直径最小的定额计算，如粗细筋直径比在两倍以上时，其人工增加 25% 系数。

（14）后张法钢筋的锚固是按钢筋绑条焊，U 形插垫编制的，如采用其他方法锚固，应另行计算。

（15）定额中已综合考虑了先张法张拉台座及其相应的夹具、承力架等合理的周转摊销费用，不得重复计算。

（16）非预应力钢筋不包括冷加工，如设计要求冷加工时，另行计算。

（17）下列构件钢筋，人工和机械增加系数见表 9-8。

人工和机械增加系数表   表 9-8

项　目	计算基数	现浇构件钢筋		构筑物钢筋	
		小型构件	小型池槽	矩形	圆形
增加系数	人工、机械	100%	152%	25%	50%

9.1.5.2 工程量计算规则

（1）现浇混凝土构件模板按构件与模板的接触面积以"平方米"计算。

（2）预制混凝土构件模板，按构件的实体积以"立方米"计算。

（3）砖、石拱圈的拱盔和支架均以拱盔与圈弧弧形接触面积计算，并执行第三册《桥涵工程》册相应项目。

（4）各种材质的地模、胎模，按施工组织设计的工程量，并应包括操作等必要的宽度以"平方米"计算，执行第三册《桥涵工程》相应项目。

（5）井字架区分材质和搭设高度以"架"为单位计算，每座井计算一次。

（6）井底流槽按浇筑的混凝土流槽与模板的接触面积计算。

（7）钢筋工程，应区别现浇、预制分别按设计长度乘以单位重量，以"吨"计算。

（8）先张法预应力钢筋，按构件外形尺寸计算长度，后张法预应力钢筋按设计图规定的预应力钢筋预留孔道长度，并区别不同锚具，分别按下列规定计算：

1）钢筋两端采用螺杆锚具时，预应力的钢筋按预留孔道长度减 0.35m，螺杆另计。

2）钢筋一端采用镦头插片，另一端采用螺杆锚具时，预应力钢筋长度按预留孔道长度计算。

3）钢筋一端采用镦头插片，另一端采用帮条锚具时，增加 0.15m 长度，如两端均采用帮条锚具预应力钢筋共增加 0.3m 长度。

4）采用后张混凝土自锚时，预应力钢筋共增加 0.35m 长度。

（9）钢筋混凝土构件预埋铁件，按设计图示尺寸，以"吨"为单位计算工程量。

9.2 排水工程清单项目及清单编制

9.2.1 排水工程清单项目设置

《市政工程工程量计算规范》（GB 50857—2013）附录 E 市政管网工程包括了市政排水、给水、燃气、供热管线工程，以及市政给排水构筑物及专用设备的安装，本章主要介绍市政排水管网工程相关内容。

1. E.1 管道铺设

本节根据管（渠）道材料、铺设方式的不同，设置了 12 个清单项目：陶土管铺设、混凝土管道铺设、镀锌钢管道铺设、铸铁管道铺设、钢管道铺设、塑料管道铺设、砌筑渠道、混凝土渠道、套管内铺设管道、管道架空跨越、管道沉管跨越、管道焊口无损探伤。

市政排水管（渠）常用的材料有混凝土管、塑料管、石砌渠道、混凝土渠道。

2. E.2 管件、阀门及附件安装

本节设置了 18 个清单项目：铸铁管管件，钢管管件制作、安装，塑料管管件，转换件，阀门，法兰，盲堵板制作、安装，水表，消火栓，补偿器（波纹管），除污器组成、安装，凝水缸，调压器，过滤器，分离器，安全水封，检漏（水）管。

3. 支架制作及安装

本节设置了 4 个清单项目：砌筑支墩，混凝土支墩，金属支架制作、安装，金属吊架制作、安装。

4. 管道附属构筑物

本节设置了 9 个清单项目：砌筑井，混凝土井，塑料检查井，砖砌井筒，预制混凝土井筒，砌体出水口，混凝土出水口，整体化粪池，雨水口。

除上述清单项目以外，一个完整的排水工程分部分项工程量清单一般还包括《计算规范》附录 A 上石方工程、J 钢筋工程中的有关清单项目。如果是改建排水工程，还应包括附录 K 拆除工程中的有关清单项目。

附录 J 钢筋工程中的清单项目主要有预埋铁件、非预应力钢筋、先张法预应力钢筋、后张法预应力钢筋、型钢。排水工程中应用普遍的是非预应力钢筋。

附录 K 拆除工程中的清单项目主要有拆除管道、拆除砖石结构、拆除混凝土结构。

9.2.2 排水工程清单项目工程量计算规则

本书主要介绍管道铺设、检查井、顶管、沉井相关清单项目工程量的计算。

1. 管道铺设

工程量计算规则

管道：按设计图示中线长度以延长米计算，不扣除井、阀门所占长度，计量单位为 m。

渠道：按设计图示尺寸以长度计算，计量单位为 m。

$$管道铺设清单工程量 = 设计图示井中至井中的距离 \qquad (9-1)$$
$$渠道铺设清单工程量 = 设计图示渠道长度 \qquad (9-2)$$

注意：

在计算管道铺设清单工程量时，要根据具体工程的施工图样，结合管道铺设清单项目的项目特征，划分不同的清单项目，分别计算其工程量。

如混凝土管铺设的项目特征有 6 点，需结合工程实际加以区别。

① 管有筋无筋：是钢筋混凝土管还是素混凝土管；

② 规格：管道直径大小；

③ 埋设深度；

④ 接口形式：区分平（企）接口、承插接口、套环接口等形式；

⑤ 垫层厚度、材料、品种：管道垫层是否相同；

⑥ 基础断面形式、混凝土强度等级、石料最大粒径：管道基础形式、混凝土强度等级、混凝土配合比中石料的最大粒径是否相同。

如果上述 6 个项目特征有 1 个不同，就应是 1 个不同的具体的清单项目，其管道铺设的工程量应分别计算。

【例 9-15】 某段雨水管道平面图如图 9-8 所示，管道均采用钢筋混凝土管，承插式橡胶圈接口、基础均采用钢筋混凝土条形基础，管道基础结构如图 9-9 所示。试计算该段雨水管道清单项目名称、项目编码及其工程量。

图 9-8 某段雨水管道平面图

【解】 由管道平面图可知，该段管道有两种规格：$D400$ 管道、$D500$ 管道，所以有两个管道铺设的清单项目，工程量分开计算。

（1）项目名称：$D400$ 混凝土管道铺设（橡胶圈接口、C20 钢筋混凝土条形基础、C10 素混凝土垫层）。

项目编码：040501002001 工程量＝29.7m

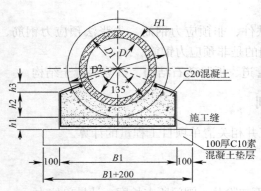

基础尺寸表

D	$D1$	$D2$	$H1$	$B1$	$h1$	$h2$	$h3$	C20混凝土（m^3/m）
200	260	365	30	465	60	86	47	0.07
300	380	510	40	610	70	129	54	0.11
400	490	640	45	740	80	167	60	0.17
500	610	780	55	880	80	208	66	0.22
600	720	910	60	1010	80	246	71	0.28
800	930	1104	65	1204	80	303	71	0.36
1000	1150	1346	75	1446	80	374	79	0.48
1200	1380	1616	90	1716	80	453	91	0.66

图 9-9　管道基础结构图

（2）项目名称：$D500$ 混凝土管道铺设（橡胶圈接口、C20 钢筋混凝土条形基础、C10 素混凝土垫层）。

项目编码：040501002002　　　　工程量＝20.1＋16.7＋39.7＝76.5（m）

注意：

（1）管道铺设清单项目包括：垫层、管道基础（平基、管座）混凝土浇筑、管道铺设、管道接口、井壁（墙）凿洞、混凝土管截断、闭水试验等内容。

例 9-1 中，$D400$ 混凝土管道铺设清单项目包括：C10 素混凝土垫层、C20 钢筋混凝土平基、$D400$ 管道铺设、C20 混凝土管座、橡胶圈接口、管道闭水试验。

（2）管道铺设清单项目不包括管道基础钢筋的制作安装，也不包括基础混凝土浇筑时模板的安拆及模板的回库维修和场外运输，钢筋制作安装按 1.1 钢筋工程另列清单项目计算，混凝土模板及模板的回库维修和场外运输均列入施工技术措施项目计算。

例 9-1 中，$D400$ 混凝土管道铺设清单项目不包括：C20 钢筋混凝土条形基础中钢筋的制作安装、C10 素混凝土垫层浇筑时模板的安拆、C20 钢筋混凝土基础浇筑时模板的安拆。

2. 砌筑检查井、混凝土检查井、雨水进水井

1）工程量计算规则

按设计图示以数量计算，计量单位为座。

2）工程量计算方法

$$各类井工程量 = 井的数量 \qquad (9-3)$$

【例 9-16】　某段雨水管道平面图如图 9-1 所示，已知 Y1、Y2、Y3、Y4、Y5 均为 1100 ×1100mm 非定型砖砌检查井，落底井落底为 50cm，试计算该段管道检查井清单工程量。

【解】　由管道平面图可知：Y1、Y2、Y3、Y5 均为雨水流槽井、Y4 为雨水落底井。另外，根据平面图所示标高计算各井的井深如下。

　　Y1 井井深＝2.125m　　　　　Y2 井井深＝2.040m

　　Y3 井井深＝1.978m　　　　　Y5 井井深＝1.735m

　　Y1、Y2、Y3、Y5 平均井深＝1.97m

　　Y4 井井深＝2.4m

该段雨水管道检查井根据井的结构、尺寸、井深等项目特征，可设置两个具体的清单项目。

（1）1100mm×1100mm 砖砌非定型雨水检查井（不落底井、平均井深 1.97m）。

清单工程量 = 4 座

（2）1100mm×1100mm 砖砌非定型雨水检查井（不落底井、井深 2.4m）。

清单工程量 = 1 座

注意：

在计算工程量时，要根据具体工程的施工图样，结合检查井清单项目的项目特征，划分不同的具体清单项目，分别计算其工程量。

（1）检查井、雨水进水井清单项目包括井垫层铺筑、井底板混凝土浇筑、井身砌筑、井身勾缝、抹灰、井内爬梯制作安装、盖板制作安装、过梁制作安装、井圈制作安装、井盖（篦）座制作安装。

（2）检查井、雨水进水井清单项目不包括井底板、盖板、过梁、井圈等钢筋混凝土结构中钢筋的制作安装，钢筋制作安装按 1.1 钢筋工程另列清单项目计算。

（3）检查井、雨水进水井清单项目不包括井底板、盖板、过梁、井圈等钢筋混凝土浇筑时模板的安拆及模板的回库维修和场外运输，混凝土模板及模板的回库维修和场外运输列入施工技术措施项目计算。

（4）检查井、雨水进水井清单项目不包括检查井井深大于1.5m砌筑时所需的井字架工程，不包括砌筑高度超过 1.2m 及抹灰高度超过 1.5m 所需脚手架工程。井字架、脚手架均列入施工技术措施项目计算。

3. 顶管

1）工程量计算规则

按设计图示尺寸以长度计算，计量单位为 m。

2）工程量计算方法

顶管（水平导向钻进）清单工程量 = 设计顶管（水平导向钻进）管道的长度 （9-4）

注意：

（1）顶管工程量计算时要注意根据顶管时土壤类别、管材、管径、规格等项目特征，划分不同的具体清单项目，分别计算工程量。

（2）顶管清单项目包括：顶进后座及坑内工作平台搭拆、顶进设备安拆、中继间安拆、触变泥浆减阻、套环安装、防腐涂刷、挖土、管道顶进、洞口止水处理、余方弃置。

（3）水平导向钻进清单项目包括：钻进、泥浆制作、扩孔、穿管、余方弃置。

4. 现浇混凝土沉井井壁及隔墙

1）工程量计算规则

按设计图示尺寸以体积计算，计量单位为 m³。

2）工程量计算方法

现浇混凝土沉井井壁及隔墙清单工程量 = 图示长度×厚度×高度 （9-5）

工程量计算时应根据混凝土强度等级、石料最大粒径、混凝土抗渗要求等项目特征，划分不同的具体清单项目，分别计算工程量。

现浇混凝土沉井井壁及隔墙清单项目包括：垫层铺筑、垫木铺设、混凝土浇筑、预留孔封口，但不包括混凝土结构中钢筋的制作安装、混凝土模板的安拆及模板的回库维修和场外运输等。

5. 沉井下沉

1）工程量计算规则

接自然地坪至设计底板垫层底的高度乘以沉井外壁最大断面积以体积计算，计量单位为 m³。

2）工程量计算方法

沉井下沉清单工程量 =（自然地面标高－沉井垫层底标高）×沉井外壁最大断面积

（9-6）

沉井下沉清单项目包括：垫木拆除、沉井挖土下沉、填充、余方弃置。

6. 沉井混凝土底板

1）工程量计算规则

按设计图示尺寸以体积计算，计量单位为 m³。

2）工程量计算方法

$$沉井混凝土底板清单工程量 = 图示底板长度 \times 宽度 \times 厚度 \tag{9-7}$$

沉井混凝土底板清单项目包括：垫层铺筑、底板混凝土浇筑及养生，但不包括混凝土结构中钢筋的制作安装、混凝土模板的安拆及模板的回库维修和场外运输等。

7. 沉井混凝土顶板

1）工程量计算规则

按设计图示尺寸以体积计算。计量单位为 m³。

2）工程量计算方法

$$沉井混凝土顶板清单工程量 = 图示顶板长度 \times 宽度 \times 厚度 \tag{9-8}$$

沉井混凝土顶板清单项目包括：混凝土浇筑、养生。但不包括混凝土结构中钢筋的制作安装、混凝土模板的安拆及模板的回库维修和场外运输等。

9.2.3　排水工程工程量清单编制

排水工程量清单的编制按照《计算规范》规定的工程量清单统一格式进行编制，主要是分部分项工程量清单、措施项目清单、其他项目清单这 3 大清单的编制。

1. 分部分项工程量清单的编制

排水工程分部分项工程量清单应根据《计算规范》附录规定的统一的项目编码、项目名称、计量单位、工程量计算规则进行编制。

分部分项工程量清单编制的步骤如下：清单项目列项、编码→清单项目工程量计算→分部分项工程量清单编制。

1）清单项目列项、编码

应依据《计算规范》附录中规定的清单项目及其编码，根据招标文件的要求，结合施工图设计文件、施工现场等条件进行排水工程清单项目列项、编码。

清单项目列项、编码可按下列顺序进行：

① 明确排水工程的招标范围及其他相关内容。

② 审读图样、列出施工项目。

排水工程施工图样主要有排水管道平面图、排水管道纵剖面图、排水管道管位图、排水管道结构图、排水检查井结构图等。

编制分部分项工程量清单，必须认真阅读全套施工图样，了解工程的总体情况，明确各部分的工程构造，并结合工程施工方法，按照工程的施工工序，逐个列出工程施工项目。

【例 9-17】　某段雨水管道平面图如图 9-8 所示，管道基础图如图 9-9 所示，检查井结构如图 9-10、图 9-11 所示。已知管道主要位于黏性土层中，地下水位于地表下 1m 左右。试确定该段管道工程的施工项目。

【解】　应根据施工图样及施工方案确定工程的施工项目。

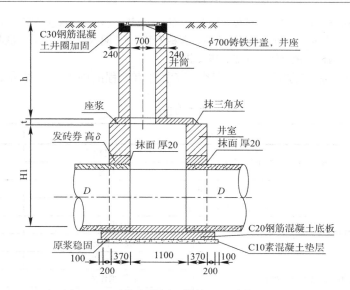

图 9-10 不落底井剖面结构图（单位：mm）

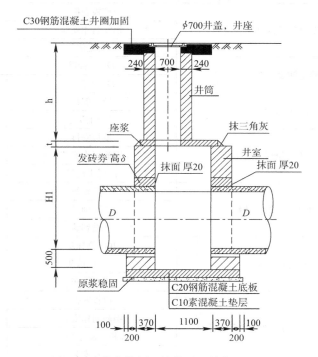

图 9-11 落底井剖面结构图（单位：mm）

施工方案：本段管道采用开槽施工，管道挖深在 2.5m 以下，边坡采用 1∶1，并在沟槽内设排水沟、集水井排水、管道挖方主要采用挖掘机挖土、人工清底。沟槽所挖土方部分用于沟槽回填、多余土方外运。管道基础、检查井的混凝土结构均采用现场拌制的水泥混凝土。

注意：

常见的钢筋混凝土管道（条形基础）开槽施工的工序：沟槽开挖→素混凝土垫层（模板、混凝土浇筑）→混凝土平基（模板、钢筋、混凝土浇筑）→管道铺设、管道接口→混凝土管座（模板、钢筋、混凝土浇筑)→检查井垫层→检查井底板（模板、钢筋、混凝土浇筑）→井身砌筑（井室、井筒、流槽）→抹灰（内、外）→井室盖板（模板、钢筋、混凝土浇筑、盖板安装）→井圈（模板、钢筋、混凝土浇筑、井圈安装）→管道闭水试验→沟槽回填→铸铁井盖、座安装。

根据施工图样、施工方案、施工工序，该段管道工程的施工项目见表9-9。

施工项目表　　　　　　　　表9-9

序号	施工项目		备 注
1	挖沟槽土方（三类土）	挖掘机挖土	排水沟排水
2		人工挖土	
3	沟槽回填		
4	多余土方外运（运距5km）		
5	管道C10素混凝土垫层	模板安拆	
6		混凝土浇筑	
7	管道C20钢筋混凝土平基	模板安拆	
8		钢筋制作安装	
9		混凝土浇筑	
10	管道C20钢筋混凝土管座	模板安拆	
11		钢筋制作安装	
12		混凝土浇筑	
13	混凝土管道铺设、橡胶圈接口	D400管道	
14		D500管道	
15	检查井C10混凝土垫层	模板安拆	
16		混凝土浇筑	
17	检查井C20钢筋混凝土底板	模板安拆	
18		钢筋制作安装	
19		混凝土浇筑	
20	检查井井身砌筑（砖砌）	井室砌筑	
21		井筒砌筑	
22		流槽砌筑	
23	检查井抹灰	井内侧抹灰	
24		井外侧抹灰	
25		流槽抹灰	分为落底井、不落底井（流槽井）
26	检查井C20钢筋混凝土井室盖板	模板安拆	
27		钢筋制作安装	
28		盖板混凝土预制	
29		盖板安装	
30	检查井C30钢筋混凝土井圈	模板安拆	
31		钢筋制作安装	
32		井圈混凝土预制	
33		井圈安装	
34	检查井铸铁井盖、座安装	井盖、座安装	
35	管道闭水试验	D400管	
36		D500管	

③ 对照《计算规范》，按其规定的清单项目列项、编码。

根据列出的施工项目表，对照《计算规范》各清单项目包括的工程内容，确定清单项目的项目名称、项目编码。这是正确编制分部分项工程量清单的关键。

【例 9-18】 已知条件同例 9-17，试确定该段管道工程的清单项目。

【解】 根据该段管道工程的施工项目表（表 9-9），对照《计算规范》附录，确定清单项目名称、项目编码见表 9-10。

清单项目表　　　　　　　　　　　表 9-10

序号	清单项目名称	项目编码	包括的工程内容
1	挖沟槽土方（三类土、挖深 4m 内）	040101002001	表 9-9 第 1、2 项
2	填方	040103001001	表 9-9 第 3 项
3	余方弃置（运距 5km）	040103002001	表 9-9 第 4 项
4	D400 混凝土管道铺设（C10 混凝土垫层、C20 钢筋混凝土基础、橡胶圈接口）	040501002001	表 9-9 第 6、9、12、13、35 项
5	D500 混凝土管道铺设（C10 混凝土垫层、C20 钢筋混凝土基础、橡胶圈接口）	040501002002	表 9-9 第 6、9、12、14、36 项
6	1100×1100 非定型砖砌检查井（落底井、C10 混凝土垫层、C20 钢筋混凝土底板、内外抹灰、井深 2.4m）	040504001001	表 9-9 第 16、19、20、21、23、24、28、29、32、33、34 项
7	1100×1100 非定型砖砌检查井（不落底井、C10 混凝土垫层、C20 钢筋混凝土底板、内外抹灰、平均井深 1.97m）	040504001002	表 9-9 第 16、19、20、21、22、23、24、25、28、29、32、33、34 项

在进行清单项目列项编码时，应注意以下几点。

① 施工项目与分部分项工程量清单项目不是一一对应的。通常一个分部分项工程量清单项目可包括几个施工项目，这主要依据《计算规范》中规定的清单项目所包含的工程内容。

如"D400 混凝土管道铺设（C10 混凝土垫层、C20 钢筋混凝土基础、橡胶圈接口）"清单项目，《计算规范》规定其工程内容包括垫层、管道基础（平基、管座）混凝土浇筑、管道铺设、管道接口、井壁（墙）凿洞、混凝土管截断、闭水试验。根据施工图样，确定这个清单项目就包括了表 9-9 中第 6、9、12、13、35 项施工项目。

管道铺设、检查井清单项目中均不包括钢筋的制作安装，相关的施工工作项目应按附录 J 另列"非预应力钢筋"分部分项清单项目，所以表 9-9 中第 8、11、18、27、31 项施工项目均应根据钢筋规格、材质等项目特征按附录 J 另列清单项目。管道铺设、检查井清单项目也不包括混凝土垫层、基础施工时模板的安拆。

② 有的施工项目不属于分部分项工程量清单项目，而属于措施清单项目。

如管道、检查井施工时，混凝土结构的模板安拆，是施工技术措施项目，属于措施清单项目，不属于分部分项工程量清单项目。即表 9-9 中第 5、7、10、15、17、26、30 项均为施工技术措施项目。

又如管道沟槽开挖时，采用排水沟排水，这也属于施工排、降水技术措施清单项目。

③ 清单项目名称应按《计算规范》中的项目名称（可称为基本名称），结合实际工程的项目特征综合确定，形成具体的项目名称。

如本例中"砌筑检查井"为基本名称，项目特征为材料、井深、尺寸、垫层及基础厚度、材料、强度。结合工程实际情况，具体的项目名称为"1100×1100 非定型砖砌检查井（落底井、C10 混凝土垫层、C20 钢筋混凝土底板、内外抹灰、井深 2.4m）"。

④ 清单项目编码由 12 位数字组成，第 1～9 位项目编码根据项目基本名称按《计算规范》统一编制，第 10～12 位项目编码由清单编制人根据项目特征由 001 起按顺序编制。

清单项目的基本名称相同，但有 1 个或 1 个以上的项目特征不同，则应是不同的具体清单项目，即第 1～9 位项目编码相同，第 10～12 位项目编码不同。

如本例中，$D400$、$D500$ 管道铺设，"基本名称"相同，管材、接口形式、垫层、基础等项目特征均相同，"管道规格"项目特征不同，所以是 2 个具体的清单项目，清单项目前 9 位项目编码相同，后 3 位项目编码不同，自 001 起顺序编制。

2）清单项目工程量计算

清单项目列项后，根据施工图样，按照清单项目的工程量计算规则、计算方法计算各清单项目的工程量。清单项目工程量计算时，要注意计量单位。

3）编制分部分项工程量清单

按照分部分项工程量清单的统一格式，编制分部分项工程量清单与计价表。

2. 措施项目清单的编制

措施项目清单的编制应根据工程招标文件、施工设计图样、施工方法确定施工措施项目，包括施工组织措施项目、施工技术措施项目，并按照《计算规范》规定的统一格式编制。

措施项目清单编制的步骤如下：施工组织措施项目列项→施工技术措施项目列项→措施项目清单编制。

1）施工组织措施项目列项

施工组织措施项目主要有安全文明施工费、检验试验费、夜间施工增加费、提前竣工增加费、材料二次搬运费、冬雨期施工费、行车行人干扰增加费、已完工程及设备保护费等。

施工组织措施项目主要根据招标文件的要求、工程实际情况确定列项。其中"安全文明施工费"、"检验试验费"必须计取；其他组织措施项目根据工程具体情况确定。如工程施工现场场地狭窄需发生二次搬运时，需列项；如工程现场宽敞，不需发生二次搬运，就不需列项。夜间施工增加费与提前竣工增加费不能同时计取。

2）施工技术措施项目列项

施工技术措施项目主要有大型机械设备进出场及安拆、混凝土、钢筋混凝土模板及支架、脚手架、施工排水、降水、围堰、现场施工围栏、便道、便桥等。施工技术措施项目主要根据施工图样、施工方法确定列项。

3）编制措施项目清单

按照《计算规范》规定的统一的格式，编制措施项目清单与计价表（一）、（二）。

编制措施项目清单时，只需要列项，不需要计算相关措施项目的工程量。

【例 9-19】 已知条件、施工方法均同例 9-17，试编制该段管道工程的措施项目清单。

【解】

（1）施工组织措施项目列项：该段管道施工时场地宽阔，不考虑材料二次搬运。

施工组织措施项目有安全文明施工费、检验试验费、夜间施工增加费、已完工程及设备保护费。

（2）施工技术措施项目列项

根据施工图样、施工方案可知，该段管道沟槽开挖时拟采用排水沟排水，所以有"施工排水"技术措施项目。沟槽开挖主要采用挖掘机进行，所以有"大型机械进出场及安拆"技术措施项目。管道基础、检查井混凝土结构施工时需支立模板，所以有"混凝土、钢筋混凝土模板安拆"及"混凝土、钢筋混凝土模板回库维修及场外运输"技术措施项目。检查井深度均大于 1.5m,施工时采用钢管井字架,则有"钢管井字架"技术措施项目。

(3) 编制措施项目清单,见表 9-11、表 9-12。

施工技术措施项目清单与计价表（一）　　　　　　　　表 9-11

单位及专业工程名称:××路 Y1～Y5 管道工程　　　　　　　第 1 页　共 1 页

序号	项目编码	项目名称	项目特征	计量单位	工程量	综合单价/元	合价/元	其中/元		备注
								人工费	机械费	
1	000002004001	特、大型机械进出场费		项						
2	040901001001	现浇混凝土模板		m²						
3	040901002001	预制混凝土模板		m²						
4	000001001001	施工排水		项						
5	0412003001001	井字架		座						
		本页小计								
		合计								

施工组织措施项目清单与计价表（二）　　　　　　　　表 9-12

单位及专业工程名称:××路 Y1～Y5 管道工程　　　　　　　第 1 页　共 1 页

序号	项目名称	计算基数	费率/%	金额/元
1	安全文明施工费	人工+机械		
2	建设工程检验试验费	人工+机械		
3	其他组织措施费			
3.1	冬期、雨期施工增加费	人工+机械		
3.2	夜间施工增加费	人工+机械		
3.3	已完工程及设备保护费	人工+机械		
3.4	二次搬运费	人工+机械		
3.5	行车、行人干扰增加费	人工+机械		
3.6	提前竣工增加费	人工+机械		
3.7	其他施工组织措施费	按相关规定计算		
	合计			

3. 其他项目清单及其包括项目对应的明细表

其他项目清单中的项目应根据拟建工程的具体情况列项,按《计算规范》规定的统一格式编制。

9.3　排水工程定额计量与计价及工程量清单计量与计价实例

9.3.1　定额计价模式下水工程计量与计价

【例 9-20】 (图 9-12～图 9-17)

(1) 工程概述及施工方案

某城市道路污水管工程,采用 φ600×3000mm 钢筋混凝土承插管（O 形胶圈接口）,135°钢筋混凝土管道基础。污水检查井为 1000mm×1000mm 非定型砖砌流槽方井。该排水工程设计井盖的平均标高为 4.0m,原地面平均标高为 2.5m,平均地下水位标高 1.5m,土方为二类土,管道铺设及污水检查井采用某市城建设计院 2002 年通用图。

(2) 施工方案如下:

1) 土方开挖采用机械开挖（沿沟槽方向）,底层 20cm 为人工清底。

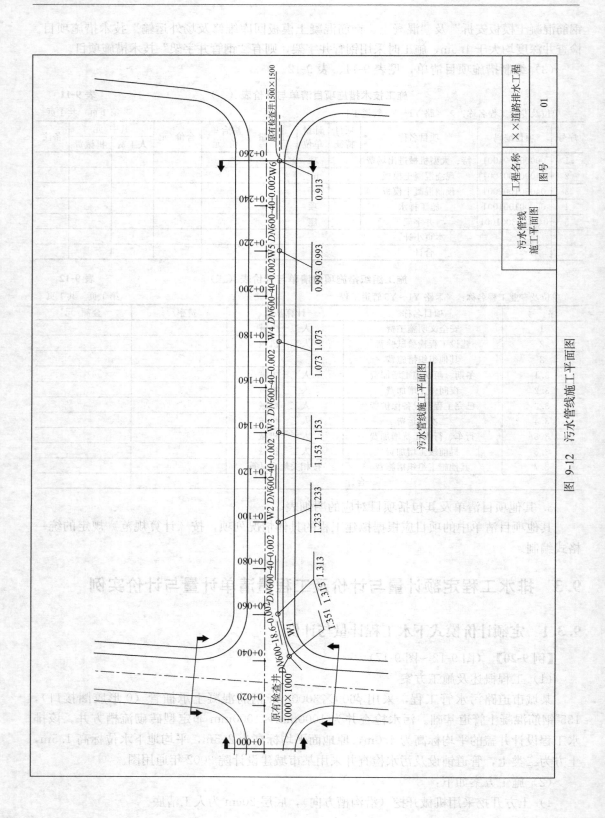

图 9-12　污水管线施工平面图

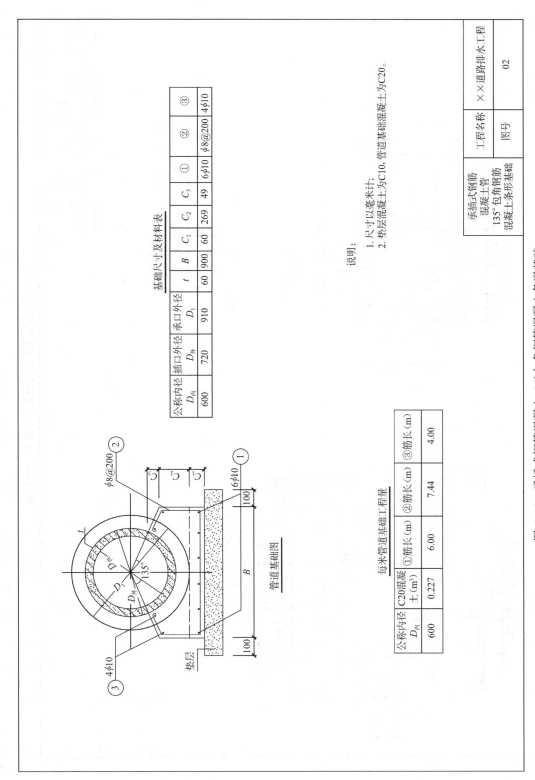

基础尺寸及材料表

公称内径 $D_内$	插口外径 $D_外$	承口外径 D_1	t	B	C_1	C_2	C_3	①	②	③
600	720	910	60	900	60	269	49	6ϕ10	ϕ8@200	4ϕ10

管道基础图

说明:
1. 尺寸以毫米计;
2. 垫层混凝土为C10,管道基础混凝土为C20。

工程名称	××道路排水工程
图号	02

承插式钢筋混凝土管135°包角钢筋混凝土条形基础

每米管道基础工程量

公称内径 $D_内$	C20混凝土 (m³)	①筋长 (m)	②筋长 (m)	③筋长 (m)
600	0.227	6.00	7.44	4.00

图 9-13 承插式钢筋混凝土135°包角钢筋混凝土条形基础

267

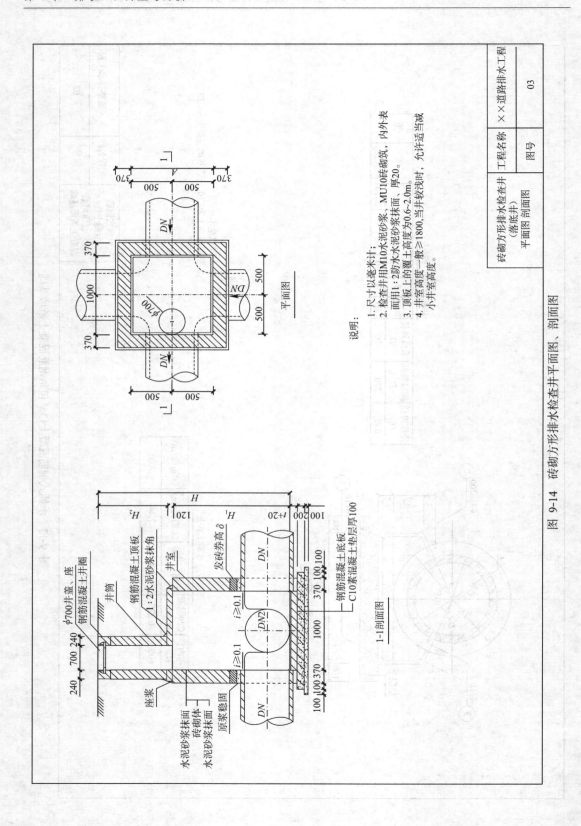

图 9-14 砖砌方形排水检查井平面图、剖面图

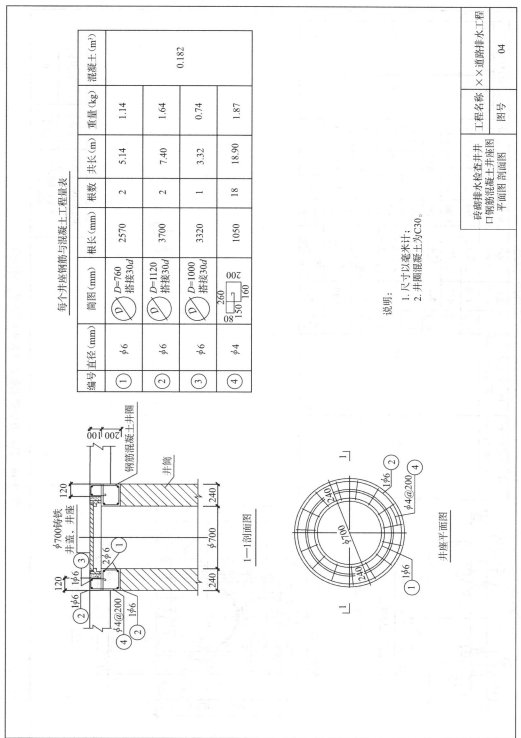

图 9-15　砖砌排水检查井井口钢筋混凝土井座图平面图、剖面图

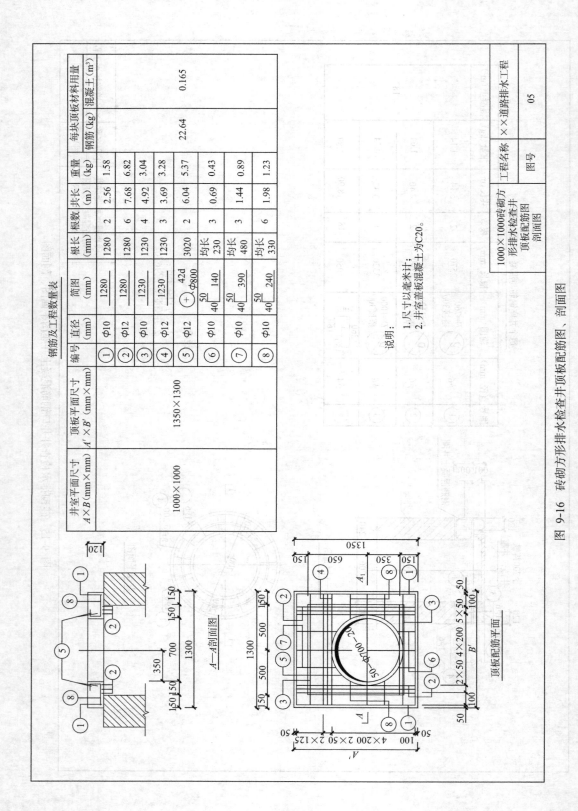

图 9-16 砖砌方形排水检查井顶板配筋图、剖面图

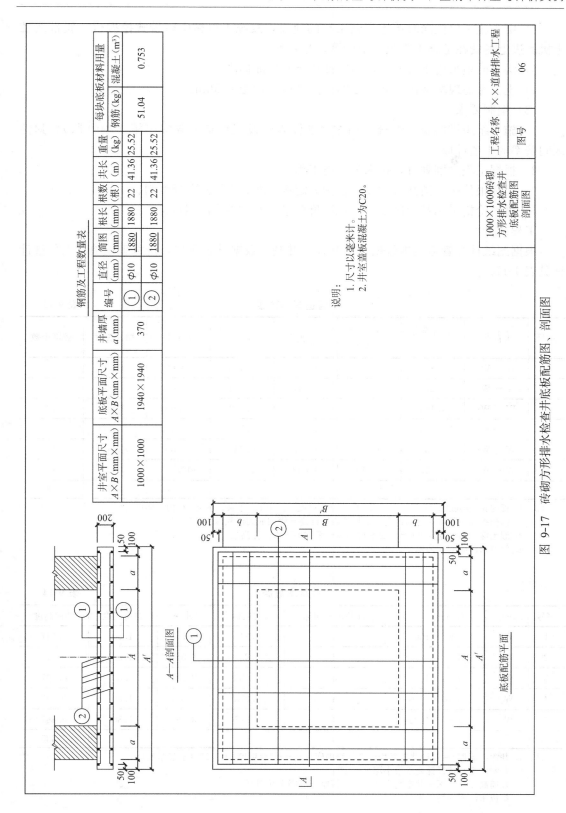

钢筋及工程数量表

井室平面尺寸 $A \times B$ (mm×mm)	底板平面尺寸 $A \times B$ (mm×mm)	井墙厚 a (mm)	编号	直径 (mm)	简图 (mm)	根长 (mm)	根数 (根)	共长 (m)	重量 (kg)	每块底板材料用量	
										钢筋 (kg)	混凝土 (m³)
1000×1000	1940×1940	370	①	Φ10	1880	1880	22	41.36	25.52	51.04	0.753
			②	Φ10	1880	1880	22	41.36	25.52		

说明：
1. 尺寸以毫米计。
2. 井室盖板混凝土为C20。

工程名称	××道路排水工程
图号	06

1000×1000砖砌方形排水检查井底板配筋图剖面图

图 9-17 砖砌方形排水检查井底板配筋图、剖面图

$A—A$剖面图

底板配筋平面

2）由于施工单位同时承担道路工程的建设，故施工机械中履带式挖掘机、履带式推土机的进退场费在道路工程预算中计算，此处不计。

3）沟槽回填采用土方回填，高度计算至原地面标高。

4）土方考虑现场平衡，回填后的余土外运，运距为5km。

（3）编制要求：

1）施工组织措施费、综合费用按《浙江省建设工程施工取费定额（2010版）》弹性区间费率的中值计取。

2）根据工程类别划分，排水为三类工程。

3）投标报价按《浙江省市政工程预算定额（2010版）》进行编制。

4）材料价格采用某地区建设工程造价信息（2013年第×期）。

工程量计算：

根据图纸计算管道基本数据见表9-13、井基本数据见表9-14，排水工程项目工程量计算见表1-17。

管道基本数据　　　　　　　　　　　　　　　　表9-13

序号	井间号	平均管内底标高	管内底到沟底深	沟槽挖深	湿土深	长度（井中）	扣井长度	胶圈个数
1	W_0—W_1	1.332	0.315	1.483	0.483	18.60	1.00	5
2	W_1—W_2	1.273	0.315	1.542	0.542	40.00	1.00	12
3	W_2—W_3	1.193	0.315	1.622	0.622	40.00	1.00	12
4	W_3—W_4	1.113	0.315	1.702	0.702	40.00	1.00	12
5	W_4—W_5	1.033	0.315	1.782	0.782	40.00	1.00	12
6	W_5—W_6	0.953	0.315	1.862	0.862	40.00	1.25	12
小计						218.60	6.25	65

注：1. 管内底到沟底深=$(D_1-D_内)/2+C_1$+垫层厚度（其中 D_1 为承口外径，D内为插口内径，C_1 为平基高度）。
　　2. 沟槽挖深=平均原地面标高—平均管内底标高+管内底到沟底深。
　　3. 湿土深=沟槽挖深—（原地面平均标高—平均地下水位标高）。
　　4. 单位未注明的均为米。

井基本数据　　　　　　　　　　　　　　　　表9-14

序号	井号	井径（mm×mm）	设计井盖平均标高	管内底标高	井深	井室高度	井筒高度
1	W_1	1000×1000	4	1.313	2.767	1.80	0.547
2	W_2	1000×1000	4	1.233	2.847	1.80	0.627
3	W_3	1000×1000	4	1.153	2.927	1.80	0.707
4	W_4	1000×1000	4	1.073	3.007	1.80	0.787
5	W_5	1000×1000	4	0.993	3.087	1.80	0.867
小计						9.0	3.535

注：1. 井深（流槽）=设计井盖平均标高—管内底标高+t（管壁厚）+0.02（坐浆厚度）。
　　2. 井室高度：按设计要求最小深度确定。
　　3. 井筒高度=井深—井室高度—井室盖板厚—混凝土井圈厚。
　　4. 单位未注明的均为米。

专业工程招标控制计算程序表 表 9-15

单位工程（专业）：某城市道路污水管道工程（排水工程）　　　　　　　　　　　　　第　页　共　页

序号	费用名称	计算方法	金额（元）
一	直接费	1＋2＋3＋4＋5	126812
1	其中定额人工费		19403
2	其中人工价差		15159
3	其中材料费		84140
4	其中定额机械费		6731
5	其中机械费价差		1380
二	施工组织措施费	6＋7＋8＋9＋10＋11＋12＋13	2394
6	安全文明施工费	(1＋4)×4.46%	1166
7	检验试验费	(1＋4)×1.23%	321
8	冬雨期施工增加费	(1＋4)×0.19%	50
9	夜间施工增加费	(1＋4)×0.03%	8
10	已完工程及设备保护费	(1＋4)×0.04%	10
11	二次搬运费	(1＋4)×0.71%	186
12	行车、行人干扰增加费	(1＋4)×2.5%	653
13	提前竣工增加费	(1＋4)×	0
三	企业管理费	(1＋4)×12%	3136
四	利润	(1＋4)×10.5%	2744
五	规费	14＋15＋16	2113
14	排污费、社保费、公积金	(1＋4)×7.3%	1908
15	危险作业意外伤害保险费		0
16	民工工伤保险费	(一＋二＋三＋四＋14＋15)×0.15%	205
六	总承包服务费		0
七	风险费	(一＋二＋三＋四＋五＋六)×0	0
八	暂列金额		0
九	税金	(一＋二＋三＋四＋五＋六＋七＋八)×3.577%	4908
十	造价下浮	(一＋二＋三＋四＋五＋六＋七＋八＋九)×0	0
十一	建设工程造价	一＋二＋三＋四＋五＋六＋七＋八＋九一十	142107

分部分项工程费计算表 表 9-16

单位工程（专业）：某城市道路污水管道工程（排水工程）　　　　　　　　　　　　　第　页　共　页

序号	编号	名称	单位	数量	单价（元）	合价（元）
		第一册通用项目		1.000	13644.49	13644.49
1	1-4 换	人工挖沟槽、基坑一、二类土，深度在 2m 以内人工挖湿土	m³	88.102	25.70	2264.22
2	1-56 换	挖掘机挖土不装车一、二类土机械挖湿土	m³	238.494	3.02	720.05
3	1-56	挖掘机挖土不装车一、二类土	m³	600.728	2.56	1537.03
4	1-59	挖掘机挖土装车一、二类土	m³	111.404	3.89	433.10
5	1-68 换	自卸汽车运土方运距 5km 内	m³	111.404	12.81	1427.45
6	1-87	机械槽、坑填土夯实	m³	732.105	9.92	7262.64
		第六册排水工程		1.000	113167.94	113167.94

续表

序号	编号	名 称	单位	数量	单价（元）	合价（元）
7	6-268	C10 现浇现拌混凝土垫层	m³	23.359	339.43	7928.58
8	6-1044	现浇混凝土基础垫层木模	m²	42.470	33.32	1415.10
9	6-276 换	C20 渠（管）道混凝土平基	m³	11.467	421.66	4835.19
10	6-1094	现浇混凝土管、渠道平基钢模	m²	25.482	40.30	1026.97
11	6-282 换	C20 现浇现拌混凝土管座	m³	36.762	442.55	16268.77
12	6-1096	现浇混凝土管座钢模	m²	114.244	53.21	6078.90
13	6-32	承插式混凝土管道铺设人机配合下管 管径 600mm 以内	m	212.350	199.54	42373.14
14	6-180	排水管道混凝土管胶圈（承插）接口 管径 600mm 以内	个口	65.000	35.13	2283.36
15	6-213	管道闭水试验管径 600mm 以内	m	218.600	5.62	1228.09
16	6-229 换	C15 混凝土井垫层现浇现拌混凝土 C10（40）	m³	2.290	369.43	845.91
17	6-1044	现浇混凝土基础垫层木模	m²	4.280	33.32	142.61
18	6-229 换	C15 混凝土井垫层现浇现拌混凝土 C20（40）	m³	3.764	397.19	1494.86
19	6-1044	现浇混凝土基础垫层木模	m²	7.760	33.32	258.56
20	6-231	矩形井砖砌	m³	18.590	364.28	6771.75
21	6-230	圆形井砖砌	m³	2.504	405.55	1015.55
22	6-237	砖墙井壁内侧抹灰	m²	31.349	25.20	789.92
23	6-237	砖墙井壁外侧抹灰	m²	71.668	25.20	1805.87
24	6-239	砖墙流槽抹灰	m²	9.710	22.37	217.25
25	6-337	C20 钢筋混凝土井室盖板预制	m³	0.830	518.56	430.63
26	6-340	钢筋混凝土渠道矩形盖板安装每块体积在 0.3m³ 以内	m³	0.830	126.01	104.65
27	6-1120	预制混凝土井盖板木模	m³	0.820	226.92	186.07
28	6-249	C20 钢筋混凝土井圈安装制作	m³	0.682	436.73	297.72
29	6-1121	预制混凝土井圈木模	m³	0.910	455.03	414.08
30	6-253	混凝土检查井井盖安装	套	5.000	454.79	2273.94
31	6-1138	钢管工程井深 4m 以内	座	5.000	140.91	704.55
32	6-1124	现浇构件钢筋（圆钢）直径 ϕ10mm 以内	t	2.238	5045.44	11290.19
33	6-1126	预制构件钢筋（圆钢）直径 ϕ10mm 以内	t	0.063	5165.22	324.38
34	6-1127	预制构件钢筋（螺纹钢）直径 ϕ10mm 以外	t	0.077	4668.86	361.37
		合计				126812.44

工程量计算书　　　　　表 9-17

单位及专业工程名称：某城市道路污水管道工程-排水工程

第 页 共 页

序号	项目编号	项目名称	单位	数 量	计算式
1	1-4 换	人工挖沟槽、基坑一、二类土，深度在 2m 以内～人工挖湿土	m³	88.102	$(0.9+0.5\times2+0.2\times0.33)\times0.2$ $\times(18.6+40\times5)\times1.025$
2	1-56 换	挖掘机挖土不装车一、二类土～机械挖湿土	m³	238.494	［GCLMX］
		V 湿 0-1（含人工清底部分）		18.96367657905	$(0.9+0.5\times2+0.483\times0.33)$ $\times0.483\times18.6\times1.025$
		V 湿 1-2（含人工清底部分）		46.19642692	$(0.9+0.5\times2+0.542\times0.33)$ $\times0.542\times40\times1.025$
		V 湿 2-3（含人工清底部分）		53.68834052	$(0.9+0.5\times2+0.622\times0.33)$ $\times0.622\times40\times1.025$
		V 湿 3-4（含人工清底部分）		61.35343812	$(0.9+0.5\times2+0.702\times0.33)$ $\times0.702\times40\times1.025$

序号	项目编号	项目名称	单位	数　量	计算式
		V湿4-5（含人工清底部分）		69.19171972	$(0.9+0.5\times2+0.782\times0.33)$ $\times0.782\times40\times1.025$
		V湿5-6（含人工清底部分）		77.20318532	$(0.9+0.5\times2+0.862\times0.33)$ $\times0.862\times40\times1.025$
		扣V含人工清底部分		−88.102358	$-(0.9+0.5\times2+0.2\times0.33)\times0.2$ $\times(18.6+40\times5)\times1.025$
3	1-56	挖掘机挖土不装车一、二类土	m³	600.728	[GCLMX]
		V总		927.3175	904.7×1.025
		减V湿土		−326.59	$-238.49-88.10$
4	1-59	挖掘机挖土装车一、二类土	m³	111.404	[GCLMX]
		V总		927.3175	904.7×1.025
		扣V回填方		−815.9135	-709.49×1.15
5	1-68换	自卸汽车运土方运距5km内	m³	111.404	$904.7\times1.025-709.49\times1.15$
6	1-87	机械槽、坑填土夯实	m³	732.105	[GCLMX]
		V总开挖		927.3175	904.7×1.025
		扣V1：管道基础及垫层		−71.59	$-23.36-11.47-36.76$
		扣V2：管道体积		−86.458591296	$-3.1416\times0.36\times0.36\times(218.6-6.25)$
		扣V3：检查井体积		−37.1642440436	$-2.29-3.76-1.74\times1.74\times9-1.18\times1.18/4\times3.1416\times3.535$
7	6-268	C10现浇现拌混凝土垫层	m³	23.359	$(0.9+0.1\times2)\times0.1\times(218.6-6.25)$
8	6-1044	现浇混凝土基础垫层木模	m²	42.470	$0.1\times2\times212.35$
9	6-276换	C20渠（管）道混凝土平基	m³	11.467	$0.9\times0.06\times(218.6-6.25)$
10	6-1094	现浇混凝土管、渠道平基钢模	m²	25.482	$0.06\times2\times212.35$
11	6-282换	C20现浇现拌混凝土管座	m³	36.762	$[(0.269+0.91/2)\times0.9/2-135/360\times3.1416\times0.36\times0.36]\times(218.6-6.25)$
12	6-1096	现浇混凝土管座钢模	m²	114.244	$0.269\times2\times212.35$
13	6-32	承插式混凝土管道铺设 人机配合下管 管径600mm以内	m	212.350	218.6-6.25
14	6-180	排水管道 混凝土管胶圈（承插）接口 管径600mm以内	个口	65.000	65
15	6-213	管道闭水试验 管径600mm以内	m	218.600	218.6
16	6-229换	C15混凝土井垫层现浇现拌混凝土C10（40）	m³	2.290	$[1+(0.37+0.1+0.1)\times2]\times[1+(0.37+0.1+0.1)\times2]\times0.1\times5$
17	6-1044	现浇混凝土基础垫层木模	m²	4.280	$[1+(0.37+0.1+0.1)\times2]\times4\times0.1\times5$
18	6-229换	C15混凝土井垫层现浇现拌混凝土C20（40）	m³	3.764	$[1+(0.37+0.1)\times2]\times[1+(0.37+0.1)\times2]\times0.2\times5$
19	6-1044	现浇混凝土基础垫层木模	m²	7.760	$[1+(0.37+0.1)\times2]\times4\times0.2\times5$
20	6-231	矩形井砖砌	m³	18.590	[GCLMX]
		井室		18.30168	$1.374\times4\times0.37\times9$
		扣管口		−1.5056928	$-0.36\times0.36\times3.14\times0.37\times10$
		井底流槽		1.7935	$[(0.6+0.06+0.02)\times1\times1-(0.3\times0.3\times3.14/2+0.6\times0.3)\times1]\times5$

序号	项目编号	项目名称	单位	数 量	计算式
21	6-230	圆形井砖砌	m³	2.504	3.535×3.14×(0.7+0.24)×0.24
22	6-237	砖墙井壁内侧抹灰	m²	31.349	[GCLMX]
		井室		22.4	(9−0.68×5)×1×4
		管口侧壁		1.179	(0.72×0.36−0.3×0.3×3.14/2)×10
		井筒		7.76993	0.7×3.14×3.535
23	6-237	砖墙井壁外侧抹灰	m²	71.668	[GCLMX]
		井室		62.64	1.74×4×9
		扣管口		−4.06944	−0.36×0.36×3.14×10
		井筒		13.097882	1.18×3.14×3.535
24	6-239	砖墙流槽抹灰	m²	9.710	[1×(1−0.6)+(0.3×3.14+0.3×2)×1]×5
25	6-337	C20 钢筋混凝土井室盖板预制	m³	0.830	(1.35×1.3−0.35×0.35×3.14)×0.12×5×1.01
26	6-340	钢筋混凝土渠道矩形盖板安装 每块体积在 0.3m³ 以内	m³	0.830	(1.35×1.3−0.35×0.35×3.14)×0.12×5×1.01
27	6-1120	预制混凝土井盖板木模	m³	0.820	0.82
28	6-249	C20 钢筋混凝土井圈安装制作	m³	0.682	[0.94×3.14×0.2×0.24+(1.18×−0.12)×3.14×0.12×0.1]×5
29	6-1121	预制混凝土井圈木模	m³	0.910	0.91
30	6-253	混凝土检查井井盖安装	套	5.000	5
31	6-1138	钢管工程 井深4m 以内	座	5.000	Q
32	6-1124	现浇构件钢筋（圆钢）直径 ∮10mm 以内	t	2.238	[GCLMX]
		井底板（查通用图）		0.2552	51.04×5/1000
		搭接		0.047509	35×0.01×10×(2+5×4)×0.617/1000
		弯钩		0.00077125	6.25×0.01×0.617×2×10/1000
		管座		1.93425368	(1×10×0.617+7.44×0.395)×212.35/1000
33	6-1126	预制构件钢筋（圆钢）直径 ∮10mm 以内	t	0.063	[GCLMX]
		井盖板（查通用图）		0.03585	(1.58+3.04+0.43+0.89+1.23)×5/1000
		井圈（查通用图）		0.02695	(1.14+1.64+0.74+1.87)×5/1000
34	6-1127	预制构件钢筋（螺纹钢）直径 ∮10mm 以外	t	0.077	[GCLMX]
		井盖板（查通用图）		0.07735	(6.82+3.28+5.37)×5/1000

9.3.2 工程量清单计价模式下工程计量与计价

某城市道路污水管道工程

招标控制价

招标控制价(小写)：142106 元

（大写）：壹拾肆万贰仟壹佰零陆元整

招标人：＿＿＿＿＿＿＿＿＿＿
（单位盖章）

工程造价
咨　询　人：＿＿＿＿＿＿＿＿＿＿
（单位资质专用章）

法定代表人
或其授权人：＿＿＿＿＿＿＿＿＿
（签字或盖章）

法定代表人
或其授权人：＿＿＿＿＿＿＿＿＿
（签字或盖章）

编　制　人：＿＿＿＿＿＿＿＿＿
（造价人员签字盖专用章）

复　核　人：＿＿＿＿＿＿＿＿＿
（造价工程师签字盖专用章）

编制时间：

复核时间：

招标控制价编制说明

工程名称：某城市道路污水管道工程　　　　　　　　　　　　　第 页 共 页

---

1. 《建设工程工程量清单计价规范》（GB 50500—2013）。
2. 《浙江省市政工程预算定额》（2010 版）。
3. 施工组织措施费、综合费用按《浙江省建设工程施工取费定额》（2010 版）弹性区间费率的中值，排水三类工程计取。
4. 材料价格采用××地区建设工程造价信息（2013 年×月）。

工程项目招标控制价汇总表

表 9-18

工程名称：某城市道路污水管道工程

第 页 共 页

序 号	单位工程名称	金额（元）	其 中		
			安全文明施工费（元）	检验试验费（元）	规费（元）
一	某城市道路污水管道工程	142106	1166	322	2114
1	污水管道工程	142106	1166	322	2114
	合计	142106	1166	322	2114

专业工程招标控制价计算程序表

表 9-19

单位工程（专业）：某城市道路污水管道工程-污水管道工程

单位：元

序 号	汇总内容	费用计算表达式	金额（元）
一	分部分项工程		121677
1	其中定额人工费		16107
2	其中人工价差		12633
3	其中定额机械费		6542
4	其中机械费价差		1320
二	措施项目		13407
5	施工组织措施项目费		2394
5.1	安全文明施工费		1166
5.2	检验试验费		322
6	施工技术措施项目费		11013
6.1	其中定额人工费		3297
6.2	其中人工价差		2530
6.3	其中定额机械费		195
6.4	其中机械费价差		54
三	其他项目		
四	规费	7＋8＋9	2114
7	排污费、社保费、公积金	（1＋3＋6.1＋6.3）×7.3％	1908
8	危险作业意外伤害保险费		
9	农民工工伤保险费	（一＋二＋7＋8）×0.15％	205
五	税金	（一＋二＋三＋四）×3.577％	4908
	招标控制价合计＝一＋二＋三＋四＋五		142106

分部分项工程量清单与计价表

单位工程（专业）：某城市道路污水管道工程-污水管道工程

表 9-20
第　页　共　页

序号	项目编码	项目名称	项目特征	计量单位	工程量	综合单价（元）	合价（元）	其中（元）				备注
								定额人工费	人工费价差	定额机械费	机械费价差	
1	040101002001	挖沟槽土方	1. 土壤类别：一、二类土 2. 挖土深度：平均 1.666m 3. 工作面、放坡增加的方量计入土方工程量中	m³	904.70	6.34	5735.80	1429.43	1185.16	2044.62	298.55	
2	040103002002	余方弃置	1. 废弃料品种：余方 2. 运距：5km	m³	88.79	18.97	1684.35			1146.28	271.70	
3	040103001001	回填方	1. 密实度要求：按设计要求 2. 填方材料品种：符合填土密实要求的土方 3. 填方粒径要求：符合设计要求 4. 填方来源、运距：开挖原土	m³	709.49	11.67	8279.75	3235.27	2667.68	1277.08	85.14	
4	040501001001	混凝土管	1. 垫层、基础材质及厚度：10cm厚C10混凝土垫层 2. 管座材质：C20钢筋混凝土 3. 规格：D600 4. 接口方式："O"型胶圈承插式接口 5. 铺设深度：平均2.9m 6. 混凝土强度等级：C50自应力 7. 管道检验及试验要求：闭水试验	m	218.60	352.07	76962.50	7449.89	5716.39	1656.99	507.15	

续表

序号	项目编码	项目名称	项目特征	计量单位	工程量	综合单价（元）	合价（元）	定额人工费	人工费价差	定额机械费	机械费价差	备注
										其中（元）		
5	040504001001	砌筑井	1. 垫层，基础材质及厚度：10cm 厚 C10 混凝土垫层，C20 钢筋混凝土底板 2. 砌筑材料品种、规格、强度等级：标准砖，M10 水泥砂浆 3. 勾缝，抹面要求：1：2 水泥砂浆抹灰 4. 砂浆强度等级、配合比：M10 5. 混凝土强度等级：C20 6. 盖板材质、规格：C20 钢筋混凝土预制盖板 7. 井盖、井圈材质及规格：钢纤维混凝土井盖 8. 踏步材质、规格：无踏步 9. 防渗、防水要求：无	座	5	3353.18	16765.90	2875.40	2206.55	312.30	128.10	
6	040901001001	现浇构件钢筋	1. 钢筋种类：圆钢 2. 钢筋规格：φ10、φ8	t	2.238	5160.80	11549.87	1065.18	817.45	89.09	27.95	
7	040901002001	预制构件钢筋	1. 钢筋种类：圆钢 2. 钢筋规格：φ10、φ6、φ4	t	0.063	5291.86	333.39	31.49	24.16	8.56	0.74	
8	040901002002	预制构件钢筋	1. 钢筋种类：螺纹钢 2. 钢筋规格：φ12	t	0.077	4747.76	365.58	20.03	15.37	6.97	0.88	
			合计				121677	16107	12633	6542	1320	

施工组织措施项目清单与计价表　　　　　　表 9-21

单位工程（专业）：某城市道路污水管道工程-污水管道工程　　　　　　第　页　共　页

序　号	项目名称	计算基础	费率（%）	金额（元）
1	安全文明施工费	定额人工费＋定额机械费	4.46	1166
2	检验试验费	定额人工费＋定额机械费	1.23	322
3	冬雨期施工增加费	定额人工费＋定额机械费	0.19	50
4	夜间施工增加费	定额人工费＋定额机械费	0.03	8
5	已完成工程及设备保护费	定额人工费＋定额机械费	0.04	10
6	二次搬运费	定额人工费＋定额机械费	0.71	186
7	行车、行人干扰增加费	定额人工费＋定额机械费	2.5	654
8	提前竣工增加费	定额人工费＋定额机械费		
	合计			2394

施工技术措施项目清单与计价表　　　　　　表 9-22

单位工程（专业）：某城市道路污水管道工程-污水管道工程　　　　　　第　页　共　页

序号	项目编码	项目名称	项目特征	计量单位	工程量	综合单价（元）	合价（元）	其中（元）				备注
								定额人工费	人工费价差	定额机械费	机械费价差	
1	041102001002	垫层模板	1. 构件类型：管道现浇混凝土垫层	m²	42.47	34.61	1470	224.24	172.43	16.56	4.67	
2	041102031001	管（渠）道平基模板	1. 构件类型：管道现浇混凝土平基	m²	25.48	43.21	1101	298.37	228.81	31.34	8.66	
3	041102032001	管（渠）道管座模板	1. 构件类型：管道现浇混凝土管座	m²	114.24	57.76	6599	2169.42	1664.48	140.52	38.84	
4	041102001003	垫层模板	1. 构件类型：井现浇混凝土垫层	m²	4.28	34.61	148	22.60	17.38	1.67	0.47	
5	041102002001	基础模板	1. 构件类型：井现浇混凝土底板	m²	7.76	34.61	269	40.97	31.51	3.03	0.85	
6	041102033001	井顶（盖）板模板	1. 构件类型：预制混凝土井盖板	m³	0.82	240.13	197	47.75	36.65	0.34	0.03	
7	041102033002	井顶（盖）板模板	1. 构件类型：预制混凝土井圈	m³	0.91	482.88	439	111.45	85.53	1.23	0.10	
8	041101005001	井字架	1. 井深：4m以内	座	5	158.10	791	382.05	293.20	0.00	0.00	
			合计				11013	3297	2530	195	54	

工程人工费汇总表　　　　　　　　　　　　　　　表 9-23

单位工程（专业）：某城市道路污水管道工程-污水管道工程　　　　　　第 页 共 页

序号	编码	人工	单位	数量	单价（元）	合价（元）
1	0000001	一类人工	工日	116.61	73.00	8512.54
2	0000011	二类人工	工日	342.75	76.00	26048.67
		合计				34561

工程材料费汇总表　　　　　　　　　　　　　　　表 9-24

单位工程（专业）：某城市道路污水管道工程-污水管道工程　　　　　　第 页 共 页

序号	编码	材料名称	规格型号	单位	数量	单价（元）	合价（元）
1	0101001	螺纹钢	Ⅱ级综合	t	0.08	3950.00	310.23
2	0109001	圆钢	（综合）	t	2.35	4000.00	9386.04
3	0205349	O型胶圈	（承插）$\phi600$	只	65.98	20.13	1328.08
4	0233011	草袋		个	201.89	1.50	302.83
5	0341011	电焊条		kg	0.70	7.00	4.92
6	0351001	圆钉		kg	24.89	7.50	186.71
7	0357103	镀锌铁丝	10号	kg	38.13	7.00	266.90
8	0357109	镀锌铁丝	22号	kg	23.87	7.00	167.10
9	0359001	铁件		kg	34.08	6.00	204.48
10	0401031	水泥	42.5	kg	19972.11	0.45	8987.45
11	0403043	黄砂（净砂）	综合	t	81.49	72.00	5867.56
12	0405001	碎石	综合	t	97.77	69.00	6746.41
13	0413091	混凝土实心砖	240×115×53	千块	11.79	400.00	4715.00
14	1103721	防水涂料	858	kg	7.44	9.84	73.23
15	1233041	脱模剂		kg	21.55	2.83	60.99
16	1401051	焊接钢管	DN40	m	0.07	15.36	1.01
17	1401221	焊接钢管	DN40	kg	2.85	4.00	11.42
18	1437001	橡胶管		m	3.28	5.96	19.54
19	1445026	钢筋混凝土承插管	$\phi600×4000$	m	214.47	180.00	38605.23
20	3109041	草板纸	80号	张	41.92	0.20	8.38
21	3111011	尼龙帽		个	180.25	0.48	86.52
22	3115001	水		m³	156.49	7.00	1095.46
23	3201011	钢模板		kg	88.74	6.20	550.17
24	3201021	木模板		m³	1.19	1500.00	1787.72
25	3202071	零星卡具		kg	68.60	6.82	467.89
26	3203031	木脚手板		m³	0.01	1300.00	13.00
27	3209151	木支撑		m³	0.34	1500.00	506.06
28	3301215	钢纤维混凝土井盖井座		套	5.05	400.00	2020.00
		合计					83780

工程机械台班费汇总表　　　　　　　　　　　　　　**表 9-25**

单位工程（专业）：某城市道路污水管道工程-污水管道工程　　　　　　　　　　　第　页　共　页

序号	编码	机械设备名称	单位	数量	单价（元）	合价（元）
1	9901003	履带式推土机 90kW	台班	0.30	848.40	255.77
2	9901043	履带式单斗挖掘机（液压）1m³	台班	1.70	1228.56	2086.27
3	9901068	电动夯实机 20～62N·m	台班	58.42	23.32	1362.47
4	9903017	汽车式起重机 5t	台班	2.58	414.48	1069.67
5	9904005	载货汽车 5t	台班	0.43	410.01	175.24
6	9904017	自卸汽车 12t	台班	1.74	797.44	1385.87
7	9904030	机动翻斗车 1t	台班	5.38	153.95	828.55
8	9904034	洒水汽车 4000L	台班	0.07	481.97	32.22
9	9905010	电动卷扬机单筒慢速 50kN	台班	0.75	129.84	97.42
10	9906006	双锥反转出料混凝土搅拌机 350L	台班	4.45	133.72	595.11
11	9906016	灰浆搅拌机 200L	台班	0.81	92.36	74.96
12	9907002	钢筋切断机 ϕ40	台班	0.26	41.77	10.80
13	9907003	钢筋弯曲机 ϕ40	台班	0.51	22.13	11.36
14	9907012	木工圆锯机 ϕ500	台班	0.16	27.59	4.30
15	9907018	木工压刨床单面 600	台班	0.03	36.03	0.96
16	9909008	直流弧焊机 32kW	台班	0.03	102.89	3.25
17	9909010	对焊机 75kV·A	台班	0.01	134.35	0.72
18	9909025	点焊机长臂 75kV·A	台班	0.06	190.13	10.65
19	9913032	混凝土振捣器平板式 BLL	台班	4.60	17.93	82.52
20	9913033	混凝土振捣器插入式	台班	4.36	5.20	22.65
		合计				8111

工程量计算书（工程量清单）　　　　　　　　　　　　**表 9-26**

单位工程（专业）：某城市道路污水管道工程-污水管道工程　　　　　　　　　　　第　页　共　页

序号	项目编号	项目名称	单位	计算式	数量
1	040101002001	挖沟槽土方 1. 土壤类别：一、二类土 2. 挖土深度：平均 1.666m 3. 工作面、放坡增加的方量计入土方工程量中	m³	［GCLMX］	904.70
(1)		V0-1		$(0.9+0.5×2+1.483×0.33)$ $×1.483×18.6$	65.91
(2)		V1-2		$(0.9+0.5×2+1.542×0.33)$ $×1.542×40$	148.58
(3)		V2-3		$(0.9+0.5×2+1.622×0.33)$ $×1.622×40$	158.00
(4)		V3-4		$(0.9+0.5×2+1.702×0.33)$ $×1.702×40$	167.59
(5)		V4-5		$(0.9+0.5×2+1.782×0.33)$ $×1.782×40$	177.35
(6)		V5-6		$(0.9+0.5×2+1.862×0.33)$ $×1.862×40$	187.28

续表

序号	项目编号	项目名称	单位	计算式	数量
	1-4 换	人工挖沟槽、基坑一、二类土，深度在 2m 以内人工挖湿土	m³	$(0.9+0.5\times2+0.2\times0.33)$ $\times0.2\times(18.6+40\times5)\times1.025$	88.10
	1-56 换	挖掘机挖土不装车一、二类土机械挖湿土	m³	[GCLMX]	238.49
(1)		V 湿 1-2（含人工清底部分）		$(0.9+0.5\times2+0.542\times0.33)$ $\times0.542\times40\times1.025$	46.20
(2)		V 湿 0-1（含人工清底部分）		$(0.9+0.5\times2+0.483\times0.33)$ $\times0.483\times18.6\times1.025$	18.96
(3)		扣 V 含人工清底部分		$-(0.9+0.5\times2+0.2\times0.33)$ $\times0.2\times(18.6+40\times5)\times1.025$	−88.10
(4)		V 湿 5-6（含人工清底部分）		$(0.9+0.5\times2+0.862\times0.33)$ $\times0.862\times40\times1.025$	77.20
(5)		V 湿 4-5（含人工清底部分）		$(0.9+0.5\times2+0.782\times0.33)$ $\times0.782\times40\times1.025$	69.19
(6)		V 湿 3-4（含人工清底部分）		$(0.9+0.5\times2+0.702\times0.33)$ $\times0.702\times40\times1.025$	61.35
(7)		V 湿 2-3（含人工清底部分）		$(0.9+0.5\times2+0.622\times0.33)$ $\times0.622\times40\times1.025$	53.69
	1-56	挖掘机挖土不装车一、二类土	m³	[GCLMX]	600.73
(1)		V 总		904.7×1.025	927.32
(2)		减 V 湿土		$-238.49-88.10$	−326.59
	1-59	挖掘机挖土装车一、二类土	m³	[GCLMX]	111.40
(1)		扣 V 回填方		-709.49×1.15	−815.91
(2)		V 总		904.7×1.025	927.32
2	040103002002	余方弃置 1. 废弃料品种：余方 2. 运距：5km	m³	$904.7-709.49\times1.15$	88.79
	1-68 换	自卸汽车运土方运距 5km 内	m³	$904.7\times1.025-709.49\times1.15$	111.40
3	040103001001	回填方 1. 密实度要求：按设计要求 2. 填方材料品种：符合填土人要求土方 3. 填方粒径要求：符合设计要求 4. 填方来源、运距：开挖原土	m³	[GCLMX]	709.49
(1)		扣 V2：管道体积		$-3.1416\times0.36\times0.36$ $\times(218.6-6.25)$	−86.46
(2)		扣 V3：检查井体积		$-2.29-3.76-1.74\times1.74\times9$ $-1.18\times1.18/4\times3.1416\times3.535$	−37.16
(3)		扣 V1：管道基础及垫层		$-23.36-11.47-36.76$	−71.59
(4)		V 总开挖		904.7	904.70
	1-87	机械槽、坑填土夯实	m³	[GCLMX]	732.10
(1)		扣 V2：管道体积		$-3.1416\times0.36\times0.36$ $\times(218.6-6.25)$	−86.46

续表

序号	项目编号	项目名称	单位	计算式	数量
(2)		V 总开挖		904.7×1.025	927.32
(3)		扣 V1：管道基础及垫层		−23.36−11.47−36.76	−71.59
(4)		扣 V3：检查井体积		−2.29−3.76−1.74×1.74×9 −1.18×1.18/4×3.1416×3.535	−37.16
4	040501001001	混凝土管 1. 垫层、基础材质及厚度：10cm 厚 C10 混凝土垫层 2. 管座材质：C20 钢筋混凝土 3. 规格：D600 4. 接口方式："0" 型胶圈承插式接口 5. 铺设深度：平均 2.9m 6. 混凝土强度等级：C50 自应力 7. 管道检验及试验要求：闭水试验	m	218.600	218.60
	6-268	C10 现浇现拌混凝土垫层	m³	(0.9+0.1×2)×0.1×(218.6−6.25)	23.36
	6-276 换	C20 渠（管）道混凝土平基	m³	0.9×0.06×(218.6−6.25)	11.47
	6-282 换	C20 现浇现拌混凝土管座	m³	[(0.269+0.91/2)×0.9/2−135 /360×3.1416×0.36×0.36] ×(218.6−6.25)	36.76
	6-32	承插式混凝土管道铺设人机配合下管 管径 600mm 以内	m	218.6−6.25	212.35
	6-180	排水管道 混凝土管胶圈（承插）接口 管径 600mm 以内	个口	65.000	65.00
	6-213	管道闭水试验 管径 600mm 以内	m	218.600	218.60
5	040504001001	砌筑井 1. 垫层、基础材质及厚度：10cm 厚 C10 混凝土垫层，C20 钢筋混凝土底板 2. 砌筑材料品种、规格、强度等级：标准砖，M10 水泥砂浆 3. 勾缝、抹面要求：1：2 水泥砂浆抹灰 4. 砂浆强度等级、配合比：M10 5. 混凝土强度等级：C20 6. 盖板材质、规格：C20 钢筋混凝土预制盖板 7. 井盖、井圈材质及规格：钢纤维混凝土井盖 8. 踏步材质、规格：无踏步 9. 防渗、防水要求：无	座	5.000	5
	6-229 换	C15 混凝土井垫层现浇现拌混凝土 C10 (40)	m³	[1+(0.37+0.1+0.1)×2]×(1 +(0.37+0.1+0.1)×2]×0.1×5	2.29
	6-229 换	C15 混凝土井垫层现浇现拌混凝土 C20 (40)	m³	[1+(0.37+0.1)×2] ×(1+(0.37+0.1)×2]×0.2×5	3.76
	6-231	矩形井砖砌	m³	[GCLMX]	18.59
(1)		井底流槽		[(0.6+0.06+0.02)×1×1−(0.3 ×0.3×3.14/2+0.6×0.3)×1]×5	1.79
(2)		井室		1.374×4×0.37×9	18.30

续表

序号	项目编号	项目名称	单位	计算式	数量
(3)		扣管口		$-0.36 \times 0.36 \times 3.14 \times 0.37 \times 10$	-1.51
	6-230	圆形井砖砌	m³	$3.535 \times 3.14 \times (0.7+0.24) \times 0.24$	2.50
	6-237	砖墙井壁内侧抹灰	m²	[GCLMX]	31.35
(1)		井室		$(9-0.68 \times 5) \times 1 \times 4$	22.40
(2)		管口侧壁		$(0.72 \times 0.36-0.3 \times 0.3 \times 3.14/2) \times 10$	1.18
(3)		井筒		$0.7 \times 3.14 \times 3.535$	7.77
	6-237	砖墙井壁外侧抹灰	m²	[GCLMX]	71.67
(1)		井筒		$1.18 \times 3.14 \times 3.535$	13.10
(2)		扣管口		$-0.36 \times 0.36 \times 3.14 \times 10$	-4.07
(3)		井室		$1.74 \times 4 \times 9$	62.64
	6-239	砖墙流槽抹灰	m²	$[1 \times (1-0.6)+(0.3 \times 3.14 +0.3 \times 2) \times 1] \times 5$	9.71
	6-337	C20 钢筋混凝土井室盖板预制	m³	$(1.35 \times 1.3-0.35 \times 0.35 \times 3.14) \times 0.12 \times 5 \times 1.01$	0.83
	6-340	钢筋混凝土渠道矩形盖板安装 每块体积在 0.3m³ 以内	m³	$(1.35 \times 1.3-0.35 \times 0.35 \times 3.14) \times 0.12 \times 5 \times 1.01$	0.83
	6-249	C20 钢筋混凝土井圈安装制作	m³	$[(0.94 \times 3.14 \times 0.2 \times 0.24+(1.18 \times -0.12) \times 3.14 \times 0.12 \times 0.1] \times 5$	0.68
	6-253	混凝土检查井井盖安装	套	5.000	5
6	040901001001	现浇构件 钢筋1. 钢筋种类：圆钢 2. 钢筋规格：φ10、φ8	t	[GCLMX]	2.238
(1)		管座		$(1 \times 10 \times 0.617+7.44 \times 0.395) \times 212.35/1000$	1.934
(2)		弯钩		$6.25 \times 0.01 \times 0.617 \times 2 \times 10/1000$	0.001
(3)		井底板（查通用图）		$51.04 \times 5/1000$	0.255
(4)		搭接		$35 \times 0.01 \times 10 \times (2+5 \times 4) \times 0.617/1000$	0.048
	6-1124	现浇构件钢筋（圆钢）直径 φ10mm 以内	t	[GCLMX]	2.238
(1)		管座		$(1 \times 10 \times 0.617+7.44 \times 0.395) \times 212.35/1000$	1.934
(2)		弯钩		$6.25 \times 0.01 \times 0.617 \times 2 \times 10/1000$	0.001
(3)		搭接		$35 \times 0.01 \times 10 \times (2+5 \times 4) \times 0.617/1000$	0.048
(4)		井底板（查通用图）		$51.04 \times 5/1000$	0.255
7	040901002001	预制构件 钢筋1. 钢筋种类：圆钢 2. 钢筋规格：φ10、φ6、φ4	t	[GCLMX]	0.063
(1)		井盖板（查通用图）		$(1.58+3.04+0.43+0.89+1.23) \times 5/1000$	0.036
(2)		井圈（查通用图）		$(1.14+1.64+0.74+1.87) \times 5/1000$	0.027

续表

序号	项目编号	项目名称	单位	计算式	数量
	6-1126	预制构件钢筋（圆钢）直径 ϕ10mm 以内	t	［GCLMX］	0.063
(1)		井盖板（查通用图）		$(1.58+3.04+0.43+0.89+1.23)\times5/1000$	0.036
(2)		井圈（查通用图）		$(1.14+1.64+0.74+1.87)\times5/1000$	0.027
8	040901002002	预制构件 钢筋 1. 钢筋种类：螺纹钢 2. 钢筋规格：ϕ12	t	［GCLMX］	0.077
(1)		井盖板（查通用图）		$(6.82+3.28+5.37)\times5/1000$	0.077
	6-1127	预制构件钢筋（螺纹钢）直径 ϕ10mm 以外	t	Q	0.077
(1)		井盖板（查通用图）		$(6.82+3.28+5.37)\times5/1000$	0.077

编制人：　　　　　　　　　　　编制单位：　　　　　　　　　　　编制时间：

工程量计算书（技术措施项目）　　　　　　　　　表 9-27

单位工程（专业）：某城市道路污水管道工程-污水管道工程　　　　　　　第　页 共　页

序号	项目编号	项目名称	单位	计算式	数量
1	041102001002	垫层模板 1. 构件类型：管道现浇混凝土垫层	m²	$0.1\times2\times212.35$	42.47
	6-1044	现浇混凝土基础垫层木模	m²	Q	42.47
2	041102031001	管（渠）道平基模板 1. 构件类型：管道现浇混凝土平基	m²	$0.06\times2\times212.35$	25.48
	6-1094	现浇混凝土管、渠道平基钢模	m²	Q	25.482
3	041102032001	管（渠）道管座模板 1. 构件类型：管道现浇混凝土管座	m²	$0.269\times2\times212.35$	114.24
	6-1096	现浇混凝土管座钢模	m²	Q	114.244
4	041102001003	垫层模板 1. 构件类型：井现浇混凝土垫层	m²	$[1+(0.37+0.1+0.1)\times2]\times4\times0.1\times5$	4.28
	6-1044	现浇混凝土基础垫层木模	m²	Q	4.28
5	041102002001	基础模板 1. 构件类型：井现浇混凝土底板	m²	$[1+(0.37+0.1)\times2]\times4\times0.2\times5$	7.76
	6-1044	现浇混凝土基础垫层木模	m²	Q	7.76
6	041102033001	井顶（盖）板模板 1. 构件类型：预制混凝土井盖板	m³	0.82	0.82
	6-1120	预制混凝土井盖板木模	m³	Q	0.82
7	041102033002	井顶（盖）板模板 1. 构件类型：预制混凝土井圈	m³	0.91	0.91
	6-1121	预制混凝土井圈木模	m³	Q	0.91
8	041101005001	井字架 1. 井深：4m 以内	座	5	5
	6-1138	钢管工程 井深 4m 以内	座	Q	5

编制人：　　　　　　　　　　　编制单位：　　　　　　　　　　　编制时间：

第 10 章　利用软件编制市政工程造价

随着建设工程造价行业信息化水平的不断提高及行业软件的不断完善，造价行业软件已经成为工程造价人员必不可少的专业工具。信息化工具的应用，在帮助工程造价单位和个人提高工作效率的同时，可以实现招投标业务的一体化解决，使造价更高效，招标更快捷，投标更安全。

信息社会的高度发展要求教育必须改革，以满足培养面向信息化社会创新人才的要求，同时，信息社会的发展也为这种改革提供了环境和条件。信息技术在教育中的广泛应用必将有效地促使教育现代化。教育信息化是教育面向信息社会的要求和必然结果。本章以品茗胜算造价计控软件清单计价为例，做简要说明。

软件模块包括土建、市政、安装、园林。软件操作流程包括新建单位工程；组价（输入清单、定额及工程量）；调整材料价格；输入费率，确定报价；打印报表。

10.1　新建单位工程

10.1.1　打开软件

点击桌面图标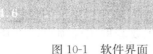，进入软件，如图 10-1 所示。

10.1.2　新建专业工程

创造工程文件如图 10-2 所示。

图 10-1　软件界面　　　　　　　　　　　　图 10-2　创建工程文件

专业工程与整体工程的关系

根据《建设工程工程量清单计价规范》中的说明，建设项目层次划分为建设项目、单位工程、专业工程三个层次，举例品茗实训工程为建设项目，其中的实训楼如 1 号楼、2 号楼、3#楼等均为单位工程，1#楼中的土建和安装部分就是专业工程，安装工程中的水、电安装等汇总在一个专业工程中，因此我们在新建工程时需要新建整体工程和专业工程两个部分。为了思路清晰，我们可以直接新建一个整体工程，在整体工程里面增加单位工程和专业工程。当然还有一种情况，就是当一个整体工程里的专业工程是由几个人同时做时，我们可以先单独新建专业工程，然后再将所有专业工程统一汇总在一个整体工程里面。

10.1.3　选择模板

（1）输入工程名称，选择相应模板，点击确定，如图 10-3 所示。

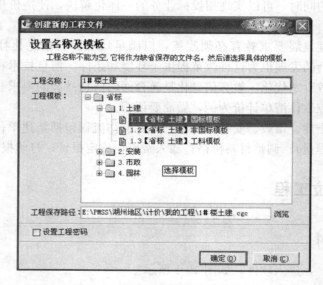

图 10-3　输入工程名称及选择模板

（2）模板的由来及适用范围见表 10-1。

模板的由来及适用范围

表 10-1

计价模板	出　处	适用范围
综合单价	规范	采用"10 定额"、"08 清单"编制国标清单及国标清单报价
工料单价	规范	直接利用"10 定额"做预结算
综合单价（非国标）	用户要求	采用"10 定额"直接编制清单及报价

　① 综合单价模板主要适用于编制国标清单及国标清单报价，全部使用国有资金投资或国有资金投资为主的大中型建设工程项目必须使用此种计价，因此在报单价的过程中就要利用浙江省 10 消耗量定额来组价。所以在定额套取时，首先要套取国标项目，再套取10 定额子目。

　② 工料单价模板主要适用于直接用"10 定额"做预结算，而综合单价（非国标）主要适用于直接用 10 定额做清单，两种模式均是套用一部定额，一旦选用这两种模板时不用考虑国标（12 位编码）项目。

（3）输入工程信息。根据要求填入相应工程概况信息，如图 10-4 所示。

图 10-4　输入工程信息

10.2　组　价

10.2.1　综合单价法清单输入方式

（1）从左边清单列表，通过鼠标左键拖拉或双击到右边界面，如图 10-5 所示。

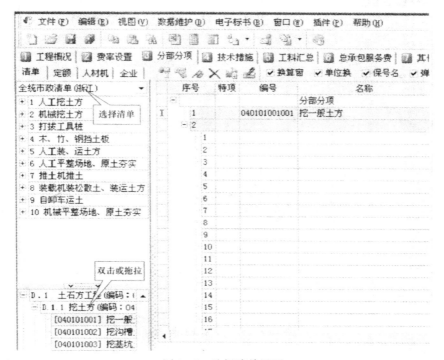

图 10-5　选择清单界面

（2）在右边界面的编号列手动输入清单编号，回车，清单编号输入前 9 位或 12 位均可，如图 10-6 所示。

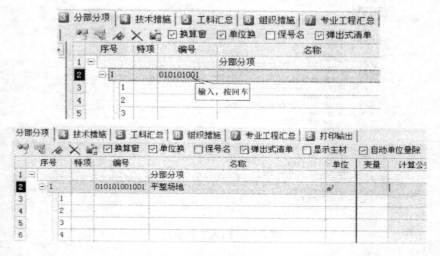

图 10-6　输入清单编号

（3）右键直接导入工程量清单。在分部分项列表栏点击右键导入 EXCEL，选择文件路径、工作表、起始行，选择字段对应设置，点击确定，如图 10-7 所示。

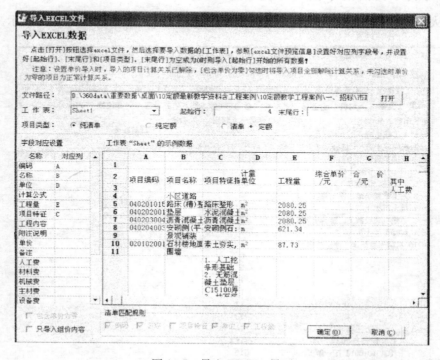

图 10-7　导入 EXCEL 界面

导入后，如图 10-8 所示。

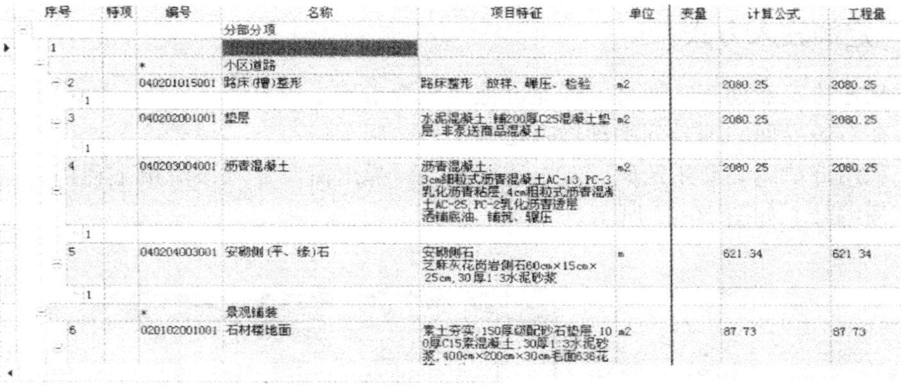

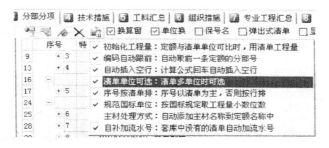

图 10-8 导入后界面

（4）清单项目计量单位 应按照《市政工程工程量计算规范》附录中的规定确定，若有两个或两个以上计量单位的，应结合拟建工程项目的实际选择其中一个确定，以防止在投标和结算过程中产生争议。操作方法如下。

在软件的分部分项窗口，功能选项菜单中可以选择"清单单位可选"，然后在清单编码处敲击回车键时，软件会自动弹出提示框，根据实际情况选择即可，如图 10-9 所示。

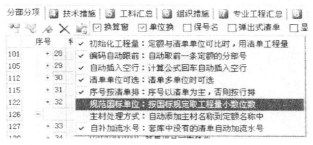

图 10-9 清单单位设置

（5）清单项目工程数量 按照《市政工程工程量计算规范》附录中的工程量计算规则计算，工程数量的有效位数应遵守下列规定：以"t"为单位，保留小数点后三位数字，第四位四舍五入；以"m³"、"m²"、"m"为单位，应保留小数点后两位数字，第三位四舍五入；以"个"、"项"等为单位，应取整数。

在软件的分部分项窗口，功能选项菜单中可以选择"规范国标单位"，然后在计算公式处输入数字即可，如图 10-10 所示。

图 10-10 清单工程数量设置

10.2.2　定额输入方式

（1）从左边定额列表，通过鼠标左键拖拉或双击到右边界面。

（2）在右边界面的编号列手动输入定额编号，回车。

（3）利用清单编码套用定额　双击清单编码，弹出窗口显示该清单工程内容指引，选择对应定额编号，如图 10-11 所示。

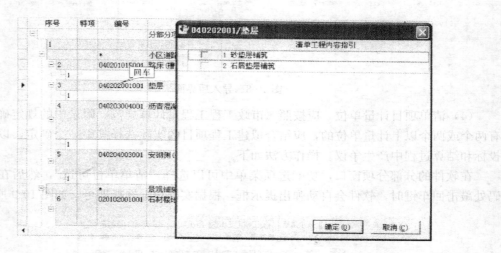

图 10-11　选择对应定额编号

10.2.3　定额换算

当分部分项/技术措施的菜单行，□换算窗 为勾选状态时，输入含有系数、混凝土和砂浆、增减、混凝土模板、安装主材换算的定额会弹出换算窗口。

10.2.3.1　系数换算

例如：市政 10 定额 [2-29]。选中定额子目 [2-29] 按回车，弹出换算窗口，如图 10-12 所示。

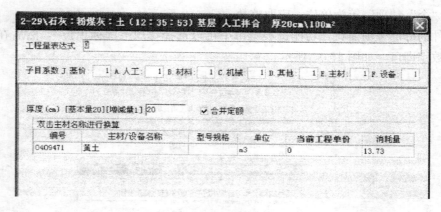

图 10-12　系数换算

（1）直接输入子目系数行，需要更改的系数。软件默认 a 为人工，b 为材料，依此类推。

（2）根据厚度进行调整。

10.2.3.2 材料换算

例如：市政"10 定额"［2-29］，根据上图提示，双击主材名称进行换算，弹出如下窗口，选择需要换算的材料，系统会自动换算，如图 10-13～图 10-15 所示。

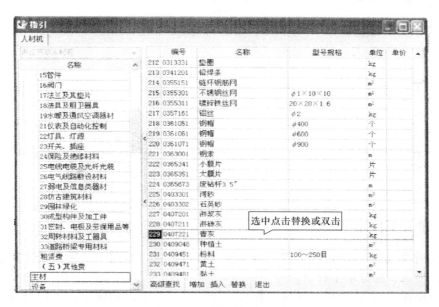

图 10-13 材料换算（一）

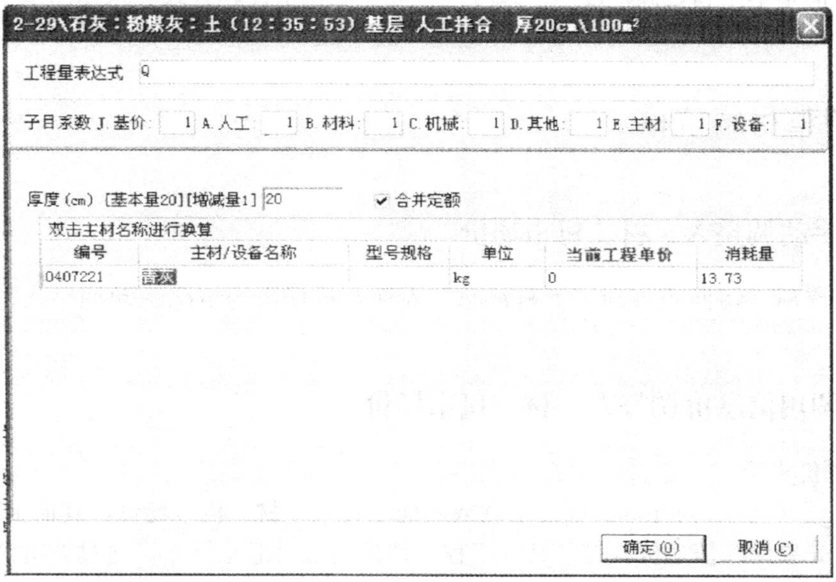

图 10-14 材料换算（二）

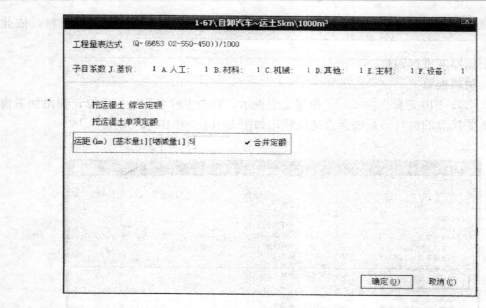

图 10-15 材料换算（三）

10.2.4 输入工程量

（1）在清单/定额行的计算工程列直接输入计算公式，按回车，工程量计算公式会自动进行单位换算，即显示工程量。

（2）直接在清单/定额行的计算工程列直接输入工程量，按回车，工程量计算公式会自动进行单位换算。切忌工程量只能在计算公式列输入，不能在工程量一列输入。

（3）当清单单位和定额单位不一致时，对应的工程量计算公式要根据图纸实际情况进行计算。

10.3 调整材料价格

10.3.1 手动调整人、材、机市场价

组价完成后，切换插页到"工料汇总"界面，根据市场情况手动调整人、材、机市场价。

10.3.2 调用信息价调整人、材、机市场价

1. 信息价来源

品茗主页（www.pinming.cn）下载或其他工程人、材、机市场价，其他工程人、材、机市场价首先要保存信息价。打开其他工程，切换到工料汇总界面，通过右键菜单保存信息价，如图 10-16 所示。

反查(定额)子目 Ctrl+T
保存信息价
调用信息价
设置主要材料 Ctrl+Q
取消主要材料
复制(列)数据 Ctrl+E
设置甲供
取消甲供
价差设置
价差取消
后退 Ctrl+U
输入材料市场价，然后单击右键，选择“保存信息价”

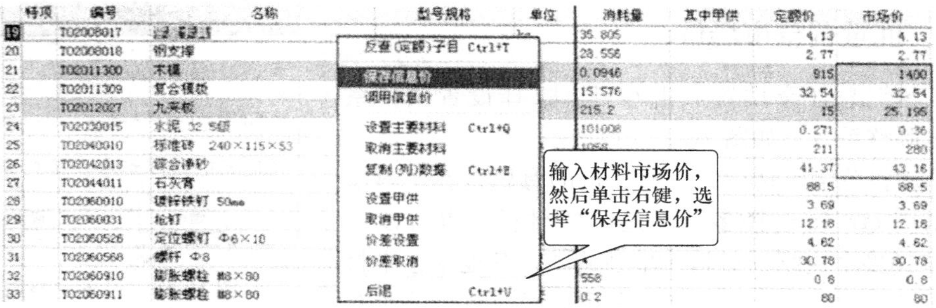

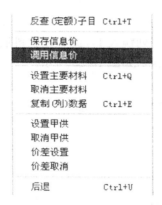

图 10-16　保存界面

2. 调用信息价

工料汇总界面右键菜单选择“调用信息价”，如图 10-17、图 10-18 所示。

反查(定额)子目 Ctrl+T
保存信息价
调用信息价
设置主要材料 Ctrl+Q
取消主要材料
复制(列)数据 Ctrl+E
设置甲供
取消甲供
价差设置
价差取消
后退 Ctrl+U

图 10-17　调用信息价（一）

信息价加权
1.输入系数
计算结果=第1期*0.5+第2期*0.5
如果选择平均加权，不需输入系数，计算结果=所有期信息价的平均值
2.选择系数加权
3.计算
4.确定

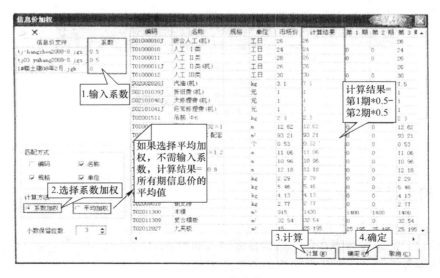

图 10-18　调用信息价（二）

10.3.3　批量调整市场价

在工料汇总任意位置点击右键，选择设置调整系
数，弹出调整系数，如图 10-19 所示。

（1）调整范围　选中人、材、机的意思是在工料汇
总里可以用 ctrl 键选择多个不连续的材料（也可以用
shift 键选择多个连续的材料）单独调整，其他未选中材
料则不调整；全部人、材、机的意思是当前节点的所有

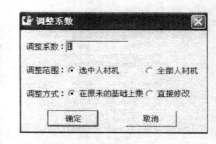

图 10-19　设置调整系数

材料，例如点击左侧树状目录节点材料，则全部人、材、机仅仅指材料，不包括人工、机
械、主材设备。

（2）调整方式　直接修改的意思是以最初始默认的系数 1 的基础上直接乘以相应的调
整系数，例如调整系数输入为 0.9 即可。

10.3.4　设置主要材料

在工料汇总插页的主要材料一列输入 1，或者在工料汇总插页用 ctrl 键或 shift 键选择
材料，点击右键选择设置主要材料，如图 10-20 所示。

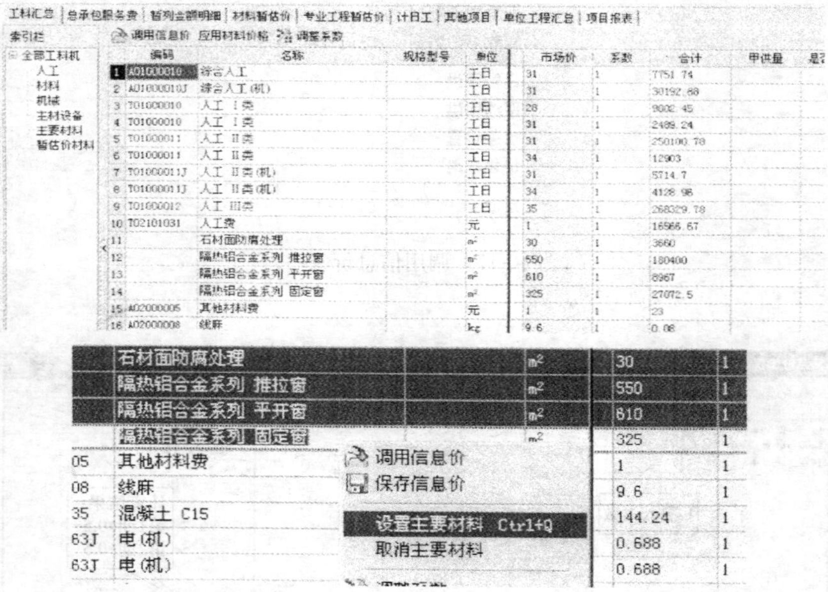

图 10-20　设置主要材料

10.3.5　输入费率，确定报价

（1）［工程信息］→［费率设置］
组织措施、汇总等费率在费率设置界面输入如图 10-21 所示。
（2）切换界面到［工程汇总］界面查看总报价
如图 10-22 所示。

1 工程概况　2 费率设置　3 分部分项　4 技术措施　5 工料汇总　6 总承包

费率设置

	名称	变量	默认取费	特项1	特项2
1				F1	F2
2	管理费	GLF	26		
3	利润	LR	8		
4	风险	FX			
5	- 组织措施费率		8.91		
6	3. 安全文明施工费	ZHSG	7.18		
7	4. 检验试验费	JYS	0.84		
8	5. 冬、雨季施工增加费	DJSG			
9	6. 夜间施工增加费	YJSG			
10	7. 已完工程及设备保护费	YWGF	0.13		
11	8. 二次搬运费	ECBY	0.48		
12	9. 行车、行人干扰增加费	XCGR			
13	10. 提前竣工增加费	TQJG			
14	11. 其他施工组织措施费	QTZZ			
15	12. 排污费、社保费、公积金	PWGJJ	11.96		
16	13. 民工工伤保险费	NMGS			
17	14. 危险作业意外伤害保险费	WXYW			
18	税金	SLFL	3.513		

【检验试验费】 = 1.04 上限
【.........】 = 0.84 中值
【.........】 = 0.64 下限

图 10-21　费率设置界面

注：民工工伤保险根据各地规定取费

	序号	名称	计算基础或基数	费...	合价	打...	打印计算公式
1	- 1	工程量清单分部分项工程费	FBFXF#ZHDJ	100	792304	一	Σ(分部分项工程量×综合单价)
2	1.1	1. 人工费+机械费	FBFXF#Z_JE+F3FXF#AB_JE	100	396544	其中	Σ(分部分项人工费+分部分项机械费)
3	- 2	措施项目费		100	35333	二	
4	- 2.1	(一)施工技术措施项目费	CSXMF#ZHDJ	100		2.1	按综合单价计算
5	2.1.1	2. 人工费+机械费	CSXMF#Z_JE+CSXMF#AB_JE	100		其中	Σ(技措项目人工费+技措项目机械费)
6	- 2.2	(二)施工组织措施项目费			35333	2.2	按项计算
7	2.2.1	3. 安全文明施工费	[1.1]+[2.1.1]	7.18	28472		(1+2)×{ZHSG,3}%
8	2.2.2	4. 检验试验费	[1.1]+[2.1.1]	0.84	3331		(1+2)×{JYS,3}%
9	2.2.3	5. 冬、雨季施工增加费	[1.1]+[2.1.1]	0.24	952		(1+2)×{DJSG,3}%
10	2.2.4	6. 夜间施工增加费	[1.1]+[2.1.1]	0.04	159		(1+2)×{YJSG,3}%
11	2.2.5	7. 已完工程及设备保护费	[1.1]+[2.1.1]	0.13	516		(1+2)×{YWGF,3}%
12	2.2.6	8. 二次搬运费	[1.1]+[2.1.1]	0.48	1903		(1+2)×{ECBY,3}%
13	2.2.7	9. 行车、行人干扰增加费	[1.1]+[2.1.1]				(1+2)×{XCGR,3}%
14	2.2.8	10. 提前竣工增加费	[1.1]+[2.1.1]				(1+2)×{TQJG,3}%
15	2.2.9	11. 其他施工组织措施费					按相关规定计算
16	3	其他项目费	QTXM	100		三	按清单要求计算
17	- 4	规费			47427	四	12+13+14
18	4.1	12. 排污费、社保费、公积金	[1.1]+[2.1.1]	11.96	47427		(1+2)×{PWGJJ,3}%
19	4.2	13. 民工工伤保险费					按各市有关规定计算
20	4.3	14. 危险作业意外伤害保险费					按各市有关规定计算
21	5	税金	[1:4]	3.513	30741	五	(一+二+三+四)×{SLFL,3}%
22	6	建设工程造价	[1:5]	100	905805	六	一+二+三+四+五

图 10-22　查看总报价界面

10.4　打印报表

切换到［打印输出］界面。

（1）单张报表输出　选中报表，点击右键即可进行相应操作。

（2）报表集合输出　点击报表集合，弹出报表集合框，将左栏内需要导出的报表移入右侧框内，可选择输出单表头数据，打印输出即可，如图 10-23、图 10-24 所示。

一份完整的计价文件就制作完成了，通过 EXCEL 的调整可进一步完善。

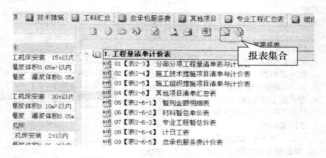

图 10-23　单张报表输出界面

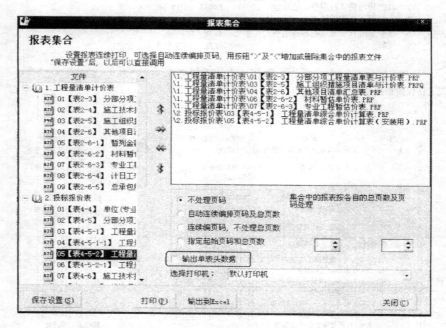

图 10-24　报表集合输出界面

参 考 文 献

1. GB 50500—2013 建设工程工程量清单计价规范. 北京：中国计划出版社，2013
2. GB 50857—2013 市政工程工程量计算规范. 北京：中国计划出版社，2013
3. 浙江省市政预算定额（2010 版）. 北京：中国计划出版社，2010
4. 浙江省建设工程施工取费定额（2010 版）. 北京：中国计划出版社，2010
5. 王云江. 市政工程定额预算（第二版）. 北京：中国建筑工业出版社，2010
6. 王云江. 市政工程计量与计价实例解析. 北京：化学工业出版社，2013
7. 郭良娟，王云江. 市政工程计量与计价（第二版）. 北京：北京大学出版社，2012